年份	销售额（万元）	增长率
2014年	187	28.00%
2015年	241	28.88%
2016年	311	29.05%
2017年	403	29.58%
2018年	532	32.01%

2019年上半年销售统计表

业务员 月份	张明	王敏	刘桂芳	赵敏	合计
1月	¥ 28,963.00	¥ 38,560.00	¥ 30,789.00	¥ 20,563.00	¥ 118,875.00
2月	¥ 16,852.00	¥ 20,489.00	¥ 22,458.00	¥ 15,896.00	¥ 75,695.00
3月	¥ 22,583.00	¥ 28,964.00	¥ 26,853.00	¥ 17,965.00	¥ 96,365.00
4月	¥ 19,864.00	¥ 22,785.00	¥ 28,789.00	¥ 16,853.00	¥ 88,291.00
5月	¥ 20,856.00	¥ 32,469.00	¥ 27,596.00	¥ 22,789.00	¥ 103,710.00
6月	¥ 30,256.00	¥ 39,875.00	¥ 35,894.00	¥ 34,862.00	¥ 140,887.00
合计	¥ 139,374.00	¥ 183,142.00	¥ 172,379.00	¥ 128,928.00	¥ 623,823.00
目标销售额	¥ 150,000.00	¥ 150,000.00	¥ 150,000.00	¥ 150,000.00	¥ 600,000.00
完成率	92.9%	122.1%	114.9%	86.0%	104.0%

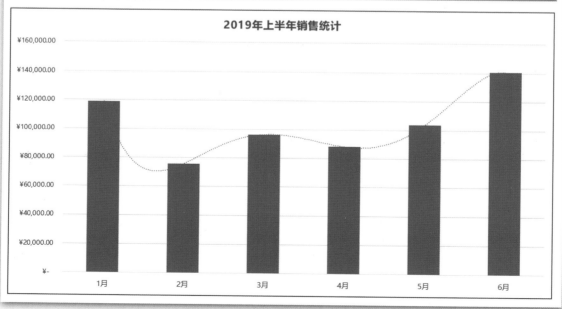

本书案例展示

月份	月销售额（万元）	广告投入（万元）	成本费用（万元）	管理费用（万元）
1月	10.25	4.68	2	0.8
2月	12.25	5.01	2.54	0.94
3月	15.4	6.12	2.96	0.88
4月	17.45	6.78	3.02	0.7
5月	19.7	7.71	3.14	0.84
6月	22.25	8.64	4	0.86

	月销售额（万元）	广告投入（万元）	成本费用（万元）	管理费用（万元）
月销售额（万元）	1			
广告投入（万元）	0.995705973	1		
成本费用（万元）	0.95596103	0.945477229	1	
管理费用（万元）	-0.131963348	-0.140746806	0.031260623	1

依据上图就可以根据相关系数分析结果了。例如该公司的月销售额与广告投入的相关系数为 0.995705973，接近于 1，属于高度正相关。成本费用与月销售额及广告投入的相关系数分别为 0.95596103、0.945477229，也接近于 1，属于高度正相关。而管理费用与月销售额、广告投入及成本费用的相关系数分别为 -0.131963348、-0.140746806、0.031260623，都比较接近于 0，说明管理费用与月销售额、广告投入和成本费用的相关性不大。

由以上分析可以得出，月销售额受广告投入与成本费用的影响较大。

	月销售额（万元）	广告投入（万元）	成本费用（万元）	管理费用（万元）
月销售额（万元）	17.00972222			
广告投入（万元）	5.758583333	1.9664		
成本费用（万元）	2.394944444	0.805366667	0.368988889	
管理费用（万元）	-0.040444444	-0.014666667	0.001411111	0.005522222

协方差结果正数越大或负数越小时，越需要引起注意。由上图所示的结果中，月销售额与广告投入的正数最大，说明两者呈正相关关系，广告投入越大，月销售额就越大。

应聘者1	应聘者2	应聘者3	应聘者4	应聘者5	应聘者6
5.48	5.9	7.5	6.68	5.32	6.52
5.78	6.76	6.28	5.9	6.8	7.22

方差分析：单因素方差分析

SUMMARY

组	观测数	求和	平均	方差
应聘者1	2	11.26	5.63	0.045
应聘者2	2	12.66	6.33	0.3698
应聘者3	2	13.78	6.89	0.7442
应聘者4	2	12.58	6.29	0.3042
应聘者5	2	12.12	6.06	1.0952
应聘者6	2	13.74	6.87	0.245

方差分析

差异源	SS	df	MS	F	P-value	F crit
组间	2.3367	5	0.46734	1.000228294	0.489332807	4.387374187
组内	2.8034	6	0.467233333			
总计	**5.1401**	**11**				

方差分析结果分为以下两部分。

（1）第一部分是总括部分，这里主要查看【方差】值的大小，值越小，越稳定。从分析结果可以看出，应聘者 5 的评分最不稳定，方差值为 1.0952，说明应聘者 5 的初试和复试的成绩有较大的波动。为了客观起见，可以重新让面试官给应聘者 5 加试一次，重新进行评定。

（2）第二部分是方差分析部分，这里需要特别关注的是 P 值的大小，P 值越小，代表区域越大。如果 P 值小于 0.05，就需要继续深入分析；如果 P 值大于 0.05，说明所有组别的评分都没有太大差别，不用再进行深入的分析和比较。当前分析结果中 P 值为 0.489332807，大于 0.05，说明面试官对应聘者进行评定时，不存在显著的差异，其评分结果比较客观。

本书案例展示

商品分类	主营业务收入（万元）	主营业务成本（万元）	毛利（万元）	毛利率	贡献率
冰箱	1,719.65	1,529.36	190.29	11.07%	16.55%
洗衣机	1,134.06	983.50	150.56	13.28%	13.09%
空调	3,503.40	2,879.50	623.90	17.81%	54.25%
彩电	2,281.55	2,096.30	185.25	8.12%	16.11%
合计	8,638.66	7,488.66	1,150.00	13.31%	

各类商品的贡献率

分析结果：

从图表中可以直观地看出空调对公司利润的贡献率占了整个饼图的一半多，很明显空调对公司利润的贡献率最大。

目前产品生产模型

市场最大销量	目前最大产量	固定成本
200	100	150000
市场单价	单位变动成本	总利润
6000	4500	0

扩大生产后的产品生产模型

增加产量	增加固定成本	保本产量的盈亏平衡点
30	50000	133.3333333
总产量	总固定成本	总利润
130	200000	-5000

决策结果

不增加产量

降低单位变动成本

市场最大销量	目前最大产量	固定成本
200	100	150000
市场单价	单位变动成本	总利润
6000	4000	50000

降低固定成本

市场最大销量	目前最大产量	固定成本
200	100	100000
市场单价	单位变动成本	总利润
6000	4500	50000

由上面的计算结果可知，企业的总利润若要保持在50 000元，需要将单位变动成本降低到4 000元。

由上面的计算结果可知，企业的总利润若要保持在50 000元，需要将固定成本降低到100 000元。

高效办公

Excel 高效办公

数据处理与分析

（第3版）

神龙工作室 编著

人民邮电出版社

北　京

图书在版编目（CIP）数据

Excel高效办公：数据处理与分析 / 神龙工作室编著. -- 3版. -- 北京：人民邮电出版社，2020.4
ISBN 978-7-115-52250-4

Ⅰ．①E… Ⅱ．①神… Ⅲ．①表处理软件 Ⅳ．①TP391.13

中国版本图书馆CIP数据核字(2019)第222153号

内 容 提 要

本书根据现代企业决策和管理工作的主要特点，从实际应用出发，介绍了 Excel 强大的数据处理与分析功能在企业决策和管理工作中的具体应用。全书分 11 章，分别介绍了数据的输入，数据的格式化，排序、筛选与分类汇总，公式与函数的应用，图表，数据透视表与数据透视图，数据分析工具的使用，生产决策数据的处理，销售数据的处理，人力资源数据的处理，财务数据的处理等内容。

本书既适合从事企业决策、经营管理的人员阅读，也可以作为大专类院校或者企业的培训教材。

◆ 编　　著　神龙工作室
　　责任编辑　马雪伶
　　责任印制　马振武

◆ 人民邮电出版社出版发行　　北京市丰台区成寿寺路 11 号
　　邮编　100164　电子邮件　315@ptpress.com.cn
　　网址　http://www.ptpress.com.cn
　　固安县铭成印刷有限公司印刷

◆ 开本：787×1092　1/16　　　彩插：2
　　印张：23.25　　　　　　　　2020 年 4 月第 3 版
　　字数：595 千字　　　　　　2025 年 1 月河北第 33 次印刷

定价：59.80 元

读者服务热线：(010)81055410　印装质量热线：(010)81055316
反盗版热线：(010)81055315
广告经营许可证：京东市监广登字20170147号

序

面对一组或简单或复杂的数据，不同的人理解也有或大或小的出入。对于身处职场的人来讲，"用数据说话"在今天也成为一个认同度越来越高的标准——在办公室里，很多岗位在描述一件事情的时候，时不时就得做个表格，或者分析一下数据、制作几个图表。

"用数据说话"的水平，也是衡量职场人士能力的维度之一。

举一个简单的例子。你收到某市的门店月度数据，显示 A 商品销量为 8 000，B 商品销量为 11 000，C 商品销量为 6 000。现在需要向上级汇报此月度数据，有这样几种汇报方案可以选择，而不同的方案则体现了不同的"用数据说话"的水平。

方案一： 直接陈述 A、B、C 这 3 种商品的销量，还可以说 B 商品销售最好。

方案二： 说明销量从高到低依次为 B、A、C，比起上个月分别增加了多少，增长率是多少，还可以说明比起上一年同期增加了多少，增长率是多少。

方案三： 在方案二的基础上，结合节假日分布、竞争对手动态等，说明销量变化的原因，还可以加入各商品的利润贡献变化等。

显而易见，在大多数情况下，作为上级来说，最希望看到的汇报方案是第三种。

在数据分析工具的选择上，对于大多数办公室职员来说，微软公司的 Excel 都是最佳选择。其入门容易又功能强大，广泛应用于各行各业，数据的处理与分析功能非常优秀，不管是数据的整理、汇总，还是将数据制作成报表、图表，使用 Excel 都可以轻松应对。

使用 Excel 处理与分析数据，是办公室职员的日常工作，而如何高效地完成这些工作，则成为大多数人的"刚性需求"。

在 2012 年的时候，我们组织了多位办公软件应用专家和资深职场人士共同编写了《Excel 高效办公——数据处理与分析（修订版）》，得到了广大读者的认可——至今印刷了 30 多次，累计销量已逾 12 万册；在京东上的读者评论超过 2 万条，在当当网上的读者评论数量接近 4 万条，且好评率均超 99%。但有一个我们必须要面对的现实：从 2007 版本开始，Excel 的界面发生了非常大的变化，很多功能与命令所归属的选项组或者菜单也发生了变化。这让对基于 2003 版本编写的这本《Excel 高效办公——数据处理与分析（修订版）》进行软件版本升级变成一件越来越迫切的事，不仅仅是为了让图书内容跟得上时代，也是为了对得起读者的厚爱。

此次推出的第 3 版基于全新的 Excel 2019 编写，对上一版本图书中的写法与案例也进行了更新，一是为了更加契合读者的阅读习惯，让学习过程更有效率；二是让案例与当下行业数据分析的需求更吻合。

在本书中，我们更强调正确地使用 Excel，而不仅是把 Excel 用正确，这样可以让用 Excel 进行数据记录、统计、分析、可视化输出的过程更加规范与专业，也可以让数据分析的过程更加高效，特别是能节省不少数据清洗的时间。

在写法方面，此次的图书升级更加注重对细节的讲解。有些容易被人忽视的，却对结果有着重要影响的操作，我们尽可能清晰地将其呈现在读者面前——我们知道，很多时候，一个小小的例子或者图示就能把知识点讲得更加清晰易懂。

在内容安排上，本书从数据的输入着手，告诉读者如何正确地录入数据，然后如何对数据进行规范，以方便后续的统计与分析。从第 3 章开始介绍如何进行日常的排序、筛选和分类汇总；第 4 章到第 6 章介绍用 Excel 进行数据分析必须掌握的三大工具——函数、图表、数据透视表（图）的使用；第 7 章讲解 Excel 自带的一些分析工具的使用，比如怎样通过已知的变量计算未知的变量；第 8 章到第 11 章则分别是 Excel 数据分析在生产决策、销售数据处理、人力资源数据分析、财务数据分析等方面的应用。

此次的升级版本非常适合那些只会基本的 Excel 操作，又经常需要用 Excel 处理数据的职场人士阅读。如果通过阅读本书，能大大提升使用 Excel 的效率和专业性，将是对我们最大的认可与鼓励。

编者

前 言

Excel 具有强大的数据处理与分析功能，使用它可以进行各种数据处理、统计分析和辅助决策等，被广泛应用于财务、行政、人事、统计和金融等众多领域。为了满足公司财务人员、经营决策者和统计分析人员高效办公的需求，我们组织多位办公软件应用专家和资深职场人士精心编写了本书。

本书扫描

真正的好书不在于给出问题的答案和结果，而在于能否给读者一个处理与解决问题的思路和方法。本书以办公人员的日常应用为主线，以实际需求为出发点，先介绍了基础数据的录入，然后介绍了如何通过排序、筛选与分类汇总、公式与函数、图表、数据透视表与数据透视图等对基础数据进行初步处理与分析，再介绍如何通过数据分析工具对统计出的数据进行具体分析得出分析结果，用户可以通过分析结果判断公司的运营状况、人力配置状况等，最后本书又通过生产、销售、人力资源、财务 4 个方面的具体应用对数据处理与分析的方法进行了讲解。

本书在解决问题的思路上清晰连贯，文图结合，减少枯燥的感觉，通过实际应用案例，根据不同的需求，通过思路引导的方法选择不同的数据处理与分析方法，让读者在学习的过程中既加深了对工作流程的认知，又学会了解决问题的方法，在不知不觉中将 Excel 的各个知识点牢记心中。

本书特色

实例为主，易于上手 全面突破传统的按部就班讲解知识的模式，以实际工作中的案例为主，将读者在学习过程中遇到的各种问题以及解决方法充分地融入实际案例中，以便读者能够轻松上手，解决各种疑难问题。例如，在讲解函数应用时，不再是枯燥地介绍参数，而是结合实际案例分析，并配以图解，帮助读者理解与应用函数。

高手过招，专家解密 每章的"提示"栏目介绍读者在学习过程中可能遇到的疑难问题；"职场经验"栏目是根据章节内容精心总结出的实用方法与技巧。

双栏排版，超大容量 采用双栏排版的格式，信息量大。在 360 页的篇幅中容纳了传统版式 400 多页的内容。这样，我们就能在有限的篇幅中为读者提供更多的知识和实战案例。

一步一图，图文并茂 在介绍具体操作步骤的过程中，每一个操作步骤均配有对应的插图，以使读者在学习过程中能够直观、清晰地看到操作的过程及其效果，学习更轻松。

扫码学习，方便高效 本书的配套教学视频与书中内容紧密结合，读者可以通过扫描书中的二维码，在手机上观看视频，随时随地学习。

教学资源特点

内容丰富 教学资源中不仅包含 8 小时与本书内容同步的视频教程、本书实例的原始文件和最终效果文件，同时赠送以下 3 部分内容。

（1）5 小时 Word/Excel/PPT 高效运用视频教程，5 小时由 Excel Home 精心制作的财务会计日常工作 / 人力资源管理 / 电商数据处理与分析实战案例视频教程，帮读者提升解决工作问题的能力。

（2）900 套 Word/Excel/PPT 2019 实用模板，包含 1280 个 Office 实用技巧的电子书，财务 / 人力资源 / 文秘 / 行政 / 生产等岗位工作手册，300 页 Excel 函数与公式使用详解电子书，帮助读者全面提高工作效率。

（3）Windows 系统应用电子书、高效人士效率倍增手册电子书、Photoshop 图像处理电子书，有助于读者提高电脑综合应用能力。

解说详尽 在演示各个办公实例的过程中，对每一个操作步骤都做了详细的解说，使读者能够身临其境，提高学习效率。

实用至上 以解决问题为出发点，通过教学资源中一些经典的 Excel 2019 应用实例，全面涵盖了读者在学习 Excel 2019 所遇到的问题及解决方案。

教学资源获取方法

① 关注"职场研究社"，回复"52250"，获取本书配套教学资源下载方式。

② 在教学资源主界面中单击相应的内容即可开始学习。

本书由神龙工作室策划编写，参与资料收集和整理工作的有孙冬梅、张学等。由于时间仓促，书中难免有疏漏和不妥之处，恳请广大读者不吝批评指正。

本书责任编辑的联系邮箱：maxueling@ptpress.com.cn。

编者

目 录

第 5 章

可视化分析工具——图表

第1章
数据的输入

数据处理与分析的基础是规范、准确的数据，本章
通过具体实例讲解，让读者轻松掌握Excel中各类数
据的输入方法与技巧。

要 点 导 航

- Excel可以用来做什么
- 基本数据的输入
- 有规律数据的填充
- 相同数据的填充
- 利用数据验证，高效输入数据

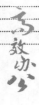

1.1 Excel 可以用来做什么

工欲善其事，必先利其器。要想学好 Excel，首先要清楚 Excel 能做什么。

1.1.1 Excel 到底能做什么

Excel 是一个电子表格软件，最重要的功能是存储数据，并对数据进行统计与分析，然后输出数据。

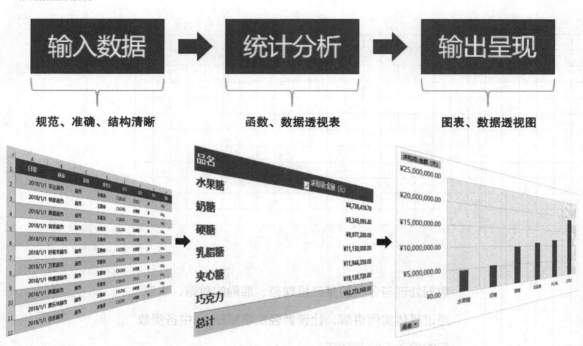

对于 Excel 的具体应用，我们可以从以下几个方面来认识。

1. 制作表单

建立或填写表单是我们日常工作、学习中经常遇到的事情。利用 Excel 提供的格式化命令，我们可以轻松制作出专业、美观、易于阅读的各类表单。

2. 完成复杂的运算

在 Excel 中，用户不但可以自己编缉公式，还可以使用系统提供的大量函数进行复杂的运算；也可以使用 Excel 的分类汇总功能，快速完成对数据的分类汇总操作。

3. 建立图表

读图时代，图表传递的信息更直观、生动。Excel 提供了多种类型的图表，用户只需几个简单的操作，就可以制作出精美的图表。

4. 数据管理

对于一个公司，每天都会产生新的业务数据，例如销售、货物进出、人事变动等数据，这些数据必须加以处理，才能知道每个时间段的销售金额、库存量、工资等的变化。

要对这些数据进行有效的处理就离不开数据库系统，Excel 就是一个小的数据库系统。

5. 决策指示

Excel 的单变量求解、双变量求解等功能，可以根据一定的公式和结果，倒推出变量。

例如我们可以假设如果材料成本价格上涨一倍，那么全年的成本费用会增加多少，会使全年的利润减少多少。

1.1.2 3种不同用途的表——数据表、统计报表、表单

办公人员可以用 Excel 做很多种表格，如员工基本信息表、应聘人员面试登记表、销售明细表、业务费用预算表、销售统计表、入库单、出库单、员工离职申请表……我们可以将这些表格分为 3 种：数据表、统计报表和表单。

数据表就是我们的数据仓库，存储着大量数据信息，像员工信息表、应聘人员面试登记表、销售明细表就属于数据表。

统计报表就是针对数据表中的信息，按照一定的条件进行统计汇总后得到的报表，像各种月报表、季报表就是统计报表。

表单主要是用来打印输出的各种表，表单中的主要信息可以从数据表中提取，如入库单、出库单、员工离职申请表，都属于表单。

下面 3 个图分别是销售明细表、销售统计表和员工离职申请表。

日期	商家	渠道	区域	业务员	货号	品名	型号	规格	单价（元）	销量	金额（元）
2018/12/1	家家福超市	超市	黄浦区	李海涛	CNT01	奶糖	袋	100g	¥5.90	371	¥2,188.90
2018/12/1	家家福超市	超市	黄浦区	李海涛	CNT02	奶糖	袋	180g	¥9.90	354	¥3,504.60
2018/12/1	家家福超市	超市	黄浦区	李海涛	CQKL03	巧克力	盒	250g	¥17.80	382	¥6,799.60
2018/12/1	佳吉超市	超市	静安区	李海涛	CNT01	奶糖	袋	100g	¥5.90	371	¥2,188.90
2018/12/1	佳吉超市	超市	普陀区	李海涛	CNT02	奶糖	袋	180g	¥9.90	305	¥3,019.50
2018/12/1	辉宏超市	超市	虹口区	李海涛	CQKL01	巧克力	盒	100g	¥6.60	347	¥2,290.20
2018/12/1	辉宏超市	超市	杨浦区	李海涛	CQKL02	巧克力	盒	180g	¥11.20	330	¥3,696.00
2018/12/1	辉宏超市	超市	闵行区	李海涛	CQKL03	巧克力	盒	250g	¥17.80	363	¥6,461.40
2018/12/2	祥隆批发市场	批发市场	宝山区	李海涛	PYT01	硬糖	箱	10kg	¥380.00	565	¥214,700.00
2018/12/2	祥隆批发市场	批发市场	嘉定区	李海涛	PRZT01	乳脂糖	箱	10kg	¥420.00	527	¥221,340.00
2018/12/2	祥隆批发市场	批发市场	浦东新区	李海涛	PJXT01	夹心糖	箱	10kg	¥450.00	528	¥237,600.00
2018/12/2	祥隆批发市场	批发市场	金山区	李海涛	PQKL01	巧克力	箱	10kg	¥490.00	583	¥285,670.00
2018/12/2	前进超市	超市	松江区	李海涛	CNT01	奶糖	袋	100g	¥5.90	383	¥2,259.70

	张明	王敏	刘桂芳	赵敏	合计
1月	¥2,188.90	¥3,696.00	¥4,198.50	¥2,330.50	¥12,413.90
2月	¥3,504.60	¥6,461.40	¥3,940.20	¥2,052.60	¥15,958.80
3月	¥6,799.60	¥2,259.70	¥4,256.00	¥5,285.50	¥18,600.80
4月	¥2,188.90	¥3,554.10	¥5,856.20	¥1,607.20	¥13,206.40
5月	¥3,019.50	¥6,184.50	¥4,846.50	¥3,875.20	¥17,925.70
6月	¥2,290.20	¥3,293.60	¥2,039.40	¥5,549.00	¥13,172.20
合计	¥19,991.70	¥25,449.30	¥25,136.80	¥20,700.00	¥91,277.80

员工离职申请表

姓名		工号		部门	
入职日期		合同有效期至		职位	
申请日期		预计离职日期			
离职类型	□辞职	□辞退	□自离	□开除	
详细离职原因					
对公司的建议					
所属部门意见		主管签字：　　年 月 日			
人资部意见	□准予离职 □需交接，需谁交接及时间 □同意离职	主管签字：　　年 月 日			
经理意见	□同意离职	□补办离职	主管签字：　　年 月 日		

1.2　基本数据的输入

　　Excel 中的数据类型包括数值、货币、会计专用、日期、时间、百分比、分数、科学计数、文本、特殊和自定义等。对于 Excel 中输入比较常规的文本、日期、数值等时，系统会自动识别输入数据的类型。例如采购信息表中的列标题以及产品名称、单位和数量的具体内容，如下图所示。

编号	产品名称	单位	采购数量	单价	金额
	A4纸	包	22		
	白板笔	支	12		
	修正液	瓶	15		
	文件夹	个	10		
	记号笔	支	6		
	不干胶标贴	包	98		
	圆珠笔	支	17		
	便利贴	本	26		
	固体胶	个	20		
	中性笔	支	235		
	燕尾夹	个	100		

文本型数据　　　　　　　　　　　　　**数值型数据**

　　但是对于一些特殊的数值以及指定格式的日期、时间等，在输入之前，我们需要先设置单元格的格式，来限定数据的格式。

1.2.1　文本型数据的输入

扫码看视频

　　文本型数据就是指被当作文本存储的数据。在日常工作中，类似产品编号、员工编号等都可以设置为文本型数据。如果这些编号是以 0 开头的，直接输入数据后，编号前面的 0 都会消失。此时应先将单元格设置成文本型，然后再输入，就可以正常显示了。

　　下面我们以输入采购信息表中的编号为例，介绍文本型数据的输入，具体操作步骤如下。

❶ **打开本实例的原始文件"采购信息表"，选中需要输入编号的单元格区域 A2:A20，切换到【开始】选项卡，在【数字】组中单击【数字格式】文本框右侧的下拉按钮，在弹出的下拉列表中选择【文本】选项。**

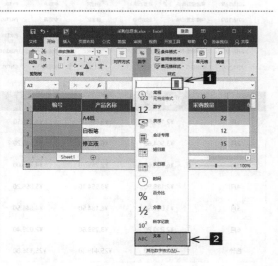

② 在单元格区域 A2:A20 中输入编号，即可正常显示，同时在单元格的左上角会出现一个绿色小三角。

编号	产品名称	单位	采购数量
0001	A4纸	包	22
0002	白板笔	支	12
0003	修正液	瓶	15
0004	文件筐	个	10
0005	记号笔	支	6
0006	干胶标贴	包	98
0007	圆珠笔	支	17
0008	便利贴	本	26
0009	固体胶	个	20

1.2.2 数值型数据的输入

扫码看视频

在 Excel 中，数值型数据是使用最多，也是操作比较复杂的数据类型。数值型数据由数字字符（0 ~ 9）或者一些特殊的字符（"+""-""（""）""，""$""%""E"……）组成的。

对于正数，Excel 将忽略数字前面的正号"+"；对于负数，输入的时候应加上负号"-"或者将其置于括号"（）"中。

在输入数字的过程中，除了正数和负数外还会用到其他的数字格式。在新建的工作表中，所有的单元格都采用默认的常规数字格式，因此需要根据实际的情况来设置所需的数字格式。下面以设置采购单价为 2 位小数的数值为例，介绍数值型数据的具体的输入方法。

❶ 打开本实例的原始文件"采购信息表 01"，选中需要输入单价的单元格区域 E2:E20，切换到【开始】选项卡，在【数字】组中单击【数字】组右下角的【对话框启动器】按钮 。

❷ 弹出【设置单元格格式】对话框，切换到【数字】选项卡，在【分类】列表框中选择【数值】选项，在【小数位数】微调框中输入【2】，在【负数】列表框中选择一种合适的负数显示格式。

❸ 设置完毕，单击【确定】按钮，返回工作表，在单元格区域 E2:E20 中输入单价，效果如右图所示。

编号	产品名称	单位	采购数量	单价
0001	A4纸	包	22	5.00
0002	白板笔	支	12	2.00
0003	修正液	瓶	15	3.00
0004	文件篓	个	10	14.80
0005	记号笔	支	6	2.00
0006	不干胶标贴	包	98	2.00
0007	圆珠笔	支	17	3.00
0008	便利贴	本	26	4.50
0009	固体胶	个	20	5.00
0010	中性笔	支	235	1.50
0011	燕尾夹	个	100	0.50

1.2.3 货币型数据的输入

扫码看视频

在工作表中输入数据时，有的时候会要求输入的数据符合某种要求，例如不仅要求数值保留几位小数，而且要在数值的前面添加货币符号，这时用户就需要将数字格式设置为货币型数据了。

下面我们将采购信息表中的采购单价设置为保留两位小数，同时在其前面添加人民币符号"￥"，具体的操作步骤如下。

❶ 打开本实例的原始文件"采购信息表02"，选中需要更改格式的单元格区域 E2:E20，按【Ctrl】+【1】组合键，打开【设置单元格格式】对话框，切换到【数字】选项卡，在【分类】列表框中选择【货币】选项，在【小数位数】微调框中输入【2】，在【货币符号】下拉列表中选择【￥】，在【负数】列表框中选择一种合适的负数显示格式。

❷ 设置完毕，单击【确定】按钮，返回工作表，效果如下图所示。

编号	产品名称	单位	采购数量	单价
0001	A4纸	包	22	￥5.00
0002	白板笔	支	12	￥2.00
0003	修正液	瓶	15	￥3.00
0004	文件篓	个	10	￥14.80
0005	记号笔	支	6	￥2.00
0006	不干胶标贴	包	98	￥2.00
0007	圆珠笔	支	17	￥3.00
0008	便利贴	本	26	￥4.50
0009	固体胶	个	20	￥5.00
0010	中性笔	支	235	￥1.50
0011	燕尾夹	个	100	￥0.50

提示

货币型数据和会计型数据其本质上都是数值，只是在一般数值的基础上增加了一些特殊格式而已，比如货币符号、千位分隔符等。

1.2.4 会计专用型数据的输入

扫码看视频

会计专用型数据与货币型数据相似，只是在显示上略有不同，币种符号显示的位置不同，货币型数据的币种符号与数字是连在一起并靠右显示的，会计专用型数据的币种符号是靠左显示，数字靠右显示的。

下面将采购信息表中的金额设置为会计专用型数据，具体的操作步骤如下。

❶ 打开本实例的原始文件"采购信息表03"，选中需要输入金额的单元格区域F2:F20，按【Ctrl】+【1】组合键，打开【设置单元格格式】对话框，切换到【数字】选项卡，在【分类】列表框中选择【会计专用】选项。

❷ 设置完毕，单击【确定】按钮，返回工作表，在单元格区域F2:F20中输入金额，效果如下图所示。

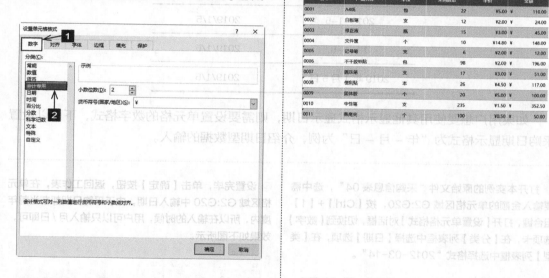

1.2.5 日期型数据的输入

扫码看视频

日期型数据虽然也是数字，但是Excel把它们当作特殊的数值，并规定了严格的输入格式。日期的显示形式取决于相应的单元格被设置的数字格式。如果在Excel中输入日期时用斜线"/"或者短线"−"来分隔日期中的年、月、日部分，那么Excel可以辨认出输入的数据是日期，单元格的格式就会由【常规】数据格式变为相应的【日期】。否则，Excel会把它作为文本数据格式处理，如下图所示。

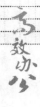

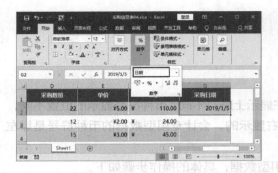

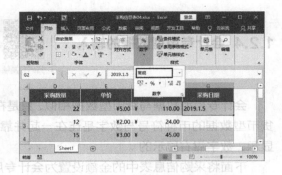

因为 Excel 默认的日期格式为"2012/3/14"，所以不论用户在输入日期时使用斜线"/"还是短线"–"来分隔日期中的年、月、日部分，其显示格式均为"年/月/日"的形式。

输入格式	显示格式
2019/1/5	2019/1/5
2019–1–5	2019/1/5
19–1–5	2019/1/5
2019 年 1 月 5 日	2019/1/5

如果用户想要使用其他显示格式显示日期，则需要设置单元格的数字格式，下面以设置采购日期显示格式为"年 – 月 – 日"为例，介绍日期型数据的输入。

❶ 打开本实例的原始文件"采购信息表 04"，选中需要输入金额的单元格区域 G2:G20，按【Ctrl】+【1】组合键，打开【设置单元格格式】对话框，切换到【数字】选项卡，在【分类】列表框中选择【日期】选项，在【类型】列表框中选择格式"2012-03-14"。

❷ 设置完毕，单击【确定】按钮，返回工作表，在单元格区域 G2:G20 中输入日期，由于采购日期都在当前年度内，所以在输入的时候，用户可以只输入月 / 日即可，效果如下图所示。

1.2.6 使用自定义快速输入编号

扫码看视频

在实际工作中，可以通过设置单元格格式来简化工作。例如，采购信息表中的编号为"SL2019XXX"，编号前几位相同，而后几位不同，并且编号的数字位数都比较多，因此输入的时候很容易出错。快速而准确地输入编号的办法就是自定义"编号"一列的格式，定义格式后，只需输入编号的后3位，在Excel中即可显示为9位的编号。具体的操作步骤如下。

❶ 打开本实例的原始文件"采购信息表05"，选中需要输入金额的单元格区域A2:A20，按【Delete】键清除编号列的编号，然后打开【设置单元格格式】对话框，切换到【数字】选项卡，在【分类】列表框中选择【自定义】选项，在【类型】文本框中输入格式""SL2019"000"。

❷ 设置完毕，单击【确定】按钮，这样"编号"列的格式就设置完成了。定义完格式后，用户在输入编号时就不需要输入完整的9位数了，只需要输入后3位数字即可，效果如下图所示。

编号	产品名称	单位	采购数量
SL2019001	A4纸	包	22
SL2019002	白板笔	支	12
SL2019003	修正液	瓶	15
SL2019004	文件篮	个	10
SL2019005	记号笔	支	6
SL2019006	不干胶标贴	包	98
SL2019007	圆珠笔	支	17

1.2.7 自定义数据的格式

由上一小节的案例可以看出，使用自定义格式，可以帮助我们减少很多工作量。要想熟练地使用自定义格式，需要了解Excel自定义格式设置是由正数部分、负数部分、0和文本4个部分的格式定义组成的。

在格式代码中最多可以指定4个节。这些格式代码是以分号分隔的，它们依次定义了格式中的正数、负数、零和文本。

例如，将单元格格式设置为：

#,##0.00;[红色](#,##0.00);0.00;" 神龙 "@

　　　正数　　　　　负数　　　　零　　　文本

输入数据	显示结果
1234.568	1,234.57
−12.36	（12.36）（显示字体为红色）
0	0.00
工作室	神龙工作室

　　如果只指定两个节，则第一部分表示正数和零，第二部分表示负数。如果只有一个节，该节则用于所有的数字。如果要跳过某一节，那么对该节仅使用分号即可。

　　例如，若将单元格的格式设置为"#,###.00;;"零";"那么该单元格就相当于定义了正数代码格式为"#,###.00"，0 的代码格式为"零"，负数和文本是被跳过的节，则当在该单元格中输入负数或文本时，输入的负数或文本就不会被显示出来，如下表所示。

输入数据	显示结果
1234.568	1,234.57
−12.36	（不显示）
0	零
工作室	（不显示）

Excel 中自定义格式的控制符如下。

1. 文本和空格

● 显示文本和数字

　　如果要在单元格中同时显示文本和数字，可以将文本字符放在双引号（""）中，或者在单个字符的前面加反斜线（\），但应该注意的是要将字符放在格式代码的合适部分中。

　　例如自定义格式为"0.00" 剩余 ";−0.00

" 短缺 ""，如果在单元格中输入"123.456"，按【Enter】键后单元格中将显示"123.46 剩余"；如果输入"−123.456"，单元格中将显示"−123.46 短缺"。

> **提示**
>
> 　　在输入"$、−、+、/、()、:、!、^、&、'（左单引号）、'（右单引号）、~、{}、=、<、>和空格"这些字符的时候不用加双引号。

● **包括文本的数字格式**

如果要在自定义数字格式中包括文本，一定要在显示文本的地方添加符号"@"，否则输入的文本将不会显示出来。

例如将单元格格式定义为";;;"神龙"@"，那么在单元格中输入"工作室"时，单元格将显示为"神龙工作室"；但如果将单元格格式定义为";;;"神龙""，那么在单元格中输入"工作室"时，单元格将显示为"神龙"。

如果要一直显示某些带有输入文本的指定文本字符，则应将附加文本用双引号（""）括起来，如1.2.6小节中设置的自定义格式。

如果格式中不包含文本部分，那么输入的文本将不受格式代码的影响。

● **添加空格**

如果要在数字格式中创建一个字符宽度的空格，则应在字符的前面加上一条下划线"_"。

● **重复字符**

在数字格式代码中使用"*"，可以使星号之后的字符重复显示，直到填充整个单元格。例如定义的格式为"0.0*!"，那么输入数据后，数字的后面将包含足够的叹号来填充整个单元格。

2. 小数点、空格、颜色和条件

● **小数点的位置和有效数字**

如果要设置分数或者带小数点的数字格式，就要在格式代码的相应部分中包含如下表所示的数字位置标识符。

格式代码	输入的数据	显示结果	说明
###.##	1234.568	1234.57	输入数据的小数点左侧的位数大于位置标识符的位数，多余的位数也会显示出来，右侧的位数大于位置标识符的位数，该数将按设定格式的位数进行舍入
#.0000	0.88	.8800	设定的格式中小数点左侧只有一个"#"，那么小于1的数将从小数点开始显示，输入数据右侧的位数小于位置标识符的位数，缺少的位数用0补齐
0.#	0.326	0.3	输入数据的小数点右侧的位数大于所设定格式中位置标识符的位数，该数将按设定格式的位数进行舍入
#.00#	66	66.00	输入数据的小数点右侧的位数小于位置标识符的位数，缺少的0的位数用0补齐，#的位数忽略即可
	12.3454	12.345	输入数据的小数点右侧的位数大于位置标识符的位数，该数将按设定格式的位数进行舍入
???.???	2.6	2.6	按包含3位小数时的小数点对齐显示
	25.123	25.123	
	145.36	145.36	
# ???/???	3.5	3 1/2	按除号对齐显示
	6.2	6 1/5	

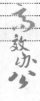
> **提示**
>
> 在自定义格式的时候，一些特殊的符号都代表什么含义？
>
> ① # 只显示有意义的数字而不显示无意义的 0。
>
> ② 0 表示数字的位数，但是当数字的位数小于自定义格式中数字的位数时，其输入的数字将用 0 补齐位数，使其与自定义格式中数字的位数相同。
>
> ③ ？为小数点两边无意义的 0 添加空格，以便当按固定宽度字体设置格式时小数点可对齐。还可对具有不等长数字的分数使用 "？"。

● **千位分隔符**

千位分隔符就是数字中的逗号。在数字中，每隔三位数加进一个逗号，也就是千位分隔符，以便更加容易认出数值。经常看数字时，如果位数很多的话，往往要一位位地数，才知道具体的金额，通过千位分隔符一眼就知道金额的大小了。具体的格式代码与显示结果如下表所示。

格式代码	输入的数据和显示结果
#,###	如果输入 12000，将显示为 12,000
#,	如果输入 12000，将显示为 12
0.0,,	如果输入 11100000 将显示为 11.1

● **颜色**

如果要设置格式中某一部分的颜色，可以在给该部分对应的位置上用方括号键入代表颜色的代码，一共有 8 种颜色。颜色代码必须为格式代码中节的第一项。具体的 8 种颜色的名称为 [Red](红色)、[Black](黑色)、[Yellow](黄色)，[Green](绿色)、[White](白色)、[Blue](蓝色)、[Cyan](青色) 和 [Magenta](洋红)。

● **条件**

如果要设置满足指定条件的数字的格式，格式代码中应该加入带方括号的条件。条件由比较运算符和数值两部分组成。例如格式：[Red][<60];[Blue][>=60] 表示以红色显示小于 60 的数字，而以蓝色显示大于等于 60 的数字。

3. 货币、百分比和科学计数

● **货币符号**

如果要在数字格式中输入货币符号，应该先打开小键盘（单击【Num Lock】键），然后输入货币符号对应的 ANSI 码。应注意：在输入 ANSI 码的时候必须同时按住【Alt】键。货币符号与 ANSI 码的对应情况如下表所示。

货币符号	对应的 ANSI 码
¢	0162
£	0163
¥	0165
€	0128

自定义格式会保存在工作簿中。如果要使 Excel 一直使用特定的货币符号，只要在启动 Excel 之前在【控制面板】中更改【区域设置】中所选定的货币符号即可。

4. 百分比

如果要以百分比的格式显示数字，则应该在数字格式中包含百分号（%）。例如 0.05 显示为 5%。

如果要以科学记数法显示数字，则应在相应的位置中使用指数代码："E+""E-""e+"或者"e-"。在格式代码中，如果指数代码的右侧含有零（0）或者数字符号（#），Excel 将按照科学记数形式显示数字，并插入 E 或者 e。右侧的零或者数字符号的个数决定指数的位数，"E-"或者"e-"将在指数中添加负号。"E+"或者"e+"在正指数时添加正号，负指数时添加负号。

5. 日期和时间

如果要在单元格中显示年、月、日，则可在相应的位置添加如下表所示的格式代码来实现。如果"m"紧跟在"h"或者"hh"代码之后，或者位于"ss"代码之前，那么 Excel 就会将其显示为分钟，而不是月份。

使用代码	显示结果
m	将月份显示为 1~12
mm	将月份显示为 01~12
mmm	将月份显示为 Jan~Dec
mmmm	将月份显示为 January~December
mmmmmm	将月份显示为该月的第一个字母

续表

使用代码	显示结果
d	将日期显示为 1~31
dd	将日期显示为 01~31
ddd	将日期显示为 Sun~Sat
dddd	将日期显示为 Sunday~Saturday
yy	将年份显示为 00~99
yyyy	将年份显示为 1900~9999

如果要显示小时、分、秒，则可在相应的位置添加格式代码来实现。例如 AM/PM 分别表示上午和下午。关于小时、分钟、秒的格式代码如下表所示。

使用代码	显示结果
h	将小时显示为 0~23
hh	将小时显示为 00~23
m	将分钟显示为 0~59
mm	将分钟显示为 00~59
s	将秒显示为 0~59
ss	将秒显示为 00~59
h:mm AM/PM	使时间显示类似于 6:30 PM
h:mm:ss A/P	使时间显示类似于 6:30:30 A
[h]:mm	按小时计算的一段时间，如 26.12
[mm]:ss	按分钟计算的一段时间，如 68.15
[ss]	按秒计算的一段时间，如 65.36
h:mm:ss.00	百分之几秒

1.2.8 使用自定义格式隐藏零值

扫码看视频

以上是自定义格式的简单介绍，下面利用自定义格式的方法来巧妙地隐藏零值。假设有一份公司的销售统计表，如下表所示。具体的操作步骤如下。

商家	夹心糖	奶糖	巧克力	乳酪糖	水果糖	硬糖	总计
华瑞超市	¥2,125.00	¥2,099.00	¥0.00	¥0.00	¥0.00	¥988.00	¥5,212.00
辉宏超市	¥580.00	¥2,128.00	¥2,125.00	¥2,127.00	¥2,108.00	¥964.00	¥10,032.00
吉盛达超市	¥1,990.00	¥2,142.00	¥0.00	¥1,701.00	¥1,286.00	¥2,196.00	¥9,315.00
佳吉超市	¥995.00	¥2,090.00	¥1,792.00	¥0.00	¥2,133.00	¥0.00	¥7,010.00
万家达超市	¥0.00	¥0.00	¥2,110.00	¥1,076.00	¥2,019.00	¥1,068.00	¥6,273.00
新世纪超市	¥1,428.00	¥2,106.00	¥1,434.00	¥0.00	¥2,177.00	¥1,990.00	¥9,135.00
百佳超市	¥999.00	¥1,047.00	¥0.00	¥1,031.00	¥2,090.00	¥1,112.00	¥6,279.00
百胜超市	¥1,059.00	¥2,171.00	¥0.00	¥970.00	¥2,038.00	¥0.00	¥6,238.00
多宝利超市	¥2,184.00	¥1,031.00	¥2,097.00	¥0.00	¥1,123.00	¥1,011.00	¥7,446.00
丰达超市	¥1,005.00	¥0.00	¥2,068.00	¥1,052.00	¥999.00	¥2,056.00	¥7,180.00
海福超市	¥1,068.00	¥2,139.00	¥1,021.00	¥0.00	¥1,812.00	¥1,097.00	¥7,137.00
和恒超市	¥1,014.00	¥1,058.00	¥994.00	¥2,184.00	¥1,098.00	¥2,056.00	¥8,404.00
华鹰超市	¥1,135.00	¥964.00	¥2,078.00	¥995.00	¥1,703.00	¥2,139.00	¥9,014.00
联华超市	¥1,084.00	¥1,037.00	¥2,196.00	¥1,056.00	¥1,751.00	¥2,078.00	¥9,202.00
美亨超市	¥1,975.00	¥1,066.00	¥1,076.00	¥1,792.00	¥1,135.00	¥1,135.00	¥8,179.00
美佳超市	¥1,011.00	¥1,058.00	¥2,120.00	¥1,014.00	¥1,701.00	¥2,125.00	¥9,029.00
特圆源超市	¥2,099.00	¥1,113.00	¥1,066.00	¥1,701.00	¥1,057.00	¥2,142.00	¥9,178.00

❶ 打开本实例的原始文件"销售统计表"，选中需要隐藏零值的单元格区域 B2:H68，按【Ctrl】+【1】组合键，打开【设置单元格格式】对话框，切换到【数字】选项卡，在【分类】列表框中选择【自定义】选项，在【类型】文本框中输入"￥#,##0.00; ￥-#,##0.00;"。

❷ 设置完毕，单击【确定】按钮，返回工作表，可以看到表中的零值被隐藏，效果如下图所示。

1.3 有规律数据的填充

如果输入的数据有规律性，则可利用 Excel 提供的填充功能简化操作，这样可以大大地提高工作的效率。

1.3.1 填充数字序列

扫码看视频

序列填充一般是指有规律的数据的填充，例如要在产品信息表中输入连续的序号，具体操作步骤如下。

❶ 打开本实例的原始文件"产品信息表"，在单元格 A2 中输入"1"，然后将鼠标指针移到该单元格的右下角。

❷ 当鼠标指针变为十字形状时，按住鼠标左键不放，向下拖曳至单元格 A15，释放鼠标左键，此时会出现【自动填充选项】按钮。

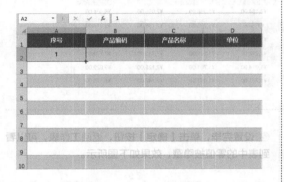

❸ 单击该按钮打开【自动填充选项】下拉列表，如下图所示。

❹ 选中【填充序列】单选钮，即可得到连续的数据序列。

细心的用户可以发现，我们在为单元格区域 A3:A15 填充序号时，将单元格 A2 的格式也一起复制过来了，破坏了单元格区域 A3:A15 原有的格式。

遇到这种情况我们可以先输入两个连续的序号，然后再以不带格式的方式填充。在使用快速填充时，Excel 默认采用复制填充的方式，当有多个原始数据时，系统会自动识别其序列规则，并将这种规则应用到后面的单元格区域。具体操作步骤如下。

❶ 在单元格 A2 中输入"1"，在单元格 A3 中输入"2"，然后选中单元格区域 A2:A3，将鼠标指针移动到该单元格区域的右下角，此时鼠标指针变为十字形状。

❷ 按住鼠标左键不放，向下拖曳至单元格 A15，释放鼠标左键，即可看到单元格区域 A3:A15 已经按序列填充上数据。由于系统默认连格式一同复制，所以用户可以看到单元格 A15 缺少了下框线。

❸ 单击【自动填充选项】按钮，打开【自动填充选项】下拉列表，选中【不带格式填充】单选钮，即可使单元格区域 A3:A15 只复制编号规则，不复制格式，效果如下图所示。

序列填充不仅对数值型数值有效，对文本型数值同样有效，这里需要注意的是文本型数值在填充时，会默认按序列填充。

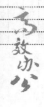
1.3.2　填充文本序列

扫码看视频

在 Excel 中，我们不仅可以快速填充数字系列，还可以快速填充文本序列（文字内容），只是填充的都是相同的内容而已。

❶ 打开本实例的原始文件"产品信息表 01"，在单元格 C2 中输入"文件夹"，然后将鼠标指针移到该单元格的右下角，此时鼠标指针变为十字形状。

序号	产品编码	产品名称	单位
1	01020001	文件夹	
2	01020002		
3	01020003		
4	01020004		
5	01020005		
6	01020006		
7	01020007		

❷ 按住鼠标左键不放，向下拖曳至单元格 C3，释放鼠标左键，即可看到单元格 C2 中的内容已经连同格式一起填充到了单元格 C3 中。

序号	产品编码	产品名称	单位
1	01020001	文件夹	
2	01020002	文件夹	
3	01020003		
4	01020004		
5	01020005		
6	01020006		
7	01020007		

❸ 单击【自动填充选项】按钮，打开【自动填充选项】下拉列表，选中【不带格式填充】单选钮，即可使单元格 C3 只复制单元格 C2 的内容，不复制格式，效果如下图所示。

序号	产品编码	产品名称	单位
1	01020001	文件夹	
2	01020002	文件夹	
3	01020003		
4	01020004		
5	01020005		
6	01020006		
7	01020007		

❹ 用户可以按照相同的方法填充其他产品名称。

序号	产品编码	产品名称	单位
1	01020001	文件夹	
2	01020002	文件夹	
3	01020003	笔记本	
4	01020004	笔记本	
5	01020005	中性笔	
6	01020006	中性笔	
7	01020007	笔记本	
8	01020008	中性笔	
9	01020009	中性笔	
10	01020010	中性笔	
11	01020011	笔记本	
12	01020012	笔记本	

1.4　相同数据的填充

扫码看视频

有的时候用户需要在多个单元格或者多个工作表中输入相同的数据，如果逐个输入操作起来非常繁琐，本节介绍一种简单的方法。

❶ 打开本实例的原始文件"产品信息表02",选中单元格 D4,在按【Ctrl】键的同时分别单击单元格 D5、D8、D12 和 D13。

	A	B	C	D
1	序号	产品编码	产品名称	单位
2	1	01020001	文件夹	
3	2	01020002	文件夹	
4	3	01020003	笔记本	
5	4	01020004	笔记本	
6	5	01020005	中性笔	
7	6	01020006	中性笔	
8	7	01020007	笔记本	
9	8	01020008	中性笔	
10	9	01020009	中性笔	
11	10	01020010	中性笔	
12	11	01020011	笔记本	
13	12	01020012	笔记本	

❷ 输入"本",然后按【Ctrl】+【Enter】组合键,这样所选中的单元格就都会被输入相同的数据。

	A	B	C	D
1	序号	产品编码	产品名称	单位
2	1	01020001	文件夹	
3	2	01020002	文件夹	
4	3	01020003	笔记本	本
5	4	01020004	笔记本	本
6	5	01020005	中性笔	
7	6	01020006	中性笔	
8	7	01020007	笔记本	本
9	8	01020008	中性笔	
10	9	01020009	中性笔	
11	10	01020010	中性笔	
12	11	01020011	笔记本	本
13	12	01020012	笔记本	本

❸ 用户可以使用相同的方法填充其他产品的单位。

	A	B	C	D
1	序号	产品编码	产品名称	单位
2	1	01020001	文件夹	个
3	2	01020002	文件夹	个
4	3	01020003	笔记本	本
5	4	01020004	笔记本	本
6	5	01020005	中性笔	支
7	6	01020006	中性笔	支
8	7	01020007	笔记本	本
9	8	01020008	中性笔	支
10	9	01020009	中性笔	支

1.5 利用数据验证,高效输入数据

在录入表格数据时,用户可以借助 Excel 的数据验证功能提高数据的输入速度与准确率。例如,在面试前公司肯定已经确定了要招聘的岗位和部门,为了更快捷准确地输入应聘岗位,用户可以提前通过"招聘岗位一览表"中的"招聘岗位"限定"应聘岗位"的数据输入。除此之外,手机号和身份证号这种极易输错的长数字串,也可以通过数据验证功能来限定其文本长度,降低出错率。

	A	B	C
1	招聘岗位	部门	招聘人数
2	总经理	总经办	1
3	会计	财务部	3
4	薪资专员	人事部	1
5	营销经理	市场部	1
6	财务经理	财务部	1
7	采购专员	采购部	2
8	生产主管	生产部	2
9	仓管员	仓管部	1

招聘岗位一览表

	A	B	C	D	E
1	姓名	应聘岗位	部门	联系方式	身份证号
2	戚虹				
3	许欣淼				
4	施树平				
5	孙倩				
6	李娜				
7	魏健平				
8	韩桂				
9	陈国庆				
10	钱登辉				

应聘人员面试登记表

1.5.1 通过下拉列表填充

扫码看视频

"应聘人员面试登记表"中的"应聘岗位"这一列的信息应来源于"招聘岗位一览表"中的"招聘岗位"，此处为了提高"应聘人员面试登记表"中"应聘岗位"列数据的输入速度和准确性，用户可以使用数据验证功能，生成下拉列表的方法来输入应聘岗位。

具体操作步骤如下。

❶ 打开本实例的原始文件"应聘人员面试登记表"，在工作表"应聘人员面试登记表"中选中单元格区域 B2:B38，切换到【数据】选项卡，在【数据工具】组中单击【数据验证】按钮 的左半部分。

❷ 弹出【数据验证】对话框，切换到【设置】选项卡，在【验证条件】组合框中的【允许】下拉列表中选择【序列】选项，将光标定位到【来源】文本框中，切换到"招聘岗位一览表"工作表中，选中单元格区域 A2:A22，即可将数据序列的"来源"设置为"招聘岗位一览表!$A$2:$A$22"。

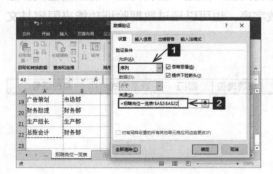

❸ 设置完毕，单击【确定】按钮，返回工作表"应聘人员面试登记表"中，即可看到选中单元格的右侧出现了一个下拉按钮 。

❹ 选中单元格 B2，单击下拉按钮 ，在下拉列表中选择"总经理"选项。

❺ 可以看到在单元格 B2 中输入"总经理"，按照相同的方法，在 B 列的其他单元格中输入应聘岗位。

❻ 用户可以按照相同的方法，使用数据验证的方式输入应聘人员的应聘部门。

1.5.2　限定文本长度

扫码看视频

　　手机号码和身份证号码是我们在日常工作中经常需要填写的长数字串，由于其数字较多，填写过程中多一位或少一位的情况时有发生，此时，用户就可以使用数据验证功能来限定其长度，具体操作步骤如下。

❶ 打开本实例的原始文件"应聘人员面试登记表01"，在工作表"应聘人员面试登记表"中选中单元格区域D2:D38，按照前面的方法打开【数据验证】对话框，在【允许】下拉列表中选择【文本长度】选项，在【数据】下拉列表中选择【等于】选项，在【长度】文本框中输入【11】。

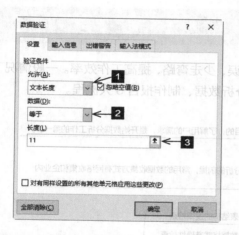

❷ 切换到【出错警告】选项卡，在【错误信息】文本框中输入"请检查手机号码是否为11位。"。

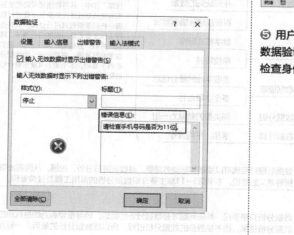

❸ 设置完毕，单击【确定】按钮。返回工作表，当单元格 D2:D38 中输入的手机号码不是 11 位时，就会弹出如下图所示的对话框进行提示。

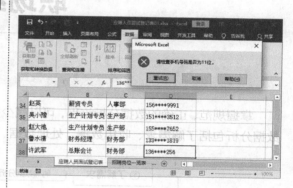

❹ 单击【重试】按钮，即可重新输入手机号码。

❺ 用户可以按照相同的方法将单元格区域 E2:E38 通过数据验证的方式限定其文本长度为 18，出错警告为"请检查身份证号是否为 18 位。"。

职场经验

数据分析流程图

　　掌握规范、正确的数据分析流程，可以减少失误，少走弯路，提高工作效率。一般情况下，数据分析包括了解需求、收集数据、处理数据、分析数据、制作报告 5 大流程。

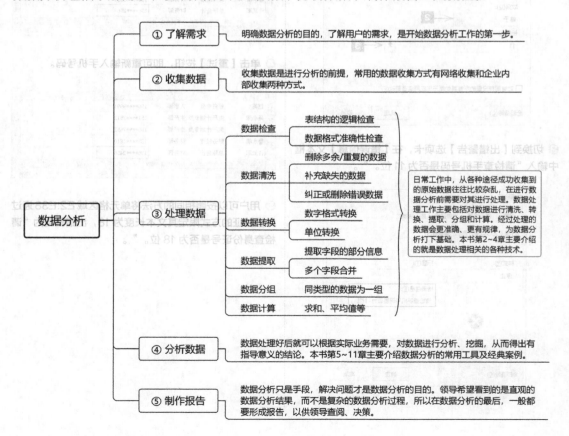

第2章
数据的格式化

数据的规范化、格式化是数据处理与分析的前提，在第1章我们学习了如何快速规范地输入数据，本章我们学习如何快速地将不规范的数据规范化，并将其格式化为更易阅读的工作表。

要 点 导 航

- 不规范表格及数据的整理技巧

- 套用Excel表格格式

- 套用单元格样式

- 条件格式的设置

2.1 不规范表格及数据的整理技巧

要做到高效地处理、分析数据，基本的前提是工作表结构清晰、格式统一、数据规范。

2.1.1 表格结构的规范与整理

办公人员可以用 Excel 做很多表格，如员工信息表、来访登记表、费用明细表、月报表、季报表、入库单……可以将这些表格分为 3 种：数据表、统计报表、表单。

数据表可以看作是用户的数据仓库，存储着大量数据信息，像员工信息表、来访登记表、费用明细表就属于数据表。

统计报表就是针对数据表中的信息，按照一定的条件进行统计汇总后得到的报表，像各种月报表、季报表就是统计报表。

表单指用来打印输出的各种表，表单中的主要信息，可以从数据表中提取，如入库单、出库单，都属于表单。

通常为了便于阅读和填写，统计报表和表单中可以使用合并单元格，但是在数据表中一定不能使用合并单元格，同时，由于在数据分析的过程中还可能需要对数据表中的数据进行排序、筛选、汇总等操作，所以也不能使用多行表头、斜线式表头等。

下图所示是一个公司的合同登记台账，属于数据表，但是显然它不是一个规范的数据表。

	A	B	C	D	E	F	G	H
1	神龙糖果有限公司合同登记台账							
2	日期	客户名称	商品名称	合同号	规格			付款方式
3					100g	180g	250g	
4	20190106	家家福超市	奶糖	20190001	383.5			现结
5	20190109	佳吉超市	水果糖	20190002			486	月结
6	2019.1.10	辉宏超市	奶糖	20190003	354			月结
7								
8	2019.1.16	上海家家福超市	巧克力	20190004		515.2		现结
9	2019.1.26	百胜超市	水果糖	20190005			1107	月结
10			巧克力		297			
11	1月小计				1034.5	515.2	1593	
12	2019.2.2	前进超市	奶糖	20190006	354			现结
13	2019.2.6	万盛达超市	水果糖	20190007		386.4		月结
14	2019.2.10	丰达超市	奶糖	20190008		356.4		月结
15			水果糖		153.4			
16	2019/2/16	丰达超市	奶糖	2019009			1116	月结
17								
18	2019.2.18	百胜超市	巧克力	2019010		761.6		月结
19	2019.2.22	丰达超市	水果糖	2019011	254.8			月结
20	2019.2.24	上海百胜超市	奶糖	2019012			354	月结

下面我们来分析一下这个表有哪些地方是不合理的。

① 使用了多行表头（第2、3行）。

② 同一属性字段用多列字段记录，规格中的 100g、180g、250g 都属于一个属性中的字段，作为一列即可。

③ 字段顺序不合理，当前数据表为合同登记台账，关键字是合同，因此"合同号"的位置应该尽量靠前，比如排在"客户名称"前面。

④ 日期格式不规范、不统一，出现了多种日期格式（如 20190106、2019.1.10、2019/1/18）。

⑤ 同一客户使用不同的客户名称（如家家福超市、上海家家福超市）。

⑥ 数据表中使用了合并单元格（如单元格 B9 和 B10）。

⑦ 数据之间有空白行（第7、17行）。

将上述不合理的地方更正后的效果如下图所示。

	A	B	C	D	E	F	G
1	日期	合同号	客户名称	商品名称	规格	金额	付款方式
2	2019/1/6	20190001	家家福超市	奶糖	100g	383.5	现结
3	2019/1/9	20190002	佳吉超市	水果糖	250g	486	月结
4	2019/1/10	20190003	辉宏超市	奶糖	100g	354	月结
5	2019/1/16	20190004	家家福超市	巧克力	180g	515.2	现结
6	2019/1/26	20190005	百胜超市	水果糖	250g	1107	月结
7	2019/1/26	20190005	百胜超市	巧克力	100g	297	月结
8	2019/2/2	20190006	前进超市	奶糖	100g	354	现结
9	2019/2/6	20190007	万盛达超市	水果糖	180g	386.4	月结
10	2019/2/10	20190008	丰达超市	奶糖	180g	356.4	月结
11	2019/2/10	20190008	丰达超市	水果糖	100g	153.4	月结
12	2019/2/16	2019009	丰达超市	奶糖	250g	1116	月结
13	2019/2/18	2019010	百胜超市	巧克力	180g	761.6	月结
14	2019/2/22	2019011	丰达超市	水果糖	100g	254.8	月结
15	2019/2/24	2019012	百胜超市	奶糖	250g	354	月结

2.1.2 快速删除空白行、空白列

扫码看视频

在数据表中不能有空白行、空白列，因为这会影响用户使用公式、排序、筛选、汇总、数据透视表等功能对数据表进行汇总分析。如果用户的数据表中已经插入了空白行、空白列，应该如何删除呢？

对于空白行、空白列，常用的删除方法有 4 种：手动删除、通过筛选删除、使用函数删除、使用定位功能删除。下面以删除行为例，分别介绍这 4 种方法。

---

1. 手动删除

手动删除一般适用于数据量比较少的情况，方法如下。

选中空白行，单击鼠标右键，在弹出的快捷菜单中选择【删除】菜单项，即可删除空白行。

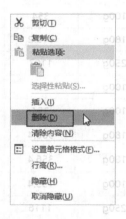

2. 通过筛选删除

通过筛选删除空白行的思路：选择一个合适的字段进行筛选，筛选出空白行，然后进行删除。需要注意：用来进行筛选的字段下，除空白行包含的单元格，其余部分不能有合并单元格。

具体操作步骤如下。（以下操作中用到的筛选功能，读者可参考第 3 章 3.2 节。）

❶ 打开本实例的原始文件"合同登记台账 01"，选中数据表中的所有数据区域，切换到【数据】选项卡，在【排序和筛选】组中单击【筛选】按钮。

❷ 随即各标题字段的右侧出现一个下拉按钮，进入筛选状态。单击标题字段【商品名称】右侧的下拉按钮，从弹出的筛选列表中撤选【全选】复选框，然后勾选【空白】复选框。

❸ 单击【确定】按钮，即可将数据区域中的空白行筛选出来，选中筛选出的空白行，单击鼠标右键，在弹出的快捷菜单中选择【删除行】菜单项，即可将筛选出的空白行删除。

❹ 再次单击字段【商品名称】右侧的下拉按钮，勾选【全选】复选框。

❺ 单击【确定】按钮，展开全部数据，即可看到数据区域中的空白行已经被删除了。

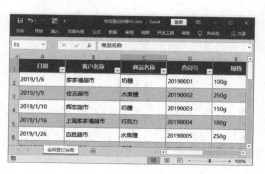

3. 使用函数删除

如果数据表中有合并单元格或零散的空白单元格，那么用户就无法直接使用筛选功能将空白行删除。此时用户可以先增加一个辅助列，使用 COUNTA 函数统计出每行非空单元格的个数，若个数为零，则为空行；用户通过筛选功能筛选出 COUNTA 统计结果为零的行（即空白行），删除即可（关于 COUNTA 函数的功能请参照本书第 4 章 4.5.1 小节）。

❶ 打开本实例的原始文件"合同登记台账 02"，选中空白单元格 I2，切换到【公式】选项卡，在【函数库】组中单击【插入函数】按钮。

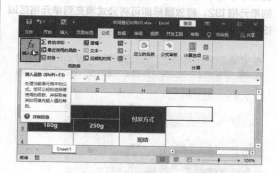

❷ 弹出【插入函数】对话框，在【或选择类别】下拉列表中选择【统计】选项，然后在【选择函数】列表框中选择【COUNTA】选项。

❸ 单击【确定】按钮，弹出【函数参数】对话框，在第 1 个参数文本框中输入"A2:H2"。单击【确定】按钮。

❹ 将鼠标指针移动到单元格 I2 的右下角，当鼠标指针变成十字形状时，按住鼠标左键不放，向下拖曳鼠标到单元格 I32，释放鼠标即可将公式填充到单元格区域 I3:I32 中。

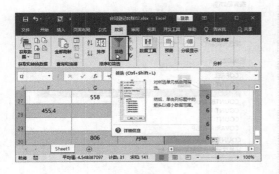

❺ 切换到【数据】选项卡，在【排序和筛选】组中单击【筛选】按钮。

❻ 随即单元格 I2 右侧出现一个下拉按钮，单击该按钮，从弹出的筛选列表中撤选【全选】复选框，然后勾选【0】复选框。

❼ 单击【确定】按钮，即可筛选出选中区域中的空白行，选中筛选出的空白行，单击鼠标右键，在弹出的快捷菜单中选择【删除行】菜单项，即可将空白行删除。

❽ 再次单击单元格 I2 右侧的下拉按钮，勾选【全选】复选框。

⑨ 单击【确定】按钮，展开全部数据，即可看到数据区域中的空白行（第7、17、26行）已经删除了。

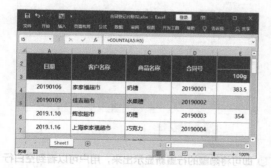

4. 使用定位功能删除

对于有合并单元格或者空白单元格的数据表，用户除了可以使用函数功能删除空白行外，还可以使用定位功能，具体操作步骤如下。

❶ 打开本实例的原始文件"合同登记台账03"，选中所有的数据区域A2:H32，切换到【开始】选项卡，在【编辑】组中单击【查找和选择】按钮，在弹出的下拉列表中选择【定位条件】选项。

❷ 弹出【定位条件】对话框，选中【行内容差异单元格】单选钮。

❸ 单击【确定】按钮，即可选中区域内的所有非空行。在【单元格】组中单击【格式】按钮 ，在弹出的下拉列表中选择【隐藏和取消隐藏】➤【隐藏行】选项。

❹ 可以看到所有非空行被隐藏。选中单元格区域A7:H26，按【Ctrl】+【G】组合键。

❺ 弹出【定位】对话框，单击【定位条件】按钮，弹出【定位条件】对话框，选中【可见单元格】单选钮。

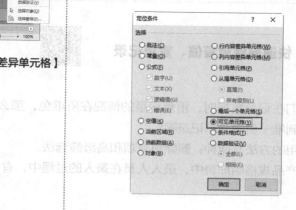

❻ 单击【确定】按钮，即可选中数据区域内的空白行，单击鼠标右键，在弹出的快捷菜单中选择【删除】菜单项。

❼ 弹出【删除】对话框，选中【整行】单选钮。

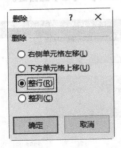

❽ 单击【确定】按钮，返回工作表，选中第1到第30行，单击鼠标右键，在弹出的快捷菜单中选择【取消隐藏】菜单项。

❾ 即可将隐藏的行重新显示出来，用户可以看到空白行（第7、17、26行）已经被删除。

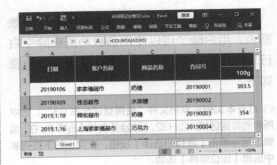

提示

有隐藏行的数据区域，在选择行区域时，中间被隐藏的行也会被选中。所以这里不能通过手动删除的方式删除空白行。

2.1.3 快速删除重复值、重复记录

扫码看视频

我们在记录数据时，重复记录的情况在所难免，那么怎样检查并提出数据中的重复值，从而得到唯一值的清单记录呢？

常用的方法有两种：删除重复项和高级筛选法。

在产品规格明细表中，录入人员在录入的过程中，有几条记录是重复的，如下图所示。

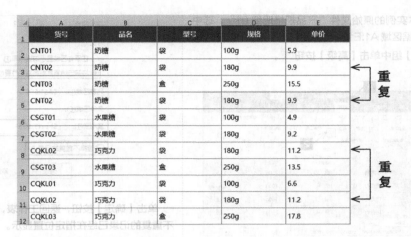

下面分别使用两种不同的方法将重复记录删除。

1. 删除重复项

❶ 打开本实例的原始文件"产品规格明细"，选中所有的数据区域 A1:E12，切换到【数据】选项卡，在【数据工具】组中单击【删除重复值】按钮。

❷ 弹出【删除重复值】对话框，用户可以根据需要删除的重复值选择不同的列，此处需要删除的是重复记录，所以选中所有列。

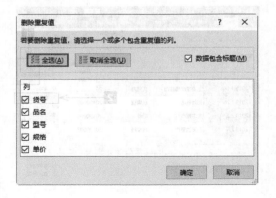

❸ 单击【确定】按钮，弹出提示框，提示用户"发现了2个重复值，已将其删除；保留了9个唯一值。"。

❹ 单击【确定】按钮，返回工作表，即可看到数据区域中的重复记录已经被删除。

	A	B	C	D	E
1	货号	品名	型号	规格	单价
2	CNT01	奶糖	袋	100g	5.9
3	CNT02	奶糖	袋	180g	9.9
4	CNT03	奶糖	盒	250g	15.5
5	CSGT01	水果糖	袋	100g	4.9
6	CSGT02	水果糖	袋	180g	9.2
7	CQKL02	巧克力	袋	180g	11.2
8	CSGT03	水果糖	盒	250g	13.5
9	CQKL01	巧克力	袋	100g	6.6
10	CQKL03	巧克力	盒	250g	17.8

2. 高级筛选法

使用删除重复值的方法删除重复记录后，新的记录就会替换原记录。如果用户想要保留原纪录，可以使用高级筛选法，具体操作步骤如下。

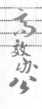
❶ 打开本实例的原始文件"产品规格明细 01"，选中所有的数据区域 A1:E12，切换到【数据】选项卡，在【排序和筛选】组中单击【高级】按钮 。

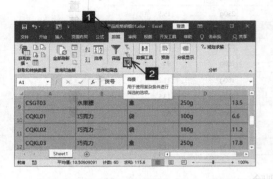

❷ 弹出【高级筛选】对话框，选中【将筛选结果复制到其他位置】单选钮，将光标定位到【复制到】文本框，在工作表中选择一个空白单元格，然后勾选【选择不重复的记录】复选框。

❸ 单击【确定】按钮，返回工作表，即可看到筛选出的不重复的记录已经在指定位置显示。

货号	品名	型号	规格	单价
CNT01	奶糖	袋	100g	5.9
CNT02	奶糖	袋	180g	9.9
CNT03	奶糖	盒	250g	15.5
CSGT01	水果糖	袋	100g	4.9
CSGT02	水果糖	袋	180g	9.2
CQKL02	巧克力	袋	180g	11.2
CSGT03	水果糖	盒	250g	13.5
CQKL01	巧克力	袋	100g	6.6
CQKL03	巧克力	盒	250g	17.8

2.1.4 不规范日期的整理技巧

扫码看视频

在 Excel 中输入日期时，由于书写习惯的不同，同一表格不同人录入的日期格式可能不尽相同。这些日期格式有的是 Excel 可以识别的，如 2019/1/8、2019–01–08 等，但是有的日期格式是不能被识别的，如 2019.1.8、20190108 等，那么如何将这些不能识别的日期快速转换为 Excel 可以识别的日期呢？通常有两种方法：查找替换和分列功能。

1. 查找替换

在工作表中如果使用了带有间隔标记的不规范日期，如 2019.1.8，我们可以使用 Excel 的查找替换功能将"."替换为"/"或"–"，具体操作步骤如下。

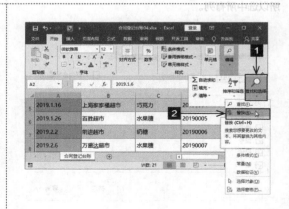

❶ 打开本实例的原始文件"合同登记台账 04"，选中不规范日期所在的数据区域 A2:A22，切换到【开始】选项卡，在【编辑】组中单击【查找和选择】按钮 ，在弹出的下拉列表中选择【替换】选项。

② 弹出【查找和替换】对话框，在【查找内容】文本框中输入"."，在【替换为】文本框中输入"/"。

③ 单击【全部替换】按钮，弹出提示框，提示用户"全部完成。完成42处替换"。

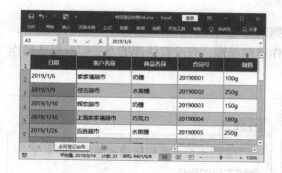

④ 单击【确定】按钮，关闭提示框，然后关闭【查找和替换】对话框，返回工作表，即可看到不规范的日期已经替换为规范日期了。

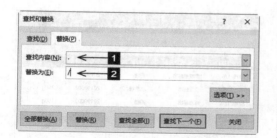

2. 分列功能

如果同一列中的日期有多种不同格式，而且有的还没有分隔符号，就无法使用查找替换功能将不规范日期规范化了。此时，用户可以使用分列功能，具体操作步骤如下。

❶ 打开本实例的原始文件"合同登记台账05"，选中不规范日期所在的数据区域A2:A22，切换到【数据】选项卡，在【数据工具】组中单击【分列】按钮。

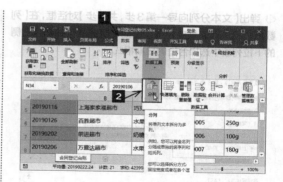

② 弹出【文本分列向导—第1步，共3步】对话框，选中【分隔符号】单选钮，单击【下一步】按钮。

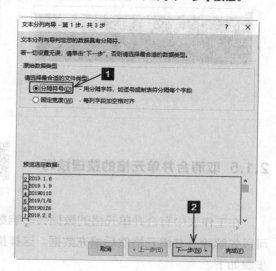

③ 弹出【文本分列向导—第2步，共3步】对话框，在【分隔符号】列表框中勾选【Tab键】复选框，单击【下一步】按钮。

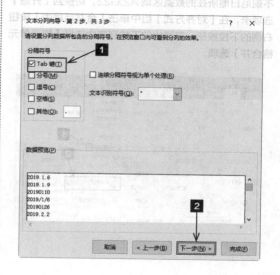

④ 弹出【文本分列向导—第3步，共3步】对话框，在【列数据格式】列表框中勾选【日期】复选框，并在其右侧的下拉列表中选择合适的日期格式。

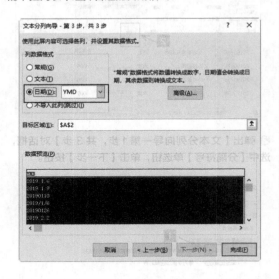

⑤ 单击【完成】按钮，返回工作表，即可看到选中区域的日期已经转换为规范的日期了。

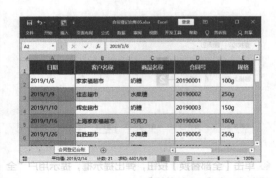

2.1.5 取消合并单元格的整理技巧

扫码看视频

在工作表中有合并单元格的数据会影响数据的处理与分析。如果合并单元格的数量少，可以先解除合并单元格然后填充数据。这样操作速度很慢，有没有快速的方法呢？具体操作步骤如下。

❶ 打开本实例的原始文件"合同登记台账06"，选中不规范日期所在的数据区域A2:G22，切换到【开始】选项卡，在【对齐方式】组中单击【合并后居中】按钮右侧的下拉按钮，在弹出的下拉列表中选择【取消单元格合并】选项。

> **提示**
>
> 此时不要乱点鼠标或者单击其他命令，继续下边的操作。

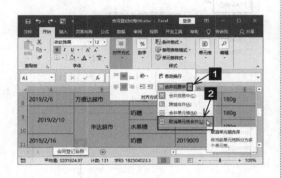

❷ 即可将选中数据区域的所有合并单元格取消合并。

❸ 按【Ctrl】+【G】组合键，打开【定位】对话框，单击【定位条件】按钮。

❹ 弹出【定位条件】对话框，选中【空值】单选钮。

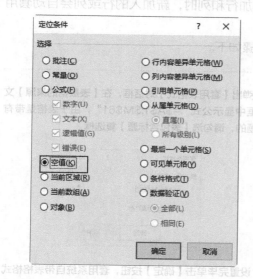

❺ 单击【确定】按钮，即可选中数据区域的所有空白单元格，并自动显示第一个空白单元格。

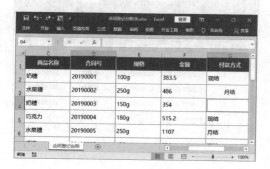

❻ 直接输入公式"=G3"（公式的意思是"等于空白单元格上面的单元格"）。

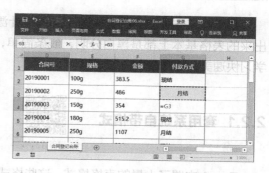

❼ 按【Ctrl】+【Enter】组合键，即可完成所有空白单元格的快速填充。

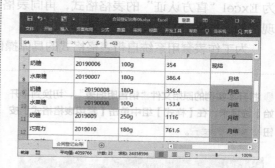

提示

按【Ctrl】+【Enter】组合键后选中的多个单元格即可同时录入相同的内容。

2.2 套用 Excel 表格格式

在实际工作中，大部分人对于如何设计漂亮的 Excel 表格都没有接受过相应的培训，做出来的表格基本上都是黑白分明，线条简单，数据量大的表格，也不易阅读。本节我们就来学习快速美化工作表的方法。

2.2.1 套用系统自带格式

扫码看视频

Excel 内置了大量的表格格式，这些格式中预设了字形、字体颜色、边框和底纹的属性，套用格式后，既可以美化工作表，又可以大大提高工作效率。套用表格格式后，工作表转化为 Excel "官方认证"的表格格式，再向表格中添加行和列时，新加入的行或列会自动套用现在的表格格式。

为工作表套用系统自带表格格式的具体操作步骤如下。

❶ 打开本实例的原始文件"销售明细表"，切换到【开始】选项卡，在【样式】组中单击【套用表格格式】按钮 套用表格格式 ▾ 。

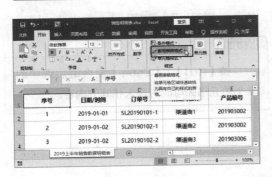

❷ 从弹出的下拉列表中选择一种合适的表格格式，例如选择【蓝色，表样式中等深浅 2】选项。

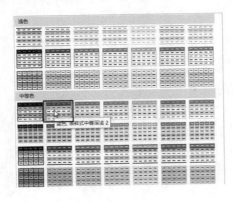

❸ 弹出【套用表格式】对话框，在【表数据的来源】文本框中显示公式"=$A$1:$M$61"，由于表格是带有标题的，请勾选【表包含标题】复选框。

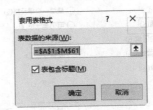

❹ 设置完毕单击【确定】按钮，套用系统自带表格格式后的效果如下图所示。

提示

应用工作表样式后的单元格区域会自动转换为表格，并且自动添加筛选按钮。

如果用户想要将表格转换为普通区域，只需切换到【表格工具】栏的【设计】选项卡，在【工具】组中单击【转换为区域】按钮即可。

2.2.2 自定义样式

扫码看视频

虽然 Excel 提供了大量的表格格式，但是在面对某些工作时，用户可能还是会感觉这些样式满足不了自己的需要，此时可以自定义 Excel 表格样式。

❶ 打开本实例的原始文件"销售明细表01"，切换到【开始】选项卡，在【样式】组中单击【套用表格格式】按钮 套用表格格式 ，从弹出的下拉列表中选择【新建表格样式】选项。

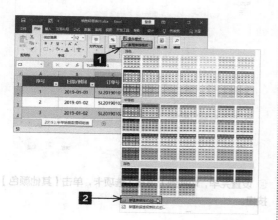

❷ 弹出【新建表样式】对话框，用户可以在【名称】文本框中修改表样式的名称，也可以在【表元素】列表框中选择一个表元素，然后设置表元素的格式。此处我们保持表样式的名称不变，只修改表元素的格式，例如选中表元素【标题行】，单击【格式】按钮。

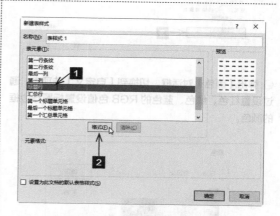

❸ 弹出【设置单元格格式】对话框，切换到【字体】选项卡，在【字形】列表框中选择【加粗】选项，在【颜色】下拉列表中选择一种合适的字体颜色，此处选择【白色，背景1】选项。

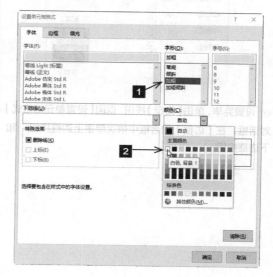

④ 设置完毕，切换到【边框】选项卡，在【样式】列表框中选择【粗线条】样式，在【颜色】下拉列表中选择【其他颜色】选项。

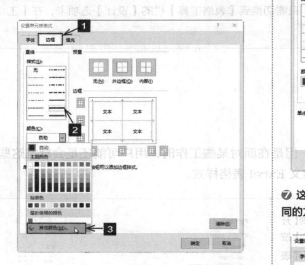

⑤ 弹出【颜色】对话框，切换到【自定义】选项卡，通过设置红色、绿色、蓝色的 RGB 色值设置标题行边框的颜色。

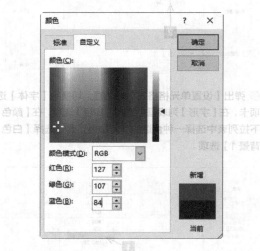

⑥ 设置完毕，单击【确定】按钮，返回【设置单元格格式】对话框，在【边框】组合框中依次单击上边框按钮 和下边框按钮 。

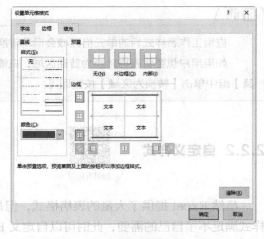

⑦ 这样标题行的上下边框就设置好了，用户可以按照相同的方法将标题行的中间竖框线设置为白色细框线。

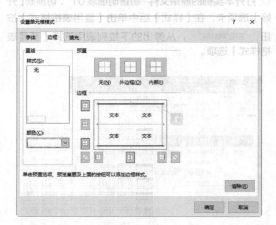

⑧ 设置完毕，切换到【填充】选项卡，单击【其他颜色】按钮。

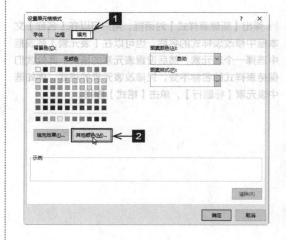

⑨ 弹出【颜色】对话框，切换到【自定义】选项卡，通过设置红色、绿色、蓝色的色值设置标题行的填充颜色。

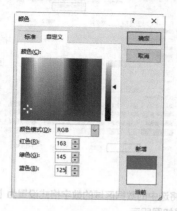

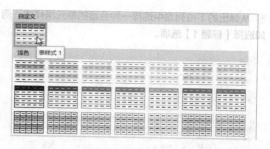

⑪ 将新建的表样式1应用于单元格区域 A1:M61 后的效果如下图所示。

⑩ 设置完毕，单击【确定】按钮，返回【设置单元格格式】对话框，再单击【确定】按钮，返回【新建表样式】对话框，按照相同的方法设置其他表元素的字体、边框和底纹，设置完毕，单击【确定】按钮，返回工作表，打开表格样式库，即可看到新创建的表样式1。

2.3 套用单元格样式

在 Excel 中，用户除了可以套用表格样式快速美化表格外，还可以套用单元格样式来美化表格。套用单元格样式的好处是不仅可以设置边框和底纹以及字形等，还可以设置字体、字号、对齐方式等，套用单元格样式更适合于没进行过任何设置的单元格。

2.3.1 套用系统自带样式

扫码看视频

Excel 中有许多已经设置好了字体格式、对齐方式、边框和底纹的单元格样式，用户可以根据自己的需要套用这些样式，迅速得到想要的效果。

套用单元格样式的具体操作步骤如下。

❶ 打开本实例的原始文件"销售明细表02"，选中标题行所在的单元格区域 A1:M1，切换到【开始】选项卡，在【样式】组中单击【单元格样式】按钮 。

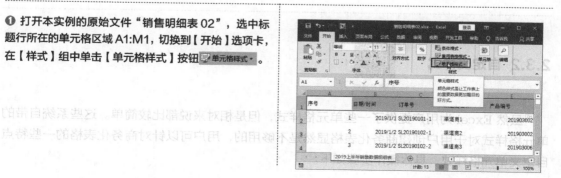

② 从弹出的下拉列表中选择一种合适的单元格样式，例如选择【标题1】选项。

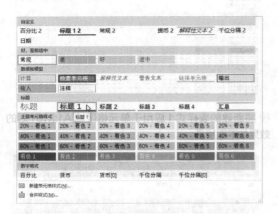

③ 可以看到选中的单元格区域即可应用标题1样式，效果如图所示。

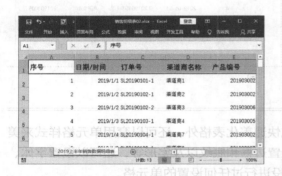

④ 标题行应用标题1样式后，用户可以看到标题行的字号、字体颜色都发生了变化。除此之外，应用单元格样式还可以设置单元格的数字格式，例如选择单元格区域 J1:K61 和 M1:M61，单击【单元格样式】按钮 ，从弹出的下拉列表中选择一种合适的单元格样式，例如选择【数字格式】▶【货币】选项。

⑤ 即可将选中的数据区域的数字格式设置为【货币】格式，效果如图所示。

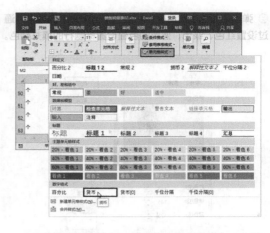

提示

在套用单元格样式时，用户可以对同一单元格套用多个样式，并且这些样式会自动合并。例如，如果第1个样式中设置了字体、字号和边框，第2个样式中只设置了字体和字号，那么在应用第2个样式时，只会改变单元格的字体和字号，边框仍保留第1个样式的。

2.3.2 自定义样式

扫码看视频

虽然 Excel 为用户提供了一些单元格样式，但是相对来说都比较简单。这些系统自带的单元格样式对于用户创建商务化表格显然是不够用的，用户可以针对商务化表格的一些特点自定义单元格样式，具体操作步骤如下。

❶ 打开本实例的原始文件"销售明细表03"，切换到【开始】选项卡，在【样式】组中单击【单元格样式】按钮，从弹出的下拉列表中选择【新建单元格样式】选项。

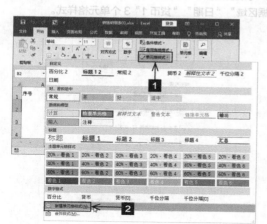

❷ 弹出【样式】对话框，在【样式名】文本框中输入新建单元格样式的名称，此处输入【标题样式】，单击【格式】按钮。

❸ 弹出【设置单元格格式】对话框，切换到【数字】选项卡，在【分类】列表框中选择【常规】即可。

❹ 切换到【对齐】选项卡，在【水平对齐】下拉列表中选择【居中】选项，在【垂直对齐】下拉列表中选择【居中】选项。

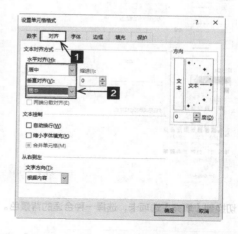

❺ 切换到【字体】选项卡，在【字体】列表框中选择【微软雅黑】选项，在【字形】列表框中选择【加粗】选项，在【字号】列表框中选择【12】选项，在【颜色】下拉列表中选择【黑色，文字1，淡色35%】选项。

❻ 切换到【边框】选项卡，在【样式】列表框中选择【细线条】选项，在【颜色】下拉列表中选择【黑色，文字1，淡色25%】选项，在【边框】组合框中依次单击【上边框】按钮和【下边框】按钮。

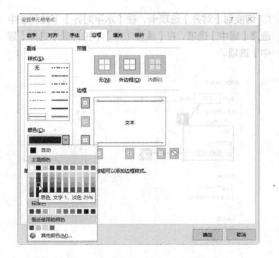

⑦ 切换到【填充】选项卡，选择一种合适的背景色。

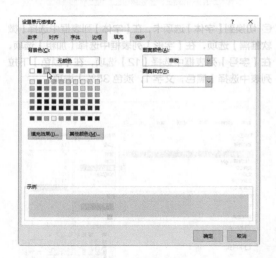

⑧ 设置完毕，单击【确定】按钮，返回【样式】对话框，再次单击【确定】按钮，返回工作表，即可在【单元格样式】库中看到新创建的单元格样式【标题样式】。

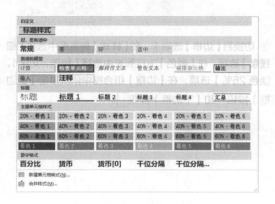

⑨ 接下来用户可以按照相同的方法，设置数据区域的单元格样式。数据区域的样式相对标题行来说要复杂，因为数据区域可能会出现多种样式，所以针对数据区域用户可以创建多个单元格样式。此处用户可依次创建"数据区域""日期""货币1"3个单元格样式。

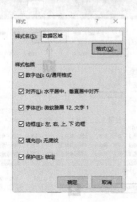

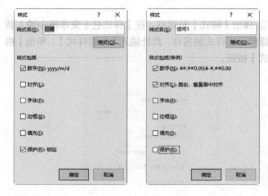

提示

"数据区域"单元格样式的字体设置为微软雅黑，字号为12，设置水平居中对齐以及上下左右边框；"日期"单元格样式中设置数字格式为日期；"货币靠右"单元格样式中设置数字格式为货币、水平靠右对齐。

⑩ 单元格样式都设置完成后，就可以应用样式了。选中标题行所在的单元格区域 A1:M1，在【样式】组中单击【单元格样式】按钮 ，从弹出的下拉列表中选择【标题样式】选项。

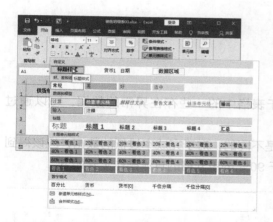

⑪ 返回工作表，即可看到标题行已经应用了"标题样式"，效果如图所示。

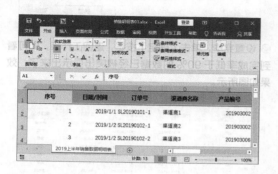

⑫ 选中单元格区域 A2:M61，对其应用单元格样式"数据区域"，效果如图所示。

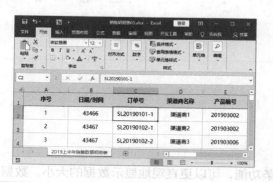

⑬ 由于单元格样式"数据区域"选用的数字格式为"常规"，所以 B 列的日期都变成了常规数字格式。选中单元格区域 B2:B61，应用单元格样式"日期"，即可使 B 列的日期正常显示。

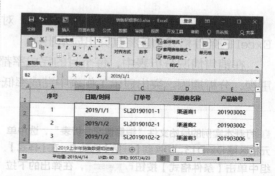

⑭ 接下来对单元格区域 J1:K61 和 M1:M61 应用单元格样式"货币 1"，最终效果如图所示。

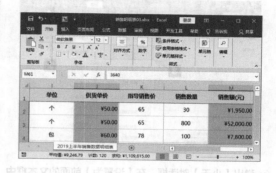

2.4 条件格式的设置

通过 Excel 的条件格式功能可以帮助用户将重要数据突出显示出来，也可以辅助识别数据大小、数据走向等。

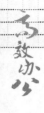

2.4.1 突出显示重点单元格

扫码看视频

在实际工作中，用户在编辑数据时，对于表格中的一些存在异常的数据，可以通过 Excel 的条件格式功能将其突出显示出来。

在销售情况分析表中，每个月的完成率都是不同的，对于完成率过低的数据，应该得到重视，分析原因。突出显示工作表中完成率低于 90% 的单元格的具体操作步骤如下。

❶ 打开本实例的原始文件"销售情况分析表"，选中单元格区域 D2:D13，切换到【开始】选项卡，在【样式】组中单击【条件格式】按钮，在弹出的下拉列表中选择【突出显示单元格规则】➤【小于】选项。

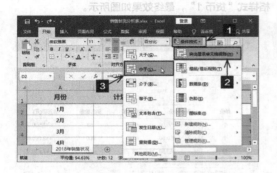

❷ 弹出【小于】对话框，在【设置为】前面的文本框中输入【90%】，在【设置为】后面的下拉列表中选择一种合适的填充格式。

❸ 设置完毕，单击【确定】按钮，返回工作表，即可看到完成率低于 90% 的数据已经被突出显示出来了，效果如图所示。

月份	计划销售	实际销售	完成率	完成状况
1月	¥107,950.00	¥106,950.00	99.07%	未完成
2月	¥107,950.00	¥107,950.00	100.00%	完成
3月	¥107,950.00	¥107,950.00	100.00%	完成
4月	¥111,125.00	¥111,760.00	100.57%	超额
5月	¥111,125.00	¥111,760.00	100.57%	超额
6月	¥111,125.00	¥106,920.00	96.13%	未完成
7月	¥111,125.00	¥111,760.00	100.57%	超额
8月	¥117,348.00	¥68,950.00	58.50%	未完成
9月	¥117,348.00	¥100,856.00	85.95%	未完成
10月	¥117,348.00	¥109,861.00	93.62%	未完成
11月	¥117,348.00	¥117,348.00	100.00%	完成
12月	¥117,348.00	¥117,682.00	100.28%	超额
总计				

2.4.2 辅助识别数据大小

扫码看视频

Excel 的条件格式功能为用户提供了数据条功能，可以更直观地显示数据的大小。数据条的颜色长短表示数字的大小，颜色条越长表示这个表格中的数据越大，反之越小。

下面以为实际销售额添加数据条为例，介绍如何在表格中添加数据条，具体操作步骤如下。

❶ 打开本实例的原始文件"销售情况分析表 01"，选中单元格区域 C2:C13，单击【条件格式】按钮【条件格式·】，在弹出的下拉列表中选择【数据条】▶【渐变填充】▶【绿色数据条】选项。

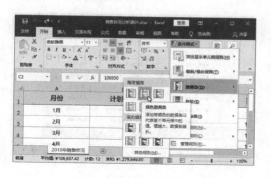

❷ 返回工作表，即可看到单元格区域 C2:C13 添加数据条后的效果。

2.4.3　辅助用户查看数据走向

扫码看视频

在销售情况分析表中，若只有数据，看着会比较枯燥，如果用户能在下面增加一个折线图，来表明全年的销售动态的变化情况，就能比较直观地看出哪个月最大，哪个月最小，哪个月增长多，哪个月又降得多。

在表格中插入迷你图的具体操作步骤如下。

❶ 打开本实例的原始文件"销售情况分析表 02"，选中单元格区域 B2:B13，切换到【插入】选项卡，在【迷你图】组中单击【折线图】按钮。

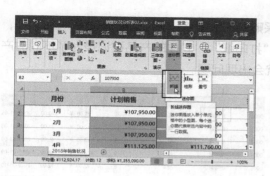

❷ 弹出【创建迷你图】对话框，将光标定位到【位置范围】文本框中，然后单击单元格 B14。

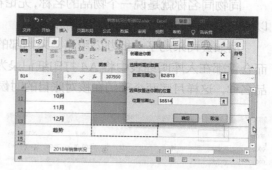

③ 单击【确定】按钮，返回工作表，即可看到单元格 B14 中插入的迷你图。

④ 将鼠标指针移动到单元格 B14 的右下角，鼠标指针变成黑色十字形状时，按住鼠标左键不放，向右拖曳至单元格 D14，释放鼠标左键，即可在单元格 C14 和 D14 中插入同样的迷你图。

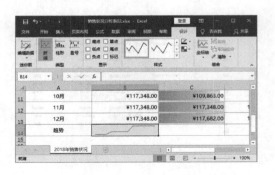

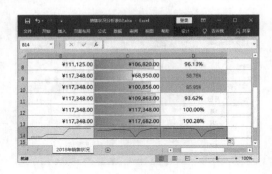

职场经验

表格商务化5原则

在实际工作中，大多数人愿意学习一些技巧性的知识，而忽略了最基础的知识，此处我们将制作商务化表格的基本原则总结成 5 项原则。

（1）一致性原则。

在设置商务化表格时一定要做到两同：同物同名称和同表同格式。

同物同名称就是说一个物品的名称，无论在任何部门、任何人员的表格中都应该是一致的，以方便多表之间的数据查询、引用和核对。

例如公司采购了一批办公用品，采购部的采购明细表中将 A4 打印纸记录为"A4"纸，而仓管部在入库明细表中将 A4 打印纸记录为"打印纸"，同样的产品被记录为了不同的产品名称，这样月底两个部门在核对账目的时候就会出现问题。

编号	产品名称	单位	采购数量	单价	金额	采购日期
0001	A4纸	包	22	¥5.00	¥ 110.00	2019-01-05
0002	白板笔	支	12	¥2.00	¥ 24.00	2019-01-08
0003	修正液	瓶	15	¥3.00	¥ 45.00	2019-01-09
0004	文件篮	个	10	¥14.80	¥ 148.00	2019-01-09
0005	记号笔	支	6	¥2.00	¥ 12.00	2019-01-10
0006	不干胶标贴	包	98	¥2.00	¥ 196.00	2019-01-11
0007	圆珠笔	支	17	¥3.00	¥ 51.00	2019-01-12
0008	便利贴	本	26	¥4.50	¥ 117.00	2019-01-14
0009	固体胶	个	20	¥5.00	¥ 100.00	2019-01-15
0010	中性笔	支	235	¥1.50	¥ 352.50	2019-01-18
0011	燕尾夹	个	100	¥0.50	¥ 50.00	2019-01-18

编号	产品名称	单位	入库数量	单价	金额	入库日期
0001	打印纸	包	22	¥5.00	¥ 110.00	2019-01-05
0002	白板笔	支	12	¥2.00	¥ 24.00	2019-01-08
0003	修正液	瓶	15	¥3.00	¥ 45.00	2019-01-09
0004	文件篮	个	10	¥14.80	¥ 148.00	2019-01-09
0005	记号笔	支	6	¥2.00	¥ 12.00	2019-01-10
0006	不干胶标贴	包	98	¥2.00	¥ 196.00	2019-01-11
0007	蓝色圆珠笔	支	17	¥3.00	¥ 51.00	2019-01-12
0008	便利贴	本	26	¥4.50	¥ 117.00	2019-01-14
0009	固体胶	个	20	¥5.00	¥ 100.00	2019-01-15
0010	中性笔	支	235	¥1.50	¥ 352.50	2019-01-18
0011	燕尾夹	个	100	¥0.50	¥ 50.00	2019-01-18

同表同格式就是说相同类型的表格其格式必须保持一致，以方便汇总统计分析。例如 5 月的销售明细和 6 月的销售明细格式必须保持一致。

另外，同表同格式还包含了一层意思，就是同一类工作表的名称也应保持一致。例如销售流水工作簿中，1 月的明细表叫做"1 月销售明细"，2 月的明细表也应叫做"2 月销售明细"，而不应叫做"2019 年 2 月销售流水"。

（2）规范性原则。

规范性原则主要是指表格中数据类型的规范。例如普通数字应使用常规或数值型格式，单价或金额应使用货币或会计型格式，日期则应使用日期型格式，而不能随便选用格式，例如日期选用文本格式，输入为 2019.1.23，这些都是不可取的，这样的小错误，可能会给日后的数据处理与分析造成很大的困难。

（3）整体性原则。

整体性原则就是将同一类型同一事项的工作表放在同一工作簿中，同一类工作的工作簿放在同一文件夹中。这样分门别类地放置便于日后查找。

（4）灵活性原则。

灵活性原则主要是针对公式的。在表格中定义名称、使用公式时，应正确使用相对引用、绝对引用和混合引用，以便快速填充公式。

（5）安全性原则。

安全性原则就是指保护工作簿、工作表和备份工作簿、工作表。在编辑工作簿、工作表时，用户要时刻提高警惕，对一些重要的工作簿、工作表要进行保护，避免其他用户修改数据，同时用户还要随时备份数据，避免因停电、机器损坏等不可预料的情况造成数据丢失。

设置自动保存

对于一个办公人员来说，如果在使用电脑办公的时候突然停电或者电脑突然死机，导致录入的数据丢失。为了避免这种情况的发生，用户应该养成时刻保存表格的好习惯。但在我们一心一意投入工作的时候，有时候难免会忘记保存，针对这种情况，Excel 提供了一个自动保存的功能，用户可以通过设置"保存自动恢复信息时间间隔"，让 Excel 每隔一段时间就保存一次文档，当发生断电等意外情况时，再次启动 Excel，Excel 会给出【文档恢复】窗格，恢复未保存的表格。

设置自动保存的具体操作步骤如下。

❶ 在 Excel 界面中单击工作表左上角的【文件】按钮。

❷ 在弹出的界面中单击【选项】选项。

❸ 弹出【Excel 选项】对话框，切换到【保存】选项卡，在【保存工作簿】组中勾选【保存自动恢复信息时间间隔】复选框，并设置其时间间隔，例如设置时间间隔为【5】分钟，设置完毕单击【确定】按钮即可。

❹ 如果工作簿意外关闭，当用户再次打开工作簿时，工作表的左侧会弹出【文档恢复】窗格，提醒用户有哪些文档已经被恢复，用户可以选择打开恢复的文档。

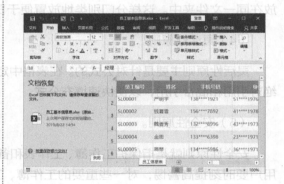

> **提示**
>
> Excel 的自动保存功能只能恢复 Excel 在异常情况下没有保存就关闭程序的文档。如果用户在正常关闭 Excel 程序的时候，选择了不保存对表格的更改，那么表格将无法恢复。

第3章
排序、筛选与分类汇总

在数据处理的过程中，排序、筛选、分类汇总是常用的功能。排序功能可以让凌乱的数据按升序或者降序排列；筛选功能可以帮助用户挑选出自己需要的数据；分类汇总可以将海量数据按用户要求快速汇总。

要 点 导 航

- 排序
- 筛选
- 分类汇总

3.1 排序

在日常工作中，用户经常需要对数据进行排序，以便让数据按用户的需要进行排列，例如按从大到小的顺序排列。

3.1.1 单个关键字的排序

扫码看视频

由于在实际工作中通常最关心的是最大或最小的数值，所以多数情况下，用户需要将数字按从大到小的顺序降序排列或者从小到大的顺序升序排列。

例如，下图所示是某电脑批发城某月的销售月报，用户重点查看的应该是销售情况，因此可以将工作表的数据按销售数量或销售金额进行升序（或降序）排列。

产品编号	名称	类别	单位	单价	销售数量	销售金额
SL02001	CPU	电脑配件	个	¥1,199.00	62	¥74,338.00
SL02002	SSD硬盘	电脑配件	个	¥549.00	36	¥19,764.00
SL03003	U盘	外设产品	个	¥129.00	72	¥9,288.00
SL01001	笔记本	电脑整机	台	¥4,699.00	25	¥117,475.00
SL02006	机箱	电脑配件	个	¥269.00	175	¥47,075.00
SL04001	机械键盘	游戏设备	个	¥12.00	126	¥1,512.00
SL03002	键盘	外设产品	个	¥79.00	223	¥17,617.00
SL03005	摄像头	外设产品	个	¥125.00	46	¥5,750.00
SL03001	鼠标	外设产品	个	¥79.00	176	¥13,904.00
SL01003	台式机	电脑整机	台	¥4,999.00	151	¥754,849.00
SL02004	显卡	电脑配件	个	¥1,499.00	101	¥151,399.00
SL02003	显示器	电脑配件	台	¥999.00	58	¥57,942.00
SL01004	一体机	电脑整机	台	¥4,999.00	186	¥929,814.00

将工作表数据按销售金额降序排列的具体操作步骤如下。

❶ 打开本实例的原始文件"销售统计月报"，选中单元格区域 A1:G19，切换到【数据】选项卡，在【排序和筛选】组中单击【排序】按钮。

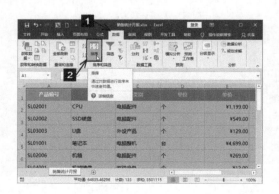

❷ 弹出【排序】对话框，勾选【数据包含标题】复选框，然后在【主要关键字】下拉列表中选择【销售金额】选项，在【排序依据】下拉列表中选择【单元格值】选项，在【次序】下拉列表中选择【降序】选项。

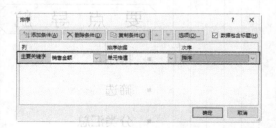

③ 单击【确定】按钮，返回 Excel 工作表，此时数据根据 G 列中的销售金额进行降序排列。

产品编号	名称	类别	单位	单价	销售数量	销售金额
SL01004	一体机	电脑整机	台	¥4,999.00	186	¥929,814.00
SL01002	游戏本	电脑整机	台	¥6,969.00	132	¥919,908.00
SL01003	台式机	电脑整机	台	¥4,999.00	151	¥754,849.00
SL02005	组装电脑	电脑配件	台	¥2,459.00	122	¥299,998.00
SL02004	显卡	电脑配件	个	¥1,499.00	101	¥151,399.00
SL01001	笔记本	电脑整机	台	¥4,699.00	25	¥117,475.00
SL02001	CPU	电脑配件	个	¥1,199.00	62	¥74,338.00
SL02003	显示器	电脑配件	台	¥999.00	58	¥57,942.00
SL02006	机箱	电脑配件	个	¥269.00	175	¥47,075.00
SL03004	移动硬盘	外设产品	个	¥499.00	62	¥30,938.00
SL02002	SSD硬盘	电脑配件	个	¥549.00	36	¥19,764.00
SL03002	键盘	外设产品	个	¥79.00	223	¥17,617.00
SL03001	鼠标	外设产品	个	¥79.00	176	¥13,904.00
SL04003	游戏手柄	游戏设备	个	¥429.00	24	¥10,296.00
SL03003	U盘	外设产品	个	¥129.00	72	¥9,288.00

3.1.2 多个关键字的排序

扫码看视频

在销售统计月报中，用户直接对销售金额进行降序排列，反映出的是所有产品之间销售金额的对比。但是由于不同类别的产品的差异性往往会比较大，在实际工作中用户还需要对同一类别中的不同产品进行对比分析，那么此时用户就需要先对产品按照类别排序，然后再对销售金额进行排序，此时就需要用到多个关键字的复杂排序了。具体操作步骤如下。

❶ 打开本实例的原始文件"销售统计月报01"，选中单元格区域 A1:G19，切换到【数据】选项卡，在【排序和筛选】组中单击【排序】按钮，打开【排序】对话框。

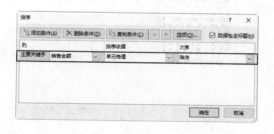

❷ 单击【主要关键字】右侧的下拉按钮，在弹出的下拉列表中选择【类别】选项，将【主要关键字】更改为【类别】。

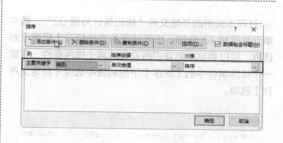

❸ 单击【添加条件(A)】按钮，此时即可添加一组新的排序条件，在【次要关键字】下拉列表中选择【销售金额】选项，其余保持不变。

④ 单击【确定】按钮，返回工作表，此时表格数据在根据"类别"的汉语拼音首字母进行降序排列的基础上，按照"销售金额"的数值进行了升序排列，排序效果如下图所示。

产品编号	名称	类别	单位	单价	销售数量	销售金额
SL04001	机械键盘	游戏设备	个	¥12.00	126	¥1,512.00
SL04002	游戏鼠标	游戏设备	个	¥169.00	43	¥7,267.00
SL04003	游戏手柄	游戏设备	个	¥429.00	24	¥10,296.00
SL03005	摄像头	外设产品	个	¥125.00	46	¥5,750.00
SL03003	U盘	外设产品	个	¥129.00	72	¥9,288.00
SL03001	鼠标	外设产品	个	¥79.00	176	¥13,904.00
SL03002	键盘	外设产品	个	¥79.00	223	¥17,617.00
SL03004	移动硬盘	外设产品	个	¥499.00	62	¥30,938.00
SL01001	笔记本	电脑整机	台	¥4,699.00	25	¥117,475.00
SL01003	台式机	电脑整机	台	¥4,999.00	151	¥754,849.00
SL01002	游戏本	电脑整机	台	¥6,969.00	132	¥919,908.00
SL01004	一体机	电脑整机	台	¥4,999.00	186	¥929,814.00
SL02002	SSD硬盘	电脑配件	个	¥549.00	36	¥19,764.00
SL02006	机箱	电脑配件	个	¥269.00	175	¥47,075.00
SL02003	显示器	电脑配件	台	¥999.00	58	¥57,942.00

3.1.3 自定义排序

扫码看视频

在实际工作中，数据不一定都是按照升序或者降序来排列的，有时也需要按特定的需求来自定义排序。例如在销售统计月报中，重点的产品类型是电脑整机，然后是电脑配件、游戏设备和外设产品。用户希望数据按产品类别"电脑整机、电脑配件、游戏设备和外设产品"的顺序进行排序，Excel 应该如何实现呢？具体操作步骤如下。

❶ 打开本实例的原始文件"销售统计月报 02"，选中单元格区域 A1:G19，按照前面的方法打开【排序】对话框，可以看到前面我们所设置的两个排序条件，在第一个排序条件中的【次序】下拉列表中选择【自定义序列】选项。

❷ 弹出【自定义序列】对话框，在【自定义序列】列表框中选择【新序列】选项，在【输入序列】文本框中输入"电脑整机,电脑配件,游戏设备,外设产品"，中间用英文半角状态下的逗号隔开。

❸ 单击【添加】按钮，此时新定义的序列"电脑整机,电脑配件,游戏设备,外设产品"就被添加在【自定义序列】列表框中。

④ 单击【确定】按钮，返回【排序】对话框，此时第一个排序条件中的【次序】下拉列表自动显示【电脑整机，电脑配件，游戏设备，外设产品】选项。

⑤ 单击【确定】按钮，返回 Excel 工作表，排序效果如下图所示。

产品编号	名称	类别	单位	单价	销售数量	销售金额
SL01001	笔记本	电脑整机	台	¥4,699.00	25	¥117,475.00
SL01003	台式机	电脑整机	台	¥4,999.00	151	¥754,849.00
SL01002	游戏本	电脑整机	台	¥6,969.00	132	¥919,908.00
SL01004	一体机	电脑整机	台	¥4,999.00	186	¥929,814.00
SL02002	SSD硬盘	电脑配件	个	¥549.00	36	¥19,764.00
SL02006	机箱	电脑配件	个	¥269.00	175	¥47,075.00
SL02003	显示器	电脑配件	台	¥999.00	58	¥57,942.00
SL02001	CPU	电脑配件	个	¥1,199.00	62	¥74,338.00
SL02004	显卡	电脑配件	个	¥1,499.00	101	¥151,399.00
SL02005	组装电脑	电脑配件	台	¥2,459.00	122	¥299,998.00
SL04001	机械键盘	游戏设备	个	¥12.00	126	¥1,512.00
SL04002	游戏鼠标	游戏设备	个	¥169.00	43	¥7,267.00
SL04003	游戏手柄	游戏设备	个	¥429.00	24	¥10,296.00
SL03005	摄像头	外设产品	个	¥125.00	46	¥5,750.00

3.2 筛选

工作表中经常需要存储着几百条数据，要从这众多的数据中挑选出符合某些条件的少量数据，如果单靠肉眼识别，是非常困难且容易出错的，但是如果使用 Excel 的筛选功能，就变得简单多了。

3.2.1 自动筛选

扫码看视频

自动筛选是 Excel 中最简单的筛选功能。它通常是按照选定的内容进行简单筛选，筛选时将不满足条件的数据暂时隐藏起来，只显示符合条件的数据。

1. 单一条件的筛选

进行自动筛选时，最常用的筛选方式就是单一条件的筛选。

下面是一个业务费用预算表，表中包含了"员工成本""办公成本""市场营销成本"和"培训/差旅"4个支出类别。

支出项目	支出类别	计划支出	实际支出	支出差额	差额百分比
工资	员工成本	¥1,067,000.00	¥519,000.00	¥-548,000.00	51%
奖金	员工成本	¥288,090.00	¥140,130.00	¥-147,960.00	51%
办公室租赁	办公成本	¥117,600.00	¥58,800.00	¥-58,800.00	50%
燃气	办公成本	¥2,300.00	¥1,224.00	¥-1,076.00	47%
电费	办公成本	¥3,600.00	¥1,729.00	¥-1,871.00	52%
水费	办公成本	¥480.00	¥208.00	¥-272.00	57%
电话	办公成本	¥3,000.00	¥1,434.00	¥-1,566.00	52%
Internet 访问	办公成本	¥2,160.00	¥1,080.00	¥-1,080.00	50%
办公用品	办公成本	¥2,400.00	¥1,275.00	¥-1,125.00	47%
安全保障	办公成本	¥7,200.00	¥3,600.00	¥-3,600.00	50%
网站托管	市场营销成本	¥6,000.00	¥3,000.00	¥-3,000.00	50%
网站更新	市场营销成本	¥4,000.00	¥2,500.00	¥-1,500.00	38%
宣传资料准备	市场营销成本	¥20,000.00	¥10,300.00	¥-9,700.00	49%
宣传资料打印	市场营销成本	¥2,400.00	¥1,580.00	¥-820.00	34%
市场营销活动	市场营销成本	¥33,000.00	¥14,700.00	¥-18,300.00	55%
杂项支出	市场营销成本	¥2,400.00	¥1,079.00	¥-1,321.00	55%
培训课程	培训/教练	¥24,000.00	¥11,000.00	¥-13,000.00	54%
预防培训类的整理培训成本	培训/教练	¥24,000.00	¥10,300.00	¥-13,700.00	57%

如果用户只想查看"市场营销成本"，就可以使用单一条件的筛选，具体操作步骤如下。

❶ 打开本实例的原始文件"业务费用预算"，选中单元格区域A1:F19，切换到【数据】选项卡，在【排序和筛选】组中单击【筛选】按钮，随即各标题字段的右侧出现一个下拉按钮，进入筛选状态。

❷ 单击标题字段【支出类别】右侧的下拉按钮 ，从弹出的筛选列表中撤选【全选】复选框，然后勾选【市场营销成本】复选框。

❸ 单击【确定】按钮，返回 Excel 工作表，筛选效果如下图所示。

支出项目	支出类别	计划支出	实际支出	支出差额	差额百分比
网站托管	市场营销成本	¥6,000.00	¥3,000.00	¥-3,000.00	50%
网站更新	市场营销成本	¥4,000.00	¥2,500.00	¥-1,500.00	38%
宣传资料准备	市场营销成本	¥20,000.00	¥10,300.00	¥-9,700.00	49%
宣传资料打印	市场营销成本	¥2,400.00	¥1,580.00	¥-820.00	34%
市场营销活动	市场营销成本	¥33,000.00	¥14,700.00	¥-18,300.00	55%
杂项支出	市场营销成本	¥2,400.00	¥1,079.00	¥-1,321.00	55%

2．快速筛选前 N 项

Excel 除了可以根据文本筛选指定数据外，也可以根据数字配合常用的数字符号（大于、小于、等于等）进行各种筛选操作。

还是以前面的例子为例，筛选出实际支出最多的前 3 项数据记录。具体操作步骤如下。

❶ 选中数据区域中的任意一个单元格，切换到【数据】选项卡，在【排序和筛选】组中单击【筛选】按钮，撤销之前的筛选，再次单击【筛选】按钮，重新进入筛选状态，然后单击标题字段【实际支出】右侧的下拉按钮。

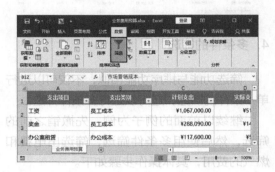

提示

对于已经筛选过的数据，进行新的筛选时，需要先撤销之前的筛选，然后再进行新的筛选。

❷ 从弹出的下拉列表中选择【数字筛选】▶【前10项】选项。

❸ 弹出【自动筛选前 10 个】对话框，系统默认是筛选最大的 10 个值，这个条件用户可以根据实际需求进行修改，例如，此处我们可以将条件修改为"最大 3 项"。

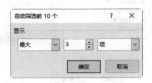

❹ 单击【确定】按钮，返回 Excel 工作表，筛选效果如下图所示。

3. 按字体颜色、单元格颜色筛选

许多用户在制作表格时，会对一些有特殊情况的数据使用字体颜色或者单元格颜色来标识，Excel 的筛选功能同样可以支持这些特殊标识作为筛选条件来筛选数据。具体操作步骤如下。

❶ 选中数据区域中的任意一个单元格，切换到【数据】选项卡，在【排序和筛选】组中单击【清除】按钮，撤销之前的筛选，单击标题字段【支出项目】右侧的下拉按钮。

❷ 从弹出的下拉列表中选择【按颜色筛选】，然后在【按单元格颜色筛选】选项下选择一种颜色。

提示

当需要筛选的数据有不同的单元格颜色或者字体颜色时，筛选菜单中才会显示【按颜色筛选】选项，否则该选项为不可用状态。按颜色进行筛选时，无论是单元格颜色还是字体颜色，都只能按一种颜色进行筛选。

❸ 返回 Excel 工作表，即可看到选定单元格颜色的数据已经筛选出来了。

❹ 按字体颜色进行筛选的方法与按单元格颜色进行筛选的方法一致。在【排序和筛选】组中单击【清除】按钮，撤销之前的筛选，单击标题字段【支出差额】右侧的下拉按钮。

❺ 从弹出的下拉列表中选择【按颜色筛选】，然后在【按字体颜色筛选】选项下选择一种颜色。

❻ 返回 Excel 工作表，即可看到选定字体颜色的数据已经筛选出来了。

4. 多条件的筛选

筛选功能与排序功能相似，不仅可以进行单一条件的筛选，还可以进行多条件筛选。

继续以前面的例子为例，先撤销之前的筛选，然后使用多条件筛选，筛选出电费和燃气的费用，具体操作步骤如下。

❶ 选中数据区域中的任意一个单元格，切换到【数据】选项卡，在【排序和筛选】组中单击【筛选】按钮，撤销之前的筛选，再次单击【筛选】按钮，重新进入筛选状态，然后单击标题字段【支出项目】右侧的下拉按钮。

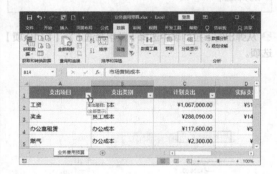

❷ 从弹出的下拉列表中选择【文本筛选】➤【自定义筛选】选项。

❸ 弹出【自定义自动筛选方式】对话框，然后将显示条件设置为"支出项目等于电费或燃气"。

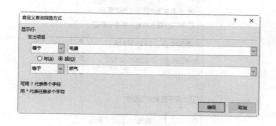

❹ 单击【确定】按钮，返回 Excel 工作表，筛选效果如下图所示。

3.2.2 高级筛选

扫码看视频

高级筛选与自动筛选的差别在于：自动筛选是以下拉列表的方式来过滤数据的，并将符合条件的数据显示在列表上；高级筛选则是必须给出用来作为筛选的条件，而不是利用【自动筛选】菜单项来筛选数据。

要进行筛选的数据列表中的字段比较少时，利用自动筛选比较简单。但是如果需要筛选的数据列表中的字段比较多，而且筛选的条件又比较复杂，这时利用自动筛选就显得非常麻烦，需要使用高级筛选。

利用高级筛选来查看数据首先要建立一个条件区域，然后才能进行数据的查询。这个条件区域并不是数据清单的一部分，而是用来确定筛选应该如何进行的，所以不能与数据列表连接在一起，而必须用一个空记录将它们隔开。

建立多行的条件区域时，行与行之间的条件是"或"的关系，而行内不同条件之间则是"与"的关系。

1. 同时满足多个条件的筛选

例如要查询同时满足"实际支出"大于5000 元、"差额百分比"大于50%，"支出类别"为"员工成本"的记录，具体的操作步骤如下。

❶ 打开本实例的原始文件"业务费用预算01"，切换到【数据】选项卡，单击【排序和筛选】组中的【筛选】按钮，撤销之前的筛选，然后在不包含数据的区域内输入筛选条件，例如在单元格 D21 中输入"实际支出"，在单元格 D22 中输入">5000"，在单元格 E21 中输入"差额百分比"，在单元格 E22 中输入">50%"，在单元格 F21 中输入"支出类别"，在单元格 F22 中输入"员工成本"。

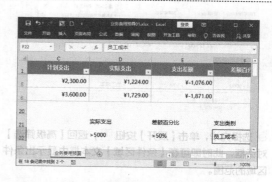

❷ 将光标定位在数据区域的任意一个单元格中，单击【排序和筛选】组中的【高级】按钮。

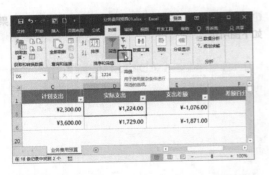

③ 弹出【高级筛选】对话框，在【方式】组合框中选中【在原有区域显示筛选结果】单选钮，然后单击【条件区域】文本框右侧的【折叠】按钮。

④ 弹出【高级筛选—条件区域】对话框，然后在工作表中选择条件区域 D21:F22。

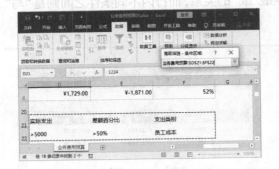

⑤ 选择完毕，单击【展开】按钮，返回【高级筛选】对话框，此时即可在【条件区域】文本框中显示出条件区域的范围。

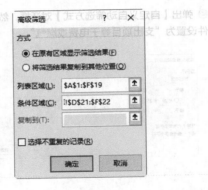

⑥ 单击【确定】按钮，返回 Excel 工作表，筛选效果如下图所示。

2. 满足其中一个条件的筛选

例如要查询只要满足"实际支出"大于5 000 元，"差额百分比"大于 50%，"支出类别"为"员工成本"的其中一个条件的记录，3 个条件只需满足一个条件，条件之间应是"或"的关系，那么 3 个条件应在 3个不同的行。具体的操作步骤如下。

❶ 在工作表的单元格区域 D21:F24 中建立条件区域，如下图所示。

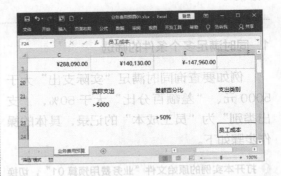

❷ 将光标定位在数据区域的任意一个单元格中，单击【排序和筛选】组中的【高级】按钮，打开【高级筛选】对话框，在【方式】组合框中选中【在原有区域显示筛选结果】单选钮，然后单击【条件区域】文本框右侧【折叠】按钮。

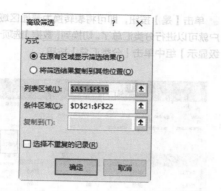

❸ 弹出【高级筛选—条件区域】对话框，然后在工作表中选择条件区域 D21:F24。

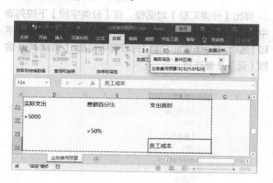

❹ 选择完毕，单击【展开】按钮 ▥，返回【高级筛选】对话框，此时即可在【条件区域】文本框中显示出条件区域的范围。

❺ 单击【确定】按钮，返回 Excel 工作表，筛选效果如下图所示。

3.3 分类汇总

在处理含有大量数据的工作表的时候，往往需要对特定的数据进行汇总计算。Excel 的分类汇总功能可以用来协助进行某列数据的求和、乘积和平均等运算。

3.3.1 简单分类汇总

扫码看视频

在数据量较小的工作表中，通常需要对某些字段进行分类统计。Excel 提供有简单的分类汇总功能，可以自动地计算数据列表中的分类汇总和总计值。当插入分类汇总后，Excel 将分级显示列表，以便为每个分类汇总显示和隐藏明细数据行。

下面以统计"12 月销售明细表"工作表中的各产品的销量和金额为例，介绍如何对明细数据进行简单分类汇总。

这里需要注意的是创建分类汇总之前，首先要对工作表中的数据按汇总项目进行排序，例如此处需要先对数据按品名进行升序或降序排列，其次数据必须为普通区域。

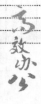

① 打开本实例的原始文件"业务员销售明细表"，选中单元格 G1，切换到【数据】选项卡，在【排序和筛选】组中单击【降序】按钮。

② 此时，用户可以看到数据是已经按品名排好序了，但是，此时【分级显示】组中的【分类汇总】按钮为灰色，这是因为数据区域为表格形式。

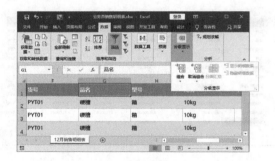

③ 切换到【表格工具】栏的【设计】选项卡，在【工具】组中单击【转换为区域】按钮。

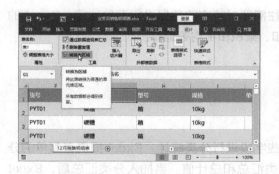

④ 弹出【Microsoft Excel】提示框，询问用户"是否将表转换为普通区域？"。

⑤ 单击【是】按钮，即可将表转换为普通区域，此时用户就可以进行分类汇总了。切换到【数据】选项卡，在【分级显示】组中单击【分类汇总】按钮。

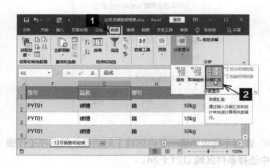

⑥ 弹出【分类汇总】对话框，在【分类字段】下拉列表中选择【品名】选项，在【汇总方式】下拉列表中选择【求和】选项，在【选定汇总项】列表框中勾选;【销量】和【金额（元）】复选框。

⑦ 单击【确定】按钮，返回 Excel 工作表，得到的汇总结果如下图所示。

进行分类汇总后，在明细表的行号的左侧出现层次按钮 + 和 -，单击它们可以分级显示和隐藏明细数据。在分级显示按钮的上方还有一排数值按钮 1 2 3 表示级别。

3.3.2 高级分类汇总

扫码看视频

所谓高级分类汇总，就是对数据按某一类别以多种汇总方式进行汇总。例如前面我们已经对销售明细数据按品名对销售数量和金额进行了汇总求和，那么如果我们还需要统计各商品的销售数量和金额的平均值，就需要使用高级分类汇总了。具体操作步骤如下。

❶ 打开本实例的原始文件"业务员销售明细表 01"，在上一汇总结果的基础上，切换到【数据】选项卡，在【分级显示】组中单击【分类汇总】按钮，弹出【分类汇总】对话框，在【汇总方式】下拉列表中选择【平均值】选项，【分类字段】和【选定汇总项】保持默认设置，并撤选【替换当前分类汇总】复选框。

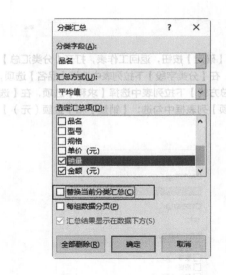

❷ 单击【确定】按钮，返回 Excel 工作表，得到的汇总结果如下图所示。

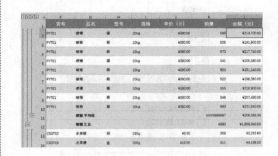

3.3.3 嵌套分类汇总

扫码看视频

在上面的高级分类汇总中虽然汇总了两次，但是两次汇总时的关键字都是相同的，即"品名"。

对于该工作表中的数据如果需要先根据品名进行简单的分类汇总，然后再对"规格"进行汇总呢？此时就需要进行嵌套分类汇总了。再执行新的汇总之前，我们可以先将原来的汇总全部删除。

1. 删除分类汇总

删除分类汇总的具体操作步骤如下。

❶ 打开本实例的原始文件"业务员销售明细表02"，切换到【数据】选项卡，在【分级显示】组中单击【分类汇总】按钮，弹出【分类汇总】对话框，单击【全部删除】按钮。

❷ 打开【排序】对话框，依次将【品名】和【规格】按升序排列。

❸ 单击【确定】按钮，返回工作表，打开【分类汇总】对话框，在【分类字段】下拉列表中选择【品名】选项，在【汇总方式】下拉列表中选择【求和】选项，在【选定汇总项】列表框中勾选；【销量】和【金额（元）】复选框。

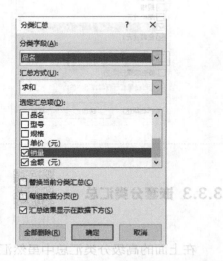

❷ 返回 Excel 工作表，所有的汇总结果都将被删除，这时数据清单就会恢复到分类汇总前的状态。

2. 分类汇总

接下来我们就对数据明细表中的数据进行嵌套分类汇总。具体的操作步骤如下。

❶ 选中数据清单中的任意一个非空单元格，切换到【数据】选项卡，在【排序和筛选】组中单击【排序】按钮。

❹ 单击【确定】按钮，得到按品名对销量和金额进行简单分类汇总的结果。

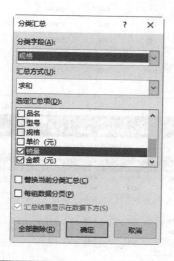

⑥ 单击【确定】按钮，返回 Excel 工作表，即可完成对数据的嵌套分类汇总。

⑤ 再次打开【分类汇总】对话框，在【分类字段】下拉列表中选择【规格】选项，撤选【替换当前分类汇总】复选框。

⑦ 单击左上角的数值级别按钮 3，即可得到不带明细数据的嵌套分类汇总结果。

职场经验

任性排序3步走

年终将至，为感谢各商家对公司的支持，特邀 20 个商家参加公司年会，并参与年终抽奖。参加公司年会的商家的资格要求如下。

总销量：大于 10 000 的优先考虑；8 000~10 000 的次之；5 000~8 000 的再次之；低于 5 000 的不能参加。

进货种类：进货种类多的优先考虑。

综合考虑，总销量占权重的 75%，进货种类占权重的 25%，选 20 个商家参加年会。

读完题目要求，很多人会觉得一片混乱，无从下手。下面我们就一起来分析一下这个题目。

首先，要充分的理解问题，只有理解问题才能正确的解决问题。其次，Excel 并不能做问题理解，所以用户要做第二步的处理，把问题进行量化，量化处理为 Excel 可以处理的问题，最后才是 Excel 的工作。

下面首先对问题进行量化。这个问题中我们考量的要素有两个，所以首先要将这两个要素条件量化。

商家	夹心糖	奶糖	巧克力	乳脂糖	水果糖	硬糖	总计
百佳超市	999	1047	2113	1031	2090	1112	8392
百胜超市	1059	2171	2085	970	2038	1084	9407
宝尔奇超市	1019	1050	1080	984	1067	1072	6272
鼎富超市	1011			2056			3067
多宝利超市	2184	1031	2097	1799	1123	1011	9245
多多超市	1097	1125	990	1080	1106		5398
多益惠批发市场	1049		541	533		546	2669
多又好超市	1113	985	1100	1999	980	984	7161
丰达超市	1005	2110	2068	1052	999	2056	9290
丰欧超市	1112	1036	1016	1100	1059	1799	7122
福德隆超市	1084	1031	1112	1812	1019	1080	7138

❶ 打开本实例的原始文件"销售统计表"，由于总销量是按等级划分的，所以需要根据等级划分原则建立一个辅助基础数据（L1:M4）。

K	L	M	N
	0	0	
	5000	1	
	8000	2	
	10000	3	

❷ 针对第 1 个要素条件总销量，建立第 1 个辅助列 I 列，在 I2 中输入公式"=LOOKUP(H2,$L$1:$L$4,$M$1:$M$4)"，然后向下填充至单元格 I68。

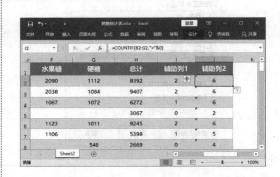

❸ 针对第 2 个要素条件进货种类，建立第 2 个辅助列 J 列，在 J2 中输入公式"=COUNTIF(B2:G2,">"&0)"，然后向下填充至单元格 J68。

❹ 两个要素条件量化完成后，再将 2 个条件按权重合二为一。在 K3 列建立辅助列 3，在辅助列 3 中输入公式，"=IF(I2=0,0,I2*0.75+J2*0.25)"，然后向下填充至单元格 K68。

⑤ 针对辅助列 3 进行降序排列，即可得到如下结果，前 20 个商家就是参加年会的商家名单。

商家	夹心糖	奶糖	巧克力	乳脂糖	水果糖	硬糖	总计	辅助列1	辅助列2	辅助列3
华瑞超市	2125	2099	2073	2133	1990	988	11408	3	6	3.75
辉宏超市	580	2128	2125	2127	2108	964	10032	3	6	3.75
吉盛达超市	1990	2142	1056	1701	1286	2196	10371	3	6	3.75
佳吉超市	995	2090	1792	2057	2133	1076	10143	3	6	3.75
万意超市	1730	2171	2110	1076	2019	1068	10174	3	6	3.75
新世纪超市	1426	2106	1434	2031	2177	1990	11166	3	6	3.75
百佳超市	999	1047	2113	1031	2090	1112	8392	3	6	3
百胜超市	1059	2171	2085	970	2038	1084	9407	3	6	3
多宝利超市	2184	1031	2097	1799	1123	1011	9245	3	6	3
丰达超市	1005	2110	2068	1052	999	2056	9290	3	6	3
海福超市	1068	2139	1021	1792	1812	1097	8929	3	6	3
和信超市	1014	1058	994	2184	1098	2056	8404	3	6	3
华惠超市	1135	964	2078	995	1703	2139	9014	3	6	3

对自动筛选结果进行重新编号

在一张有编号的工作表中，启用筛选功能后进行条件筛选后，筛选出的结果中序号值将不再连续，如下图所示。

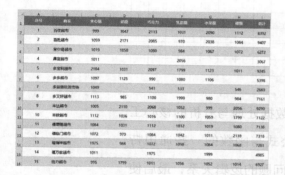

如果要使编号在筛选状态下仍能保持连续，可以借助我们前面学过的 SUBTOTAL 函数，因为 SUBTOTAL 函数只对筛选出的结果进行计算，所以使用 SUBTOTAL 函数定义序号就可以了。

首先我们来分析一下问题，序号说白了就是商家列非空单元格的个数，使用 SUBTOTAL 函数计算非空单元格的个数的话，第 1 个参数应该是 3，第 2 个参数就是从第 1 个商家到当前行商家的数据序列，即 "=SUBTOTAL(3,B$2:B2)"，然后将公式向下填充到其他单元格。此时，再对数据表进行筛选，即可看到 A 列的序号仍是连续显示的。

第4章
公式与函数的应用

公式与函数是Excel进行数据处理与分析的核心工具，本章先让读者了解公式与函数的一些通用特性，然后教读者如何分析问题的逻辑关系，最后使用函数表现这些关系。通过本章的学习，你会发现公式与函数并不难。

要 点 导 航

- 认识公式与函数
- 公式与函数的具体应用

4.1 认识公式与函数

公式与函数是 Excel 中进行数据输入、统计、分析必不可少的工具。

4.1.1 初识公式

Excel 中的公式是以等号"="开头，通过使用运算符将数据和函数等元素按一定顺序连接在一起的表达式。在 Excel 中，凡是在单元格先输入等号"="，再输入其他数据的，都会被自动判定为公式。

下面以如下两个公式为例，介绍公式的组成与结构。

< 公式 1>

=TEXT(MID(A2,7,8),"0000-00-00")

这是一个从 18 位身份证号中提取出生日期的公式，如下图所示。

C2				fx	=TEXT(MID(A2,7,8),"0000-00-00")		
	A	B	C	D			
1	身份证号	性别	生日	年龄			
2	51****197604095634	男	1976-04-09	43			
3	41****197805216362	女	1978-05-21	41			
4	43****197302247985	女	1973-02-24	46			
5	23****197103068261	女	1971-03-06	48			
6	36****196107246846	女	1961-07-24	57			
7	41****197804215550	男	1978-04-21	41			

< 公式 2>

=(TODAY()-C2)/365

这是一个根据出生日期计算年龄的公式，如下图所示。

D2				fx	=(TODAY()-C2)/365		
	A	B	C	D			
1	身份证号	性别	生日	年龄			
2	51****197604095634	男	1976-04-09	43			
3	41****197805216362	女	1978-05-21	41			
4	43****197302247985	女	1973-02-24	46			
5	23****197103068261	女	1971-03-06	48			
6	36****196107246846	女	1961-07-24	57			
7	41****197804215550	男	1978-04-21	41			

公式由以下几种基本元素组成。

① 等号（=）：公式必须以等号开头。如公式 1、公式 2。

② 常量：常量包括常数和字符串。例如公式 1 中的 7 和 8 都是常数，"0000-00-00" 是字符串；公式 2 中的 365 也是常数。

③ 单元格引用：单元格引用是指以单元格地址或名称来代表单元格的数据进行计算。例如公式 1 中的 A2，公式 2 中的 C2。

④ 函数：函数也是公式中的一个元素，对一些特殊、复杂的运算，使用函数会更简单。例如公式 1 中的 TEXT 和 MID 都是函数，公式 2 中的 TODAY 也是函数。

⑤ 括号：一般每个函数后面都会跟一个括号，用于设置参数，另外括号还可以用于控制公式中各元素运算的先后顺序。

⑥ 运算符：运算符是将多个参与计算的元素连接起来的运算符号；Excel 公式中的运算符包含算数运算符、文本运算符和比较运算符。例如公式 2 中的"/"。

1. 单元格引用

单元格引用就是标识工作表上的单元格或单元格区域。

Excel 单元格的引用包括相对引用、绝对引用和混合引用 3 种。

① 相对引用。相对引用就是在公式中用列标和行号直接表示单元格，例如 A5、B6 等。当某个单元格的公式被复制到另一个单元格时，原单元格中的公式的地址在新的单元格中就会发生变化，但其引用的单元格地址之间的相对位置间距不变。

例如在单元格 A10 中输入公式"=SUM(A2:A9)"，当将单元格 A10 中的公式复制到 C9 后，C9 中的公式就会变成"=SUM(C1:C8)"。

② 绝对引用。绝对引用就是在表示单元格的列标和行号前面加上"$"符号。其特点是在将单元格中的公式复制到新的单元格时，公式中引用的单元格地址始终保持不变。例如在单元格 A10 中输入公式"=SUM($A$2:$A$9)"，当将单元格 A10 中的公式复制到 C10 后，C10 中的公式依然是"=SUM($A$2:$A$9)"。

③ 混合引用。混合引用包括绝对列和相对行，或者绝对行和相对列。绝对列和相对行是指列采用绝对引用，而行采用相对引用，例如 $A1、$B1 等；绝对行和相对列是指行采用绝对引用，而列采用相对引用，例如 A$1、B$1 等。

在公式中如果采用混合引用，当公式所在的单元格位置改变时，绝对引用不变，相对引用将对应改变位置。例如在单元格 A10 中输入公式"=A$2"，那么当将单元格 A10 中的公式复制到 B11 时，B11 中的公式就会变成"=B$2"。

下面通过具体的实例来解释相对引用、绝对引用和混合引用的区别。例如要将单元格 B5 中使用不同引用方式的公式分别复制到单元格 B7、F5 和 F7 中，其公式的变化情况如下表所示。

引用类型	单元格 B5 中的公式	复制后的公式		
		B7	F5	F7
相对引用	=A1	=A3	=E1	=E3
绝对引用	=$A$1	=$A$1	=$A$1	=$A$1
混合引用	=$A1	=$A3	=$A1	=$A3
	=A$1	=A$1	=E$1	=E$1

提示

按【F4】键可以在引用方式之间切换。连续按【F4】建，就会依照相对引用➤绝对引用➤绝对行相对列➤绝对列相对行➤相对引用……这样的顺序循环。

2. 运算符

运算符是 Excel 公式中各操作对象的纽带，常用的运算符有算数运算符、文本运算符和比较运算符。

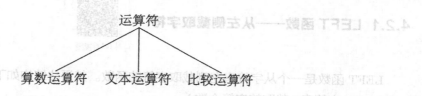

① 算数运算符用于完成基本的算术运算，按运算的先后顺序，算数运算符有负号（−）、百分号（%）、幂（^）、乘（*）、除（/）、加（+）、减（−）。

② 文本运算符用于两个或多个值连接起来产生一个连续的文本值，文本运算符主要是文本链接运算符 &。例如，公式"=A1&B1&C1"就是将单元格 A1、B1、C1 的数据连接起来组成一个新的文本。

③ 比较运算符用于比较两个值，并返回逻辑值 TRUE 或 FLASE。比较运算符有等于(=)、小于（<）、小于等于（<=）、大于（>）、大于等于（>=）、不等于（<>），常与逻辑函数搭配使用。

4.1.2 初识函数

Excel 2019 提供了大量的内置函数，利用这些函数进行数据计算与分析，不仅可以大大提高工作效率，还可以提高数据的准确率。

1. 函数的基本构成

大部分函数由函数名称和函数参数两部分组成，即"= 函数名 (参数 1，参数 2，…，参数 n)"，例如"=SUM(A1:A10)"就是对单元格区域 A1:A10 的数值求和。

还有小部分函数没有函数参数，即"= 函数名 ()"，例如"=TODAY()"就是得到系统的当前日期。

2. 函数的种类

根据运算类别及应用行业的不同，Excel 2019 中的函数可以分为：财务、日期与时间、数学与三角函数、统计、查找与引用、数据库、文本、逻辑、信息、多维数据集、兼容性、Web。

4.2　文本函数

文本函数是指可以在公式中处理字符串的函数。常用的文本函数有计算文本长度的 LEN 函数，从字符串中截取部分字符的 LEFT、RIGHT、MID 函数，查找指定字符在字符串中位置的 FIND 函数，将数字转换为指定格式文本的 TEXT 函数等。

4.2.1 LEFT 函数——从左侧截取字符

扫码看视频

LEFT 函数是一个从字符串左侧截取字符的函数。其语法结构如下。

LEFT(字符串，截取的字符个数)

例 在外卖统计表中，"营业时间"中既包含营业开始时间，又包含营业结束时间，这样的字段属性安排不利于用户后期分析开始和结束时间对销量的影响，所以用户需要将营业时间分隔成营业开始时间和营业结束时间两个字段。

	A	B	C	D	E
1	店铺名称	地域	所属品类	电话	营业时间
2	至味优橙(满园圆美食城店)	北京市朝阳区安贞西里五区一层一层**号	简餐/川湘菜	156****1919	09:30/20:30
3	不是麻辣烫（慈云寺店）	北京市朝阳区八里庄东里**号5层	麻辣烫/川湘菜	010-58***275	09:30/21:00
4	二十五块半(宣运村店)	北京市朝阳区慧忠路**号院**号楼地下一层	简餐/鲁菜粥饭	158****3526	10:00/20:00
5	泓湄怿	北京市朝阳区豆各庄乡天达路朝丰家园**号院15-1-1-2	川湘菜/鲁菜	131****9806	09:40/22:00
6	沙拉与明治(中关村店)	北京市海淀区中关村大街**号B2-A33	西餐/简餐	152****0754	09:30/19:30
7	大东北烤肉拌饭(望京店)	北京市朝阳区南湖东园**号楼-1层B1-05（部分）	简餐	170****8833	09:30/20:10
8	哈家饺子(原麻十花园店)	北京市大兴区旧宫大兴线高米店南站地下负一层	包子粥店/生煎锅贴	131****8618	10:00/20:40
9	每日优鲜(黄寺店)	北京市朝阳区廊南大街**号院**号楼**号	水果	158****4080	10:00/20:00
10	人民公社家常菜	北京市朝阳区来广营乡红军营村**号	东北菜	176****2696	10:00/22:05
11	田老师红烧肉（慈云寺路店）	北京市朝阳区慈云寺**号楼一层部分2二层	简餐/地方小吃	135****5006	10:00/22:00
12	CoCo都可（四元桥家乐福店）	北京市朝阳区宜居南路**号楼一层1-14	奶茶果汁/咖啡	139****7099	10:00/21:30
13	麦肯得鸡(望机店)	北京市朝阳区应寺富西里甲**号	炸鸡炸串	136****7556	08:00/20:00
14	和合谷(太阳宫凯德店)	北京市朝阳区太阳宫中路**号楼	地方小吃/鲁菜饭	131****9855	10:00/20:00
15	家味小馆	北京市大兴区科创五街**号院**号楼B**号	鲁菜饭/川湘菜	183****4048	10:00/21:00
16	一味石锅拌饭(回龙观二期店)	北京市昌平区回龙观镇育和东路**号院**号楼四层F4-10室	简餐/日韩料理	130****9467	10:00/21:00
17	骑季基宅急送（大红门新世纪店）	北京市丰台区南户屯北京市新世纪服装商贸城**号楼一层南侧	汉堡/炸鸡炸串	010-63***018	10:00/24:00
18	觅蛋喜(大悦城伍台店)	北京市朝阳区朝阳北路**号楼地下1层(-1)-101号B1-71	米粉面馆/简餐	010-64***989	11:00/21:00
19	汉堡王(北京银座诚盈中心22174)	北京市朝阳区来广营西路**号楼**号楼**号	汉堡/炸鸡炸串	010-52***138	10:00/22:00
20	云幕府云南菜(学清路店)	北京市海淀区学院路甲**号第**号厂房南路一层第1间	云南菜	185****6768	11:00/20:00
21	花椒麻辣鲜菜鱼(金源店)	北京市海淀区远大路**号五用BJ-SP-0-F5-522A	川湘菜/简餐	151****2685	10:00/21:00
22	家湘味道小碗菜(大屯店)	北京市朝阳区北苑路**号楼楼1层部分	简餐	010-88***809	10:00/21:00

可以看到外卖统计表中的营业时间格式是一致的，都是标准时间格式"00:00"，也就是说时间的字符长度都是 5，那么在从营业时间中分离营业开始时间时，就可以使用 LEFT 函数，第一个参数是原来的营业时间字符串，截取的字符个数为 5。具体操作步骤如下。

❶ 打开本实例的原始文件"外卖统计表"，选中 E 列，单击鼠标右键，在弹出的快捷菜单中选择【插入】菜单项。

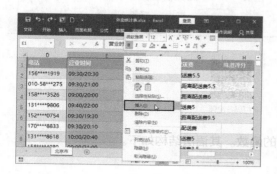

❷ 可以看到在选中列的前面插入一个空白列。

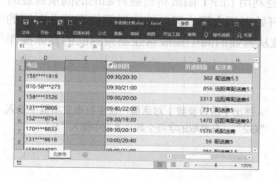

❸ 为新插入的空白列输入列标题"营业开始时间"，选中单元格 E2，切换到【公式】选项卡，在【函数库】组中单击【文本】按钮 ，在弹出的下拉列表中选择【LEFT】函数。

❹ 弹出【函数参数】对话框，在字符串文本框中输入"F2"，在截取的字符个数文本框中输入"5"。

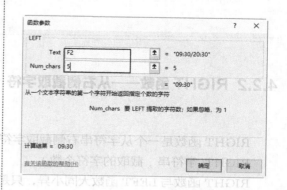

❺ 单击【确定】按钮，返回工作表，即可看到营业开始时间已经从营业时间中提取出来了，如下图所示。

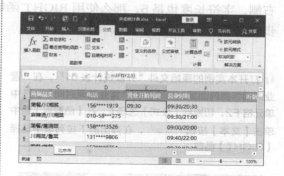

❻ 将鼠标指针移动到单元格 E2 的右下角，双击鼠标左键，即可将公式带格式地填充到下面的单元格区域中。

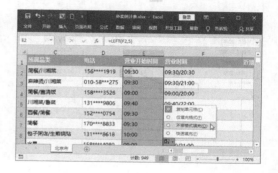

❼ 同时弹出一个【自动填充选项】按钮，单击此按钮，在弹出的下拉列表中选中【不带格式填充】单选钮，即可将公式不带格式地填充到下面的单元格区域中。

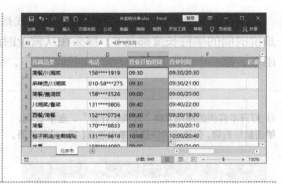

4.2.2 RIGHT 函数——从右侧截取字符

扫码看视频

RIGHT 函数是一个从字符串右侧截取字符的函数。其语法结构如下。

RIGHT(字符串 ，截取的字符个数)

RIGHT 函数与 LEFT 函数大同小异，只是截取字符的方向不同而已。

例 还是以"外卖统计表"为例，前面已经利用 LEFT 函数将营业开始的时间从营业时间中提取出来了，营业结束时间的提取方式与开始时间大同小异。结束时间位于营业时间的右侧，字符长度也是 5，那么使用 RIGHT 函数从营业时间中提取营业结束时间的具体操作步骤如下。

❶ 打开本实例的原始文件"外卖统计表01"，在"营业时间"列前面插入一个新列"营业结束时间"。选中单元格 F2，切换到【公式】选项卡，在【函数库】组中单击【文本】按钮 🄰 文本 ，在弹出的下拉列表中选择【RIGHT】函数。

❷ 弹出【函数参数】对话框，在字符串文本框中输入"G2"，在截取的字符个数文本框中输入"5"。

❸ 单击【确定】按钮，返回工作表，即可看到营业结束时间已经从营业时间中提取出来了，如下图所示。

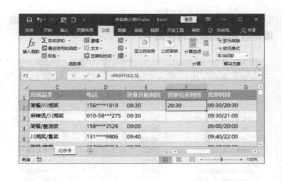

❹ 按照前面的方法，将单元格 F2 中的公式不带格式地填充到下面的单元格区域中。

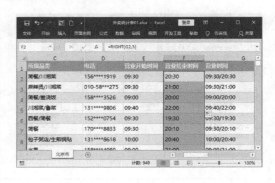

4.2.3 MID 函数——截取中间字符

扫码看视频

MID 函数主要功能是从一个文本字符串的指定位置开始，截取指定数目的字符。其语法结构如下。

MID(字符串，截取字符的起始位置，要截取的字符个数)

例 在数据分析中结构分析是至关重要的，如果用户要对外卖店铺进行结构分析，分析外卖在北京各个区的分布情况，那么用户就需要先从外卖一览表的地址列中将店铺所在的区提取出来。但是由于区既不在字段的左侧也不在字段的右侧，而是位于字段的中间位置，LEFT 函数和 RIGHT 函数是无法帮助用户提取的。用户可以看到每个地址前面都是北京市，字符个数都是 3，区是紧跟北京市之后的 3 个字符，因此要提取出店铺所在的区，用户需要从地址字段的第 4 个字符开始，提取 3 个字符，针对这种情况，用户可以使用 MID 函数。具体操作步骤如下。

❶ 打开本实例的原始文件"外卖统计表02"，在"地址"列前面插入一个新列"区域"。选中单元格 B2，切换到【公式】选项卡，在【函数库】组中单击【文本】按钮 **文本▾**，在弹出的下拉列表中选择【MID】函数。

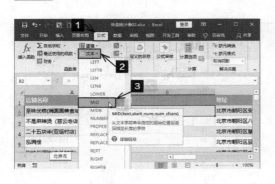

❷ 弹出【函数参数】对话框，在字符串文本框中输入"C2"，在截取的字符的起始位置文本框中输入"4"，在要截取的字符个数文本框中输入"3"。

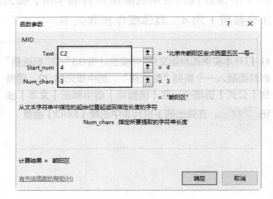

❸ 单击【确定】按钮，返回工作表，即可看到区域已经从地址中提取出来了，如下图所示。

❹ 按照前面的方法，将单元格 B2 中的公式不带格式地填充到下面的单元格区域中。

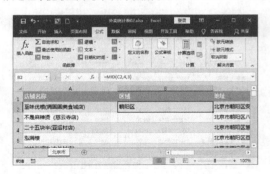

4.2.4 FIND 函数——查找字符位置

扫码看视频

FIND 函数用于从一个字符串中查找指定字符的位置。其语法结构如下。

FIND(指定字符，字符串，开始查找的起始位置)

以"外卖统计表"为例，假设查找单元格 J2 中"费"出现的位置，则公式为"=FIND(" 费 ",J2)"，得到的结果为 3，表明从坐标的第 1 个字符算起，第 3 个字符就是要找的"费"。这里忽略了该函数的第 3 个参数，表明从字符串的第 1 个字符开始查找。

由这个例子我们可以清晰地看出 FIND 函数最终返回的结果就是一个数字，它对于数据的运算处理没有什么意义，所以，一般情况下 FIND 函数需要与其他函数嵌套使用。

还是以"外卖统计表"为例，由于配送费列中的内容不仅有具体的配送费还有文本，属性混乱，不利于计算，属于不规范表格。规范的表格，此列应该只有具体的配送费，而不应该包含文字。那么用户应该如何从该列内容中提取出具体的配送费呢？因为配送费就是"费"后面的几个字符，所以我们只需要使用 MID 函数和 FIND 两个函数嵌套就可以了。MID 作为主函数，J2 是其第 1 个参数字符串，FIND 函数找到的"费"的位置 +1 就是 MID 函数中指定字符的开始位置，最后 1 个参数是要截取的字符个数，由于配送费用不同，字符个数为 0~4 不等且具体费用后面没有其他字符，那么这里用户应该选取需要截取的最多的字符数（第 3 个参数）为 4。具体操作步骤如下。

❶ 打开本实例的原始文件"外卖统计表03"，在"配送费"列前面插入一个新列"配送费"。选中单元格 J2，切换到【公式】选项卡，在【函数库】组中单击【文本】按钮 【A 文本 ▾】，在弹出的下拉列表中选择【MID】函数。

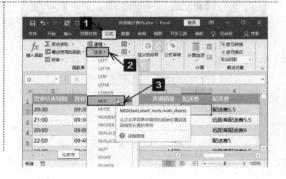

② 弹出【函数参数】对话框，在字符串文本框中输入"K2"，在要截取的字符个数文本框中输入"4"，在截取的字符的起始位置文本框中输入"+1"。

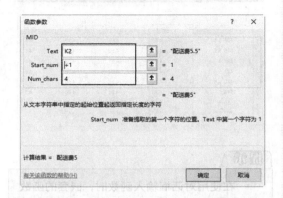

③ 将光标定位到"+1"的前面，单击工作表中名称框右侧的下拉按钮，在弹出的下拉列表中选择【其他函数】选项。

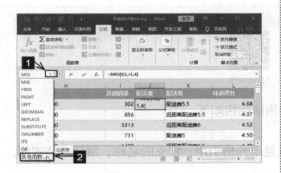

④ 弹出【插入函数】对话框，在【或选择类别】下拉列表中选择【文本】选项，在【选择函数】列表框中选择【FIND】函数。

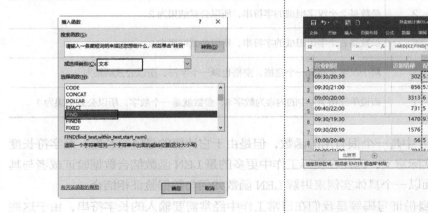

⑤ 单击【确定】按钮，弹出 FIND 函数的【函数参数】对话框，在指定字符文本框中输入"费"，在字符串文本框中输入"K2"。

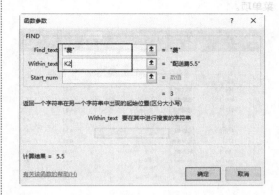

⑥ 单击【确定】按钮，返回工作表，即可看到计算结果。按照前面的方法，将单元格 J2 中的公式不带格式地填充到下面的单元格区域中。

⑦ 按【Ctrl】+【C】组合键，复制填充公式的单元格区域，然后单击单元格 J2，单击鼠标右键，在弹出的快捷菜单中选择【粘贴选项】中的【值】菜单项。

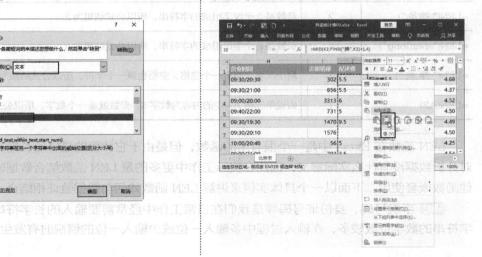

⑧ 即可将选中区域的公式都粘贴成数值，这样 J 列的数值就不再受 K 列的影响，用户可以直接将 K 列删除。在 K 列上单击鼠标右键，在弹出的快捷菜单中选择【删除】菜单项。

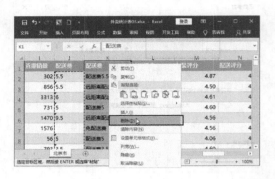

最终效果如下图所示。

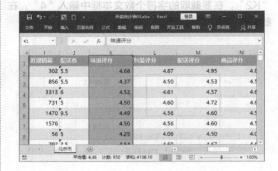

提示

在使用对话框输入函数时，嵌套的函数也尽量使用对话框输入，这样可以大大减少函数出错的概率。

4.2.5 LEN 函数——计算字符串长度

扫码看视频

LEN 函数是一个计算文本长度的函数。其语法结构如下。

LEN(参数)

LEN 函数只能有一个参数，这个参数可以是单元格引用、定义的名称、常量或公式等，具体应用说明可参照下表。

公式	公式结果	公式说明
=LEN(" 神龙 ")	2	参数是 2 个汉字组成的字符串，所以公式结果为 2
=LEN("shenlong")	8	参数是 8 个字母组成的字符串，所以公式结果为 8
=LEN(" 神 龙 ")	3	两个汉字之间有一个空格，空格也算一个字符，所以公式结果为 3
=LEN(A2)	1	假设单元格 A2 中的内容为数字 8，参数就是一个数字，所以公式结果为 1

LEN 函数在 Excel 中是一个很有用的函数，但是由于它计算的是字符长度，而字符长度对分析数据没有什么实际意义，因此在实际工作中更多的是 LEN 函数结合数据验证或者与其他函数嵌套使用。下面以一个具体实例来讲解 LEN 函数如何与数据验证相结合。

例 手机号码、身份证号码等是我们在日常工作中经常需要输入的长字符串，由于这些字符串的数字位数较多，在输入过程中多输入一位或少输入一位的情况时有发生。

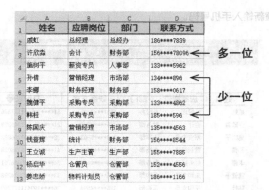

多一位

少一位

此时，用户就可以将数据验证与 LEN 函数结合使用，通过自定义的方式来限制字符长度，具体操作步骤如下。

❶ 打开本实例的原始文件"应聘人员面试登记表"，选中单元格区域 D2:D38，切换到【数据】选项卡，在【数据工具】组中单击【数据验证】按钮的上半部分。

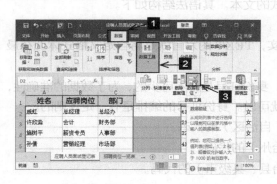

❷ 弹出【数据验证】对话框，切换到【设置】选项卡，在【允许】下拉列表中选择【自定义】选项，在【公式】列表框中输入公式"=LEN(D2)=11"。

❸ 切换到【出错警告】选项卡，在【错误信息】文本框中输入"请检查手机号码是否为 11 位！"。

❹ 设置完毕，单击【确定】按钮。返回工作表，当单元格 D2:D38 中输入的手机号码位数不是 11 位时，就会弹出如下提示框。

⑤ 单击【重试】按钮，即可重新输入手机号码。

4.2.6 TEXT 函数——字符串"整容"器

扫码看视频

TEXT 函数主要用来将数字转换为指定格式的文本。其语法结构如下。

TEXT(数字，格式代码）

TEXT 函数，很多人称它是万能函数。其实，TEXT 的宗旨就是将自定义格式体现在最终结果里。

例　一般企业单位在录入一些个人信息时，身份证号是必不可少的，为了数据的准确性，用户输入生日的时候一般直接从身份证中提取就可以。身份证号的编排是有一定规则的。

① 前 1、2 位数字表示：所在省（直辖市、自治区）的代码。

② 第 3、4 位数字表示：所在地级市（自治州）的代码。

③ 第 5、6 位数字表示：所在区（县、自治县、县级市）的代码。

④ 第 7~14 位数字表示：出生年、月、日。

⑤ 第 15、16 位数字表示：所在地的派出所的代码。

⑥ 第 17 位数字表示性别：奇数表示男性，偶数表示女性。

⑦ 第 18 位数字是校检码，校检码可以是 0~9 的数字，也可以是 X 表示。

很显然从身份证号中提取出生日期只要使用 MID 函数就可以了。

但是使用 MID 函数提取出生日期后，用户可以发现，默认提取出的出生日期是常规格式的，不利于用户的阅读，通常情况下，用户更易于阅读 YYYY/MM/DD 或 YYYY−MM−DD 格式的日期，此时，用户就可以使用 TEXT 函数来指定出生日期的格式了，具体操作步骤如下。

❶ 打开本实例的原始文件"应聘人员面试登记表 01"，清除单元格区域 F2:F38 中的公式，选中单元格 F2，切换到【公式】选项卡，在【函数库】组中单击【文本】按钮 文本▼，在弹出的下拉列表中选择【TEXT】函数。

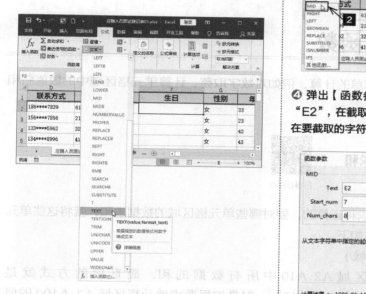

❷ 弹出【函数参数】对话框，在格式代码文本框中输入""0000-00-00""，将光标定位到数字文本框中。

❸ 单击工作表中名称框右侧的下拉按钮，在弹出的下拉列表中选择【MID】函数。

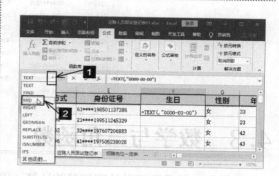

❹ 弹出【函数参数】对话框，在字符串文本框中输入"E2"，在截取的字符的起始位置文本框中输入"7"，在要截取的字符个数文本框中输入"8"。

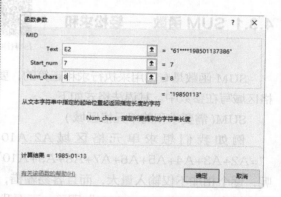

❺ 单击【确定】按钮，返回工作表，即可看到出生日期已经从身份证号中提取出来，且按指定格式显示。

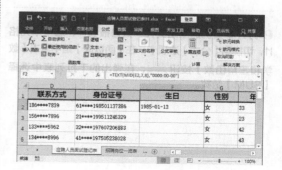

⑤ 将单元格 F2 中的公式不带格式地填充到单元格区域 F3:F38 中即可。

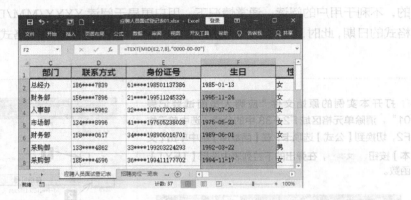

4.3 数学与三角函数

数学和三角函数可以处理简单的计算，例如对数字取整、计算单元格区域中的数值总和或复杂计算。

4.3.1 SUM 函数——轻松求和

扫码看视频

SUM 函数是专门用来执行求和运算的，要对哪些单元格区域的数据求和，就将这些单元格区域写在参数中。其语法格式如下。

SUM（需要求和的单元格区域）

例如我们想求单元格区域 A2:A10 中所有数据的和，最直接的方式就是"=A2+A3+A4+A5+A6+A7+A8+A9+A10"，但是如果要求单元格区域 A2:A100 的值呢，逐个相加不仅输入量大，而且容易输错，这时使用 SUM 函数就简单多了，直接在单元格中输入"=SUM(A2:A100)"即可。下面我们以计算 1 月销售报表中的销售总额为例，介绍 SUM 函数的实际应用。具体操作步骤如下。

❶ 打开本实例的原始文件"销售报表"，选中单元格 I1，切换到【公式】选项卡，在【函数库】组中单击【数学和三角函数】按钮 ⑩▼，在弹出的下拉列表中选择【SUM】函数。

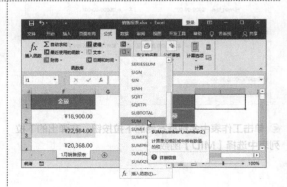

❷ 弹出【函数参数】对话框，在第 1 个参数文本框中选择输入"F2:F86"。

❸ 单击【确定】按钮，返回工作表，即可看到求和结果。

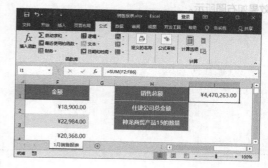

4.3.2　SUMIF 函数——单一条件求和

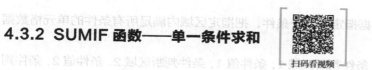

SUMIF 函数的功能是对报表范围中符合指定条件的值求和。其语法格式如下。

SUMIF(条件区域，求和条件，求和区域)

例如我们想求 1 月销售报表中仕捷公司的销售总额，即求单元格区域 C2:C86 中客户名称为"仕捷公司"的对应的 F2:F86 中销售额的和。那么 SUMIF 函数对应的 3 个参数：条件区域为"C2:C86"，求和条件为""仕捷公司""，求和区域为"F2:F86"。

具体操作步骤如下。

❶ 打开本实例的原始文件"销售报表 01"，选中单元格 I2，切换到【公式】选项卡，在【函数库】组中单击【数学和三角函数】按钮，在弹出的下拉列表中选择【SUMIF】函数。

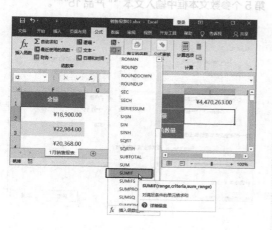

❷ 弹出【函数参数】对话框，在第 1 个参数文本框中选择输入"C2:C86"，在第 2 个参数文本框中输入文本""仕捷公司""，在第 3 个参数文本框中选择输入"F2:F86"。

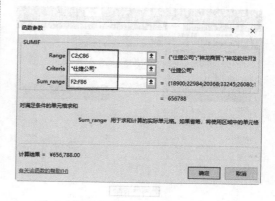

❸ 单击【确定】按钮，返回工作表，即可看到求和结果，效果如右图所示。

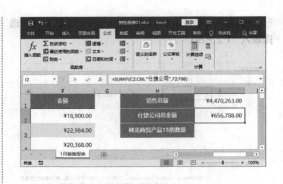

4.3.3 SUMIFS 函数——多条件求和

扫码看视频

SUMIFS 函数的功能是根据指定的多个条件，把指定区域内满足所有条件的单元格数据进行求和。其语法格式如下。

SUMIFS(实际求和区域 , 条件判断区域 1, 条件值 1, 条件判断区域 2, 条件值 2, 条件判断区域 3, 条件值 3, …)

例如我们想求 1 月销售报表中神龙商贸产品 15 的销售数量，即求单元格区域 C2:C86 中客户名称为"神龙商贸"且单元格区域 B2:B86 中产品名称为"产品 15"的对应的 E2:E86 中销售数量。那么 SUMIFS 函数对应的参数：实际求和区域为"E2:E86"，条件判断区域 1 为"C2:C86"，条件值 1 为""神龙商贸""，条件判断区域 2 为"B2:B86"，条件值 2 为""产品 15""。具体操作步骤如下。

❶ 打开本实例的原始文件"销售报表 02"，选中单元格 I3，切换到【公式】选项卡，在【函数库】组中单击【数学和三角函数】按钮，在弹出的下拉列表中选择【SUMIFS】函数。

❷ 弹出【函数参数】对话框，在第 1 个参数文本框中选择输入"E2:E86"，在第 2 个参数文本框中输入"C2:C86"，在第 3 个参数文本框中输入文本""神龙商贸""，在第 4 个参数文本框中输入"B2:B86"，在第 5 个参数文本框中输入文本""产品 15""。

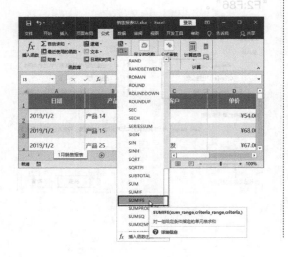

③ 单击【确定】按钮，返回工作表，即可看到求和结果，效果如右图所示。

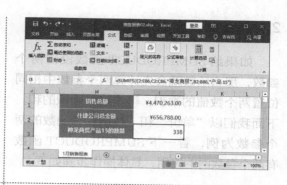

4.3.4 SUMPRODUCT——乘积求和

扫码看视频

SUMPRODUCT 函数主要用来求几组数据的乘积之和。其语法格式如下。

SUMPRODUCT(数据 1, 数据 2, …)

在使用时，用户可以给它设置 1~255 个参数，下面我们来分别看一下不同个数的参数对函数的影响。

1. 一个参数

如果 SUMPRODUCT 函数的参数只有一个，那么其作用与 SUM 函数相同。下面我们以单元格区域 F2:F86 为参数，看一下 SUMPRODUCT 函数一个参数的应用，具体操作步骤如下。

❶ 打开本实例的原始文件"销售报表 03"，选中单元格 J1，切换到【公式】选项卡，在【函数库】组中单击【数学和三角函数】按钮，在弹出的下拉列表中选择【SUMPRODUCT】函数。

❷ 弹出【函数参数】对话框，在第 1 个参数文本框中选择输入"F2:F86"。

❸ 单击【确定】按钮，返回工作表，即可看到求和结果与单元格 I2 中使用 SUM 函数求和的结果一样。

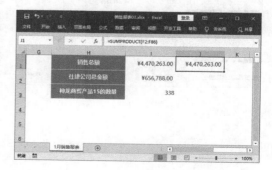

2. 两个参数

如果给 SUMPRODUCT 函数设置两个参数，那么函数就会先计算两个参数中相同位置两个数值的乘积，再求这些乘积的和。下面我们以"单价"和"数量"为函数的两个参数为例，看一下 SUMPRODUCT 函数有两个参数时的应用，具体操作步骤如下。

❶ 选中单元格 K1，切换到【公式】选项卡，在【函数库】组中单击【数学和三角函数】按钮 ⊡▾，在弹出的下拉列表中选择【SUMPRODUCT】函数。

❷ 弹出【函数参数】对话框，在第 1 个参数文本框中输入"D2:D86"，在第 2 个参数文本框中输入"E2:E86"。

❸ 单击【确定】按钮，返回工作表，即可看到乘积求和结果。

在这个案例中，计算时，函数会将单价和数量对应相乘，得到乘积，即金额，最后将这些乘积相加，得到的和即为 SUMPRODUCT 函数的返回结果。

3. 多个参数

如果给 SUMPRODUCT 函数设置 3 个或 3 个以上的参数，它会按处理两个参数的方式进行计算，即先计算每个参数中第 1 个数值的乘积，再计算第 2 个数值的乘积……当把所有对应位置的数据相乘后，再把所有的乘积相加，得到函数的计算结果。

下面我们还是以具体实例来看一下 SUMPRODUCT 函数存在 3 个参数时，应该如何应用。

❶ 在 F 列后面插入一个新列"折扣"，并在"折扣"列对应输入每种产品的折扣。

② 在单元格 I4 中输入"折扣销售总额"，选中单元格 J4，切换到【公式】选项卡，在【函数库】组中单击【数学和三角函数】按钮 ⬛▾ ，在弹出的下拉列表中选择【SUMPRODUCT】函数。

③ 弹出【函数参数】对话框，在第1个参数文本框中输入"D2:D86"，在第2个参数文本框中输入"E2:E86"，在第3个参数文本框中输入"G2:G86"。

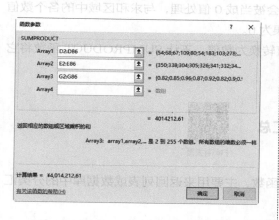

④ 单击【确定】按钮，返回工作表，即可看到乘积求和结果。

4. 按条件求和

SUMPRODUCT 函数除了可以对数据的乘积求和外，还可以对指定条件的数据进行求和。

SUMPRODUCT 函数按条件求和的公式语法格式如下。

SUMPRODUCT((条 件 1 区 域 = 条 件 1)+0,(条件 2 区域 = 条件 2)+0,…(条件 n 区域 = 条件 n)+0, 求和区域)

下面我们以使用 SUMPRODUCT 函数根据单价和数量，求仕捷公司的销售总额为例进行讲解。具体操作步骤如下。

❶ 选中单元格 K2，切换到【公式】选项卡，在【函数库】组中单击【数学和三角函数】按钮 ⬛▾ ，在弹出的下拉列表中选择【SUMPRODUCT】函数。

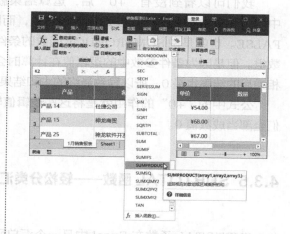

❷ 弹出【函数参数】对话框，在第1个参数文本框中输入"(C2:C86="仕捷公司")+0"，在第2个参数文本框中输入"F2:F86"。

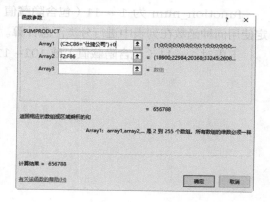

❸ 单击【确定】按钮，返回工作表，即可看到求和结果，效果如下图所示。

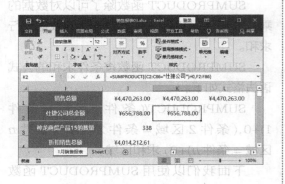

看了 SUMPRODUCT 函数按条件求和的公式，可能很多人会有疑问，SUMPRODUCT 函数条件参数的"+0"有什么用？如果没有"+0"公式能不能完成，我们先来看看没有"+0"，SUMPRODUCT 函数的运算结果，如下图所示。

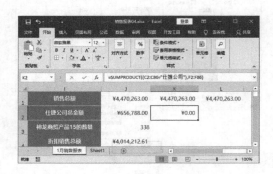

　　我们可以看到没有"+0"后，运算结果就变成了 0。这是因为 SUMPRODUCT 函数中的条件参数都是执行比较运算的表达式，而比较运算返回的结果只能是逻辑值 TRUE 或 FALSE。也就是说 SUMPRODUCT 函数的条件参数都是由逻辑值 TRUE 或 FALSE 组成的数组。但是因为条件参数中的逻辑值在计算时会被当成 0 值处理，与求和区域中的各个数值相乘后的结果也是 0，所以导致最终的求和结果为 0。

　　公式中的"+0"的作用就是将这些逻辑值转换为数值，不让 SUMPRODUCT 函数将它们全部当成数值 0。

4.3.5 SUBTOTAL 函数——轻松分类汇总

扫码看视频

　　SUBTOTAL 函数在 Excel 中是一个汇总函数，主要用来返回列表或数据库中的分类汇总。其语法格式如下。

SUBTOTAL(function_num, ref1, ref2, ⋯)

function_num 为 1 ~ 11（包含隐藏值）或 101 ~111（忽略隐藏值）之间的数字，指定使用何种函数在列表中进行分类汇总计算。

　　下表对 1 ~ 11（包含隐藏值）或 101~ 111（忽略隐藏值）的情况说明。

function_num（包含隐藏值）	function_num（忽略隐藏值）	执行的运算	等同的函数
1	101	平均值	AVERAGE
2	102	数值计数	COUNT
3	103	计数	COUNTA
4	104	最大值	MAX
5	105	最小值	MIN
6	106	乘积	PODUCT
7	107	标准偏差	STDEV
8	108	总体标准偏差	STDEVP
9	109	求和	SUM
10	110	方差	VAR
11	111	总体方差	VARP

　　SUBTOTAL 函数能完成求和、计数、平均值、最大值、最小值、乘积、数值计数、标准偏差、总体标准偏差、方差、总体方差共 11 种计算。在数据源不变的情况下，改变 SUBTOTAL 函数的第 1 个参数 function_num，即可改变它的计算方式。例如要让函数进行平均值计算，就把第 1 个参数设置为 1；要让函数进行求和运算，就将第 1 个参数设置为 9……

　　SUBTOTAL 函数在 Excel 中最常用的功能就是对筛选结果中的数据进行汇总计算，下面我们以在 1 月销售报表中筛选出"仕捷公司"的销售额为例，使用 SUBTOTAL 函数进行计算，具体操作步骤如下。

❶ 打开本实例的原始文件"销售报表 04"，选中工作表的第 1 行，单击鼠标右键，在弹出的快捷菜单中选择【插入】菜单项。

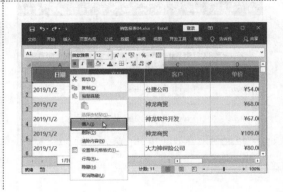

❷ 选中单元格区域 A2:G2，切换到【数据】选项卡，在【排序和筛选】组中单击【筛选】按钮，随即每个列标题右边显示一个下拉按钮。

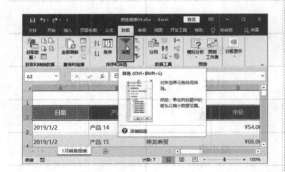

❸ 单击【客户】右侧的下拉按钮，在弹出的下拉列表中撤选【全选】前面的复选框，然后勾选【仕捷公司】前面的复选框。

❹ 单击【确定】按钮，即可筛选出客户"仕捷公司"的销售信息。

❺ 在单元格 I1 中输入文字"筛选总额"，选中单元格 J1，切换到【公式】选项卡，在【函数库】组中单击【数学和三角函数】按钮，在弹出的下拉列表中选择【SUBTOTAL】函数。

❻ 弹出【函数参数】对话框，在第 1 个参数文本框中输入"9"，在第 2 个参数文本框中输入"F3:F87"。

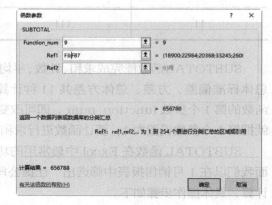

❼ 单击【确定】按钮，返回工作表，即可看到求和结果。

❸ 按照相同的方法,在单元格 K1 中输入公式"=SUBTOTAL(109,F3:F87)",可以看到第 1 个参数使用"9"和"109"得到的结果是一样的。

看了这个结果,可能会有很多人有疑问,觉得 SUBTOTAL 函数的第 1 个参数设置为"9"和"109"是一样的,但是为什么前面在介绍第 1 个参数的时候会说"9"是代表包含隐藏值,"109"是代表忽略隐藏值呢?这里我们要说明的是"9"和"109"的区别在于是否有数据隐藏,而不是筛选。有筛选的情况下,第 1 个参数为"9"或者"109",得到的结果是一样的;但是没有经过筛选,而是有隐藏的数据,那么第 1 个参数为"9"或者"109",得到的结果就不同了。使用参数"9"的话,隐藏的数据也会参与求和汇总,但是使用参数"109"的话,就是只计算未隐藏的数据。下面我们还是以具体实例,来看一下两者的区别。

❶ 切换到【数据】选项卡,在【排序和筛选】组中单击【筛选】按钮,撤销筛选。

❷ 选中工作表的第 12~17 行,单击鼠标右键,在弹出的快捷菜单中选择【隐藏】菜单项。

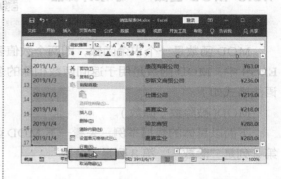

❸ 可以看到选中的行被隐藏,效果如图所示。

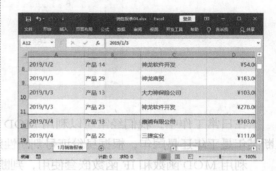

❹ 此时,用户再次查看单元格 J1 和 K1 中的结果,由此可以看出第 1 个参数使用"9"和"109"的区别是在计算时是否让隐藏行中的数据参与计算。

4.3.6 MOD 函数——求余计算器

扫码看视频

MOD 函数是一个求余函数，即两个数值表达式进行除法运算后的余数。特别注意：在 Excel 中，MOD 函数是用于返回两数相除的余数，返回结果的符号与除数的符号相同。其语法格式如下。

MOD(被除数 , 除数)

下面以具体的数据举例，来看一下 MOD 函数的用法。下图所示第 1 列是"被除数"，第 2 列是"除数"，第 3 列是"余数"。

C1	fx	=MOD(A1,B1)	
	A	B	C
1	360	35	10
2	-63	8	1
3	64	-6	-2
4	-12	-8	-4

在日常工作中，我们经常可以利用 MOD 函数求得的余数，进行一些判断，例如可以判断某年是平年还是闰年，根据身份证号判断性别等。

利用 MOD 函数和 IF 函数嵌套使用，判断平年还是闰年，相对来说比较简单，只需利用 MOD 函数将年份对 4 求余，然后使用 IF 函数进行判断，如果余数为 0，则为闰年，否则为平年。

B1	fx	=IF(MOD(A1,4)=0,"闰年","平年")	
	A	B	C	D
1	2016	闰年		
2	2017	平年		
3	2018	平年		
4	2018	平年		

根据身份证号判断性别，相对来说就复杂一些了，这个过程需要使用到 3 个函数，直接使用"函数参数"对话框和"名称框"不太容易完成，而且容易出错，针对这种情况，我们可以使用创建嵌套函数的另一种方法"分解综合法"。

"分解综合法"主要适用于 2 个及以上的嵌套函数，它的主要步骤就是先将问题进行分解，并给出对应的函数计算，然后按顺序将分解的函数组合成一个公式。

分解过程如下。

先利用 MID 函数从身份证号中将代表性别的代码数字提取出来，然后再用 MOD 函数将提取出的数字对 2 求余，最后使用 IF 函数根据余数判断性别。

身份证号码的编码规则请参见 4.2.6 小节。

身份证号码中的第 17 位数字表示性别，奇数表示男性，偶数表示女性。

根据身份证号判断性别的具体操作步骤如下。

❶ 打开本实例的原始文件"员工基本信息表"，使用 MID 函数从身份证号中提取代表性别的数字。显然取数的字符串为单元格 D2，起始位置为 17，要截取的字符个数为 1，所以 MID 函数的 3 个参数依次为单元格 D2、17 和 1。那么此处，就可以直接在单元格 E2 中输入公式"=MID(D2,17,1)"，即可得到代表性别的代码数字。

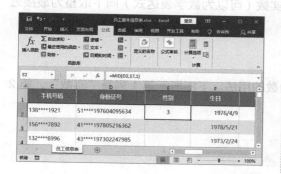

❷ 再用 MOD 函数将提取出的数字对 2 求余。被除数为单元格 E2 中代表性别的数字，除数为 2，那么在单元格 E3 中输入公式"=MOD(E2,2)"，即可得到余数。

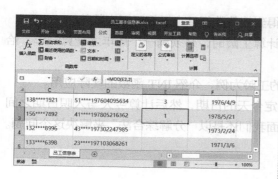

❸ 使用 IF 函数根据余数判断性别，如果单元格 E2 中得到的余数为 0，则为"女"，否则为"男"。在单元格 E4 中输入公式"=IF(E3=0,"女","男")"。

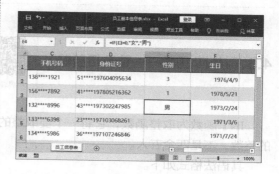

❹ 分解公式都输入完成后，接下来就是按顺序将这个分解的公式组合成一个公式。显然 IF 函数是最外层的函数，IF 函数中的参数 E3 应该是 MOD 函数，MOD 函数中的参数 E2 是 MID 函数，所以公式组合起来就是"=IF(MOD(MID(D2,17,1),2)=0,"女","男")"，将这个公式输入单元格 E2 中。

⑤ 将单元格 E2 中的公式不带格式地填充到下面的单元格中，即可得到所有人员的性别。

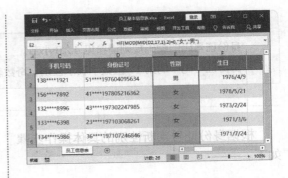

4.3.7 INT 函数——整数切割器

扫码看视频

INT 函数为取整函数，它将一个要取整的实数（可以为数学表达式）向下取整为最接近的整数，不是四舍五入。

其语法格式如下。

INT(实数)

下面以具体的数据举例，来看一下 INT 函数的用法。下图所示第 1 列是"实数"，第 2 列是"整数"。

由上图中的数字可以看出，使用 INT 取整得到的整数都是小于等于原实数的。

INT 函数在实际工作中常用来计算工龄。计算工龄时，必须满一个周年才能算一年，恰好可以使用 INT 函数计算。

下面我们就以计算"员工信息表"中员工的工龄为例，介绍 INT 函数的实际应用。

解答这个问题需要先使用 TODAY 函数确定今天的日期，然后计算今天与入职日期之间有多少个 365 天，最后使用 INT 函数取整。下面我们还是以"分解综合法"来解决这个问题。

❶ 打开本实例的原始文件"员工基本信息表 01"，首先用 TODAY 函数确定今天的日期。在单元格 O2 中输入公式"=TODAY()"，即可得到今天的日期。

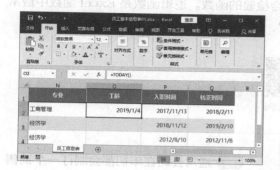

❷ 计算今天与入职日期之间有多少个 365 天。在单元格 O3 中输入公式"=(O2-P2)/365"，得到一个实数。

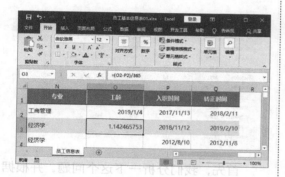

❸ 使用 INT 函数取整。在单元格 O4 中输入公式"=INT(O3)"。

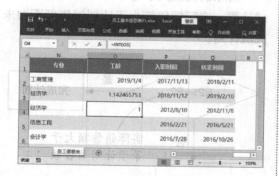

❹ 分解公式都输入完成后，接下来就是按顺序将这个分解的公式组合成一个公式。显然 INT 函数是最外层的函数，INT 函数中的参数 O3 应该是公式"(O2-P2)/365"，公式"(O2-P2)/365"的参数 O2 是 TODAY 函数，所以公式组合起来就是"=INT((TODAY()-P2)/365)"，将这个公式输入单元格 O2 中。

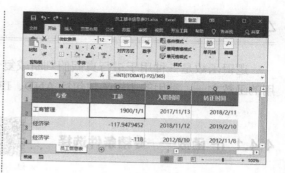

❺ 用户可以看到输入完成后，单元格 O2 中显示的是日期而不是数值，这是因为我们在第一步中计算今天日期时，系统默认将单元格 O2 的数字格式设置为了日期格式，所以此处，我们需要再将其设置为常规格式。在【数字】组中的【数字格式】下拉列表中选择【常规】选项。

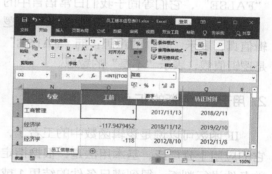

❻ 将单元格 O2 中的公式不带格式地填充到下面的单元格区域中，即可得到所有人员的工龄。

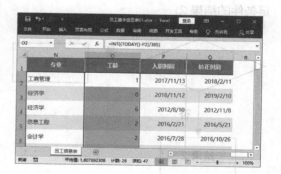

4.4 逻辑函数

逻辑函数是一种用于进行真假值判断或复合检验的函数。逻辑函数是 Excel 函数中最常用的函数之一，常用的逻辑函数包括 AND、IF、OR 等。

4.4.1 IF 函数——专精条件选择

扫码看视频

1. Excel 中的逻辑关系

Excel 中常用的逻辑值是 "TRUE" 和 "FALSE"，它们等同于我们日常语言中的 "是" 和 "不是"，也就是 "TRUE" 是逻辑值真，表示 "是" 的意思；而 "FALSE" 是逻辑值假，表示 "不是" 的意思。

2. 用于条件判断的 IF 函数

IF 函数可以说是逻辑函数中的王者了，它的应用十分广泛，基本用法是，根据指定的条件进行判断，得到满足条件的结果 1 或者不满足条件的结果 2。其语法结构如下。

IF(判断条件 , 满足条件的结果 1, 不满足条件的结果 2)

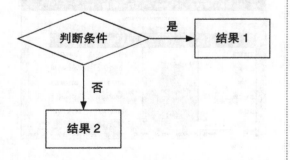

下面通过一个具体案例来学习 IF 函数的实际应用。

例 通常公司在年初都会制订一个销售计划，到年底的时候就会将实际销售额与计划销售额进行比较，查看是否完成计划任务。

	A	B	C	D	E	F	G
1	员工编号	姓名	工龄	出勤率	销售额（万元）	计划销售额（万元）	完成情况
2	SL00001	严明宇	12.2	89%	230	230	
3	SL00002	钱嘉普	20.9	93%	370	363	
4	SL00003	舞香芳	16.0	99%	400	444	
5	SL00004	金思	8.0	95%	700	693	
6	SL00005	蒋琴	5.2	76%	640	647	
7	SL00006	冯万友	16.2	95%	920	837	
8	SL00007	吴倩倩	7.5	92%	680	756	
9	SL00008	蓝光	0.9	97%	1890	1574	
10	SL00009	姚嘉林	16.4	96%	940	990	
11	SL00010	藏虹	23.2	89%	70	67	
12	SL00011	许欣颖	17.8	90%	80	80	

首先，我们分析一下这个问题，并根据分析做一个逻辑关系图。

实际销售额大于等于计划销售额即为完成计划，实际销售额小于计划销售额即为未完成计划。

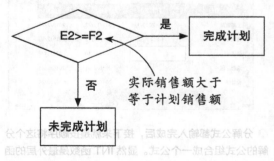

使用 IF 函数判断完成计划情况的具体操作步骤如下。

❶ 打开本实例的原始文件"员工福利补贴"，选中单元格 G2，切换到【公式】选项卡，在【函数库】组中单击【逻辑】按钮 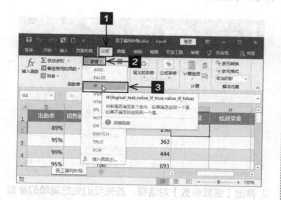 ，在弹出的下拉列表中选择【IF】函数。

❷ 弹出【函数参数】对话框，按照逻辑关系图，依次输入判断条件"E2>=F2"，若满足条件返回结果 1"完成计划"，不满足条件则返回结果 2"未完成计划"。

在使用对话框输入函数的参数时，若逻辑值为文本，只需要输入文字内容，系统会自动添加双引号，无须手动添加。

❸ 设置完毕，单击【确定】按钮，返回工作表，效果如图所示。

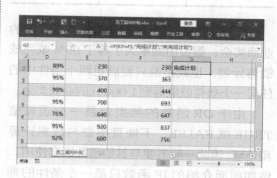

❹ 按照前面的方法，将单元格 G2 中的公式不带格式地填到下面的单元格区域中。

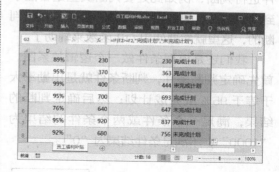

4.4.2 OR 函数——只要有一个值为真，结果就为真

扫码看视频

OR 函数的功能是对公式中的条件进行连接，且这些条件中只要有一个满足条件，其结果就为真。其语法格式如下。

OR(条件 1, 条件 2,…)

OR 函数的特点是，在众多条件中，只要有一个为真时，其逻辑值就为真，只有全部为假时，其逻辑值才为假。

OR 函数的逻辑关系值如下表所示。

条件 1	条件 2	逻辑值
真	真	真
真	假	真
假	真	真
假	假	假

例 要判断员工是否能得到 1 000 元的业绩奖金，假设出勤率大于等于 95% 或完成销售计划，也就是说只要满足两个条件中的任何一个条件就能得到 1 000 元的业绩奖金。

由于 OR 函数的结果就是一个逻辑值 TRUE 或 FALSE，不能直接参与数据计算和处理，因此一般需要与其他函数嵌套使用。例如前面介绍的 IF 函数只是一个条件的判断，在实际操作中，经常需要同时对几个条件进行判断，例如此处要判断员工是否能拿到绩效奖金，只使用 IF 函数，是无法做出判断的，这里就需要使用 OR 函数来辅助了。

我们还是根据条件做一个逻辑关系图。首先确定判断条件，判断条件就是出勤率大于等于 95% 或完成计划；然后确定判断的结果，满足一个条件或两个条件的结果为"1000"，不满足条件结果为"0"。

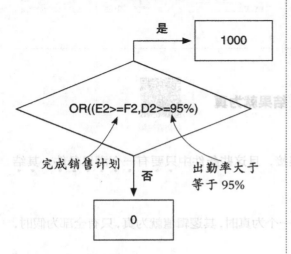

使用 IF 函数与 OR 函数嵌套，判断员工是否能得到业绩奖金的具体操作步骤如下。

❶ 打开本实例的原始文件"员工福利补贴 01"，选中单元格 H2，切换到【公式】选项卡，在【函数库】组中单击【逻辑】按钮 **逻辑·**，在弹出的下拉列表中选择【IF】函数。

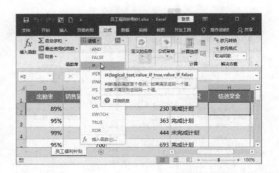

❷ 弹出【函数参数】对话框，首先我们先把简单的参数设置好，满足条件的结果 1 "1000"，不满足条件的结果 2 "0"，将光标移动到第一个参数判断条件所在的文本框中。

❸ 单击工作表中名称框右侧的下拉按钮，在弹出的下拉列表中选择【其他函数】选项。

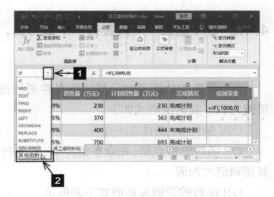

④ 弹出【插入函数】对话框，在【或选择类别】下拉列表中选择【逻辑】选项，在【选择函数】列表框中选择【OR】函数。

⑤ 单击【确定】按钮，弹出 OR 函数的【函数参数】对话框，依次在两个参数文本框中输入参数"E2>=F2"和"D2>=95%"。

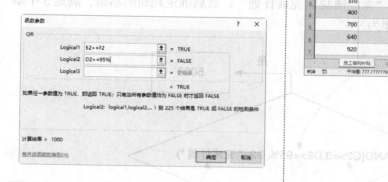

⑥ 单击【确定】按钮，返回工作表，效果如下图所示。

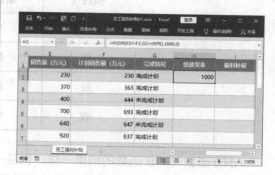

⑦ 按照前面的方法，将单元格 H2 中的公式不带格式地填充到下面的单元格区域中。

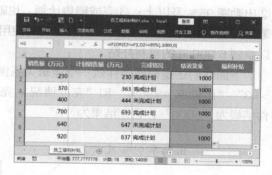

4.4.3 AND 函数——只要有一个值为假，结果就为假

扫码看视频

AND 是用来判断多个条件是否同时成立的逻辑函数，其语法格式如下。

AND(条件 1，条件 2，…)

AND 函数的特点是，在众多条件中，只有全部为真时，其逻辑值才为真，只要有一个为假，其逻辑值为假。

AND 函数的逻辑关系值如下表所示。

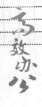

条件1	条件2	逻辑值
真	真	真
真	假	假
假	真	假
假	假	假

　　AND 函数与 OR 函数的结果一样，也是一个逻辑值 TRUE 或 FALSE，不能直接参与数据计算和处理，一般需要与其他函数嵌套使用。例如年终的时候公司要给这一年表现优秀的员工发放 5 000 元的福利补贴，要拿到这份补贴，员工必须达到 3 个条件：①工龄 3 年及以上；②出勤率 95% 及以上；③完成销售计划。也就是说员工必须同时满足这 3 个条件才能拿到这笔额外的福利补贴。此时用户就需要同时使用 IF 函数和 AND 函数，才能判断出哪些员工可以拿到 5 000 元的福利补贴。

　　下面我们还是根据条件做一个逻辑关系图。首先确定判断条件，判断条件就是："工龄 >=3""出勤率 >=95%"和"完成情况 = 完成计划"；然后确定判断的结果，满足 3 个条件结果为"5000"，否则结果为"0"。

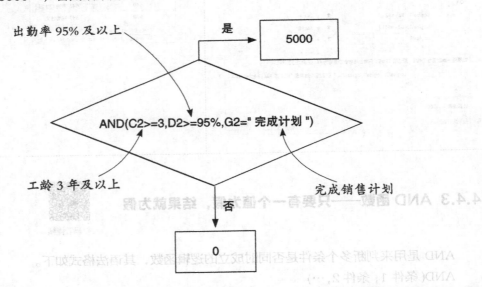

　　使用 IF 函数与 AND 函数嵌套，判断员工是否能得到 5 000 元福利补贴的具体操作步骤如下。

❶ 打开本实例的原始文件"员工福利补贴 02"，选中单元格 I2，切换到【公式】选项卡，在【函数库】组中单击【逻辑】按钮 逻辑▾ ，在弹出的下拉列表中选择【IF】函数。

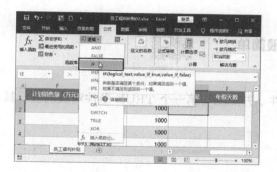

② 弹出【函数参数】对话框，首先我们先把简单的参数设置好，满足条件的结果1"5000"，不满足条件的结果2"0"，将光标移动到第一个参数判断条件所在的文本框中。

③ 单击工作表中名称框右侧的下拉按钮，在弹出的下拉列表中选择【其他函数】选项。

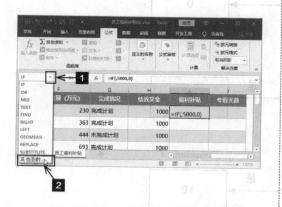

④ 弹出【插入函数】对话框，在【或选择类别】下拉列表中选择【逻辑】选项，在【选择函数】列表框中选择【AND】函数。

⑤ 单击【确定】按钮，弹出 AND 函数的【函数参数】对话框，依次在 3 个参数文本框中输入参数"C2>=3""D2>=95%"和"G2="完成计划""。

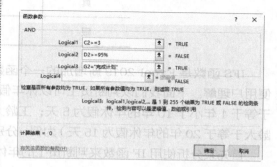

⑥ 单击【确定】按钮，返回工作表，效果如下图所示。

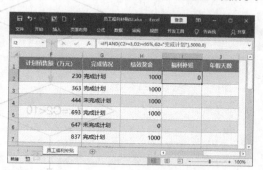

⑦ 按照前面的方法，将单元格 I2 中的公式不带格式地填充到下面的单元格区域中。

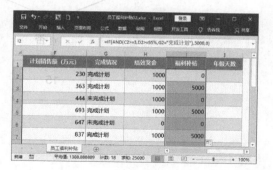

4.4.4 IFS 函数 ⟨2019⟩——多条件判断很简单

扫码看视频

IFS 函数用于检查是否满足一个或多个条件，并返回与第一个 TRUE 条件对应的值。其语法格式如下。

IFS(条件 1, 结果 1, 条件 2, 结果 2,…)

IFS 函数的逻辑关系值如下表所示。

条件 1	条件 2	结果
真	真	结果 1
真	假	结果 1
假	真	结果 2

IFS 函数是 Excel 2019 新增加的一个函数，它可以替换多个嵌套的 IF 函数，并且更方便用户理解。下面我们以判断员工可以休年假的天数（工龄不足 1 年的没有年休假；工龄大于等于 1 年小于 10 年的年休假为 5 天；工龄大于等于 10 年小于 20 年的年休假为 10 天，工龄大于等于 20 年的年休假为 15 天）为例，分别使用 IF 和 IFS 函数来看一下两个函数的区别。

首先来分析使用 IF 函数来判断员工的年休假天数。

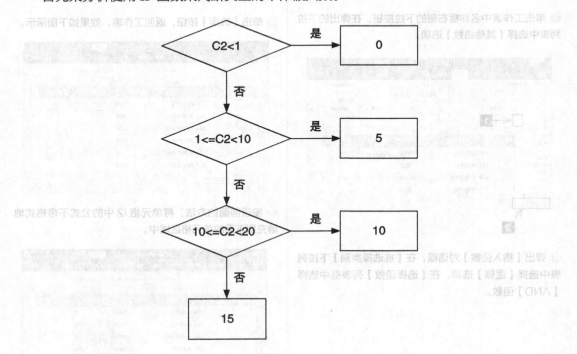

使用 IF 函数判断员工年休假天数的具体操作步骤如下。

❶ 打开本实例的原始文件"员工福利补贴03"，选中单元格 J2，切换到【公式】选项卡，在【函数库】组中单击【逻辑】按钮 逻辑▾，在弹出的下拉列表中选择【IF】函数。

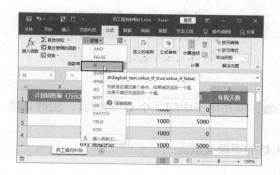

❷ 弹出【函数参数】对话框，首先我们先设置好判断条件"C2<1"，满足条件的结果 1"0"，将光标移动到第 3 个参数不满足条件的结果所在的文本框中。

❸ 单击工作表中名称框右侧的下拉按钮，在弹出的下拉列表中选择【IF】函数。

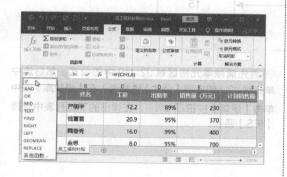

❹ 弹出【函数参数】对话框，在第 1 个参数文本框中输入第 2 个判断条件"C2<10"，满足条件的结果 1"5"，将光标移动到第 3 个参数不满足条件的结果所在的文本框中。

❺ 再次单击工作表中名称框右侧的下拉按钮，在弹出的下拉列表中选择【IF】函数。

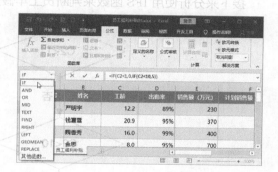

❻ 弹出【函数参数】对话框，在第 1 个参数文本框中输入第 3 个判断条件"C2<20"，满足条件的结果 1"10"，不满足条件的结果 2"15"。

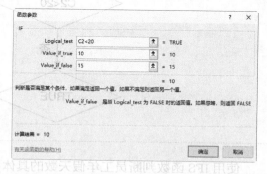

❼ 单击【确定】按钮，返回工作表，即可看到最终的公式是"=IF(C2<1,0,IF(C2<10,5,IF(C2<20,10,15)))"，效果如下图所示。

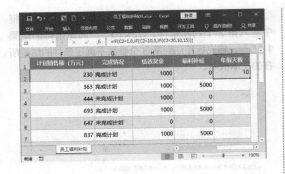

❸ 按照前面的方法，将单元格 J2 中的公式不带格式地填充到下面的单元格区域中。

虽然这里使用 IF 函数得到了员工的年假天数，但是由于中间 3 个 IF 的嵌套，使得其逻辑关系相对复杂了些。

接下来分析使用 IFS 函数来判断员工年假天数的逻辑关系。

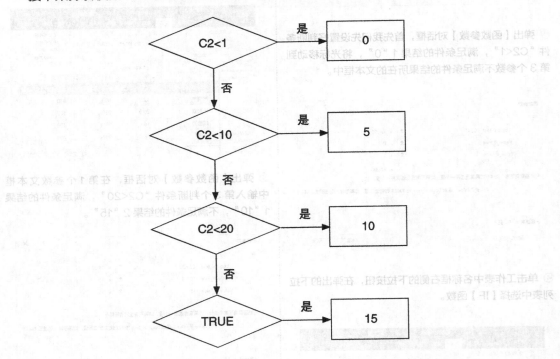

使用 IFS 函数判断员工年假天数的具体操作步骤如下。

❶ 首先清除单元格区域 J2:J19 中的公式，然后选中单元格 J2，切换到【公式】选项卡，在【函数库】组中单击【逻辑】按钮 逻辑▾，在弹出的下拉列表中选择【IFS】函数。

❷ 弹出【函数参数】对话框，依次输入 4 个条件及对应的结果。

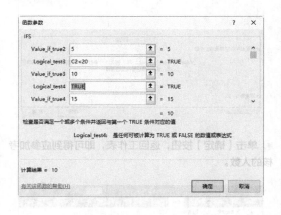

❸ 单击【确定】按钮，返回工作表，即可看到最终的公式是 "=IFS(C2<1,0,C2<10,5,C2<20,10,TRUE,15)"，效果如下图所示。

❹ 按照前面的方法，将单元格 J2 中的公式不带格式地填充到下面的单元格区域中。

很明显，使用 IFS 函数来判断员工年假天数比使用 IF 函数逻辑简单清晰。

IFS 函数可以允许最多测试 127 个条件，而 IF 最多嵌套 7 层，所以对于多个条件限定的判断，还是 IFS 函数更实用。

4.5 统计函数

统计函数是指统计工作表函数，用于对数据区域进行统计分析。

4.5.1 COUNTA 函数——非空格计算器

扫码看视频

COUNTA 函数的功能是返回参数列表中非空的单元格个数。其语法格式如下。

COUNTA(value1,value2,…)

value1，value2，… 为所要计算的值，参数个数为 1 到 30 个。在这种情况下，参数值可以是任何类型，它们可以包括空字符 """"，但不包括空白单元格。如果参数是数组或单元格引用，则数组或引用中的空白单元格将被忽略。

利用函数 COUNTA 可以计算单元格区域或数组中包含数据的单元格个数。

例如，业务考核结束后，我们需要对考核人数、考核成绩等进行统计分析。首先，我们来统计考核人数。

因为 COUNTA 函数返回的是参数列表中非空的单元格个数，所以此处在选择参数时，应该选择包含所有考核人员的数据区域，例如 B2:B21。使用 COUNTA 函数统计考核人数的具体操作步骤如下。

❶ 打开本实例的原始文件"业务考核表"，选中单元格 B23，切换到【公式】选项卡，在【函数库】组中单击【其他】按钮，在弹出的下拉列表中选择【统计】 ➤【COUNTA】函数。

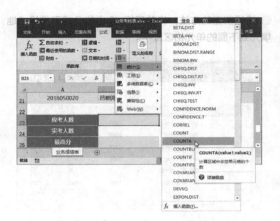

❷ 弹出【函数参数】对话框，在第 1 个参数文本框中输入"B2:B21"。

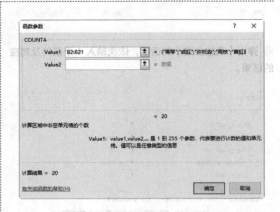

❸ 单击【确定】按钮，返回工作表，即可得到应参加考核的人数。

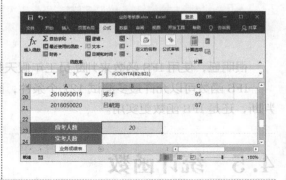

4.5.2 COUNT 函数——数字计算器

扫码看视频

COUNT 函数的功能是计算参数列表中的数字项的个数。其语法格式如下。

COUNT(value1,value2, …)

value1, value2, …是包含或引用各种类型数据的参数（1~30 个），但只有数字类型的数据才被计数。

函数 COUNT 在计数时，将把数值型的数字计算进去；但是错误值、空值、逻辑值、文字则被忽略。

由于部分人员因为某些原因未能参加考核，所以考核结束后，我们不仅要统计应参加考核的人数，还应该统计实际参加考核的人数。

在业务成绩表中，实际参加考核的人有考核成绩，而没参加考核的成绩单元格为空。所以统计实际参加考核人数时，我们可以使用 COUNT 函数，其参数为成绩列的 C2:C21，具体操作步骤如下。

❶ 打开本实例的原始文件"业务考核表 01"，选中单元格 B24，切换到【公式】选项卡，在【函数库】组中单击【其他函数】按钮 ▦ ，在弹出的下拉列表中选择【统计】➤【COUNT】函数。

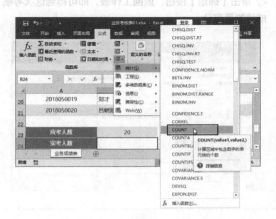

❷ 弹出【函数参数】对话框，在第 1 个参数文本框中输入"C2:C21"。

❸ 单击【确定】按钮，返回工作表，即可得到实际参加考核的人数。

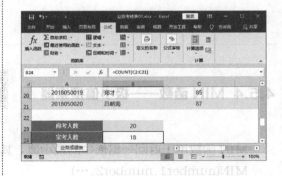

4.5.3　MAX 函数——极大值搜索器

扫码看视频

MAX 函数用于返回一组值中的最大值。其语法格式如下。

MAX(number1,number2,…)

number1 是必需的，后续参数是可选的，要从中查找最大值的 1 到 255 个数字。

例如，对成绩进行分析时，一般都会列出最高分、最低分和平均分。计算最高分就得使用 MAX 函数，具体操作步骤如下。

❶ 打开本实例的原始文件"业务考核表02"，选中单元格 B25，切换到【公式】选项卡，在【函数库】组中单击【其他】按钮 ⬛·，在弹出的下拉列表中选择【统计】➤【MAX】函数。

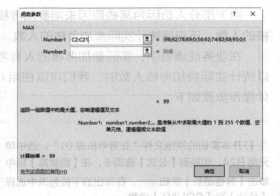

❸ 单击【确定】按钮，返回工作表，即可得到这次考核成绩的最高分。

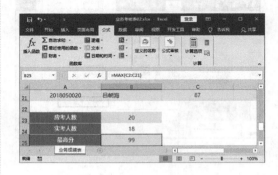

❷ 弹出【函数参数】对话框，在第1个参数文本框中输入"C2:C21"。

4.5.4 MIN 函数——极小值搜索器

扫码看视频

MIN 函数用于返回一组值中的最小值。其语法格式如下。

MIN(number1,number2,…)

number1 是必需的，后续参数是可选的，要从中查找最小值的 1～30 个数字。

计算最低分和计算最高分的方法一致，只是函数不同而已。具体操作步骤如下。

❶ 打开本实例的原始文件"业务考核表03"，选中单元格 B26，切换到【公式】选项卡，在【函数库】组中单击【其他函数】按钮 ⬛·，在弹出的下拉列表中选择【统计】➤【MIN】函数。

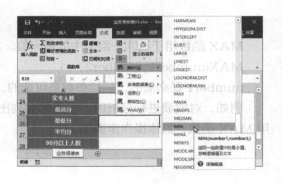

❷ 弹出【函数参数】对话框，在第1个参数文本框中输入"C2:C21"。

❸ 单击【确定】按钮，返回工作表，即可得到这次考核成绩的最低分。

4.5.5 AVERAGE 函数——算数平均值计算器

扫码看视频

AVERAGE 函数是 Excel 表格中的计算平均值函数，参数可以是数字，或者是涉及数字的名称、数组或引用，如果数组或单元格引用参数中有文字、逻辑值或空单元格，则忽略其值。但是，如果单元格包含零值则计算在内。其语法格式如下。

AVERAGE(number1,number2,…)

下面以具体的数据举例，来看 AVERAGE 函数的用法。

通过下表，我们可以看出，当单元格包含零值时，零值也参与求平均值（如B列），但是当单元格包含空值或者文字时，空值或者文字不参与求平均值（如C列和D列）。

平均分可以看出考核的一个整体水平趋势。所以，计算年平均分是非常重要的，使用 AVERAGE 函数计算年平均分的具体操作步骤如下。

❶ 打开本实例的原始文件"业务考核表04"，选中单元格 B27，切换到【公式】选项卡，在【函数库】组中单击【其他】按钮 ▦ ▾，在弹出的下拉列表中选择【统计】▶【AVERAGE】函数。

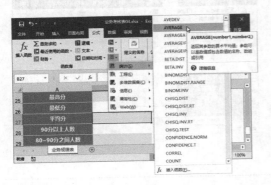

❷ 弹出【函数参数】对话框，系统默认在第 1 个参数文本框中输入"C2:C21"。

❸ 单击【确定】按钮，返回工作表，即可得到这次考核的平均分数。

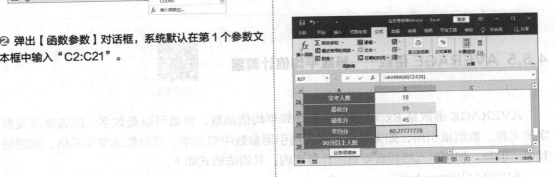

4.5.6 COUNTIF 函数——单条件自定义计算器

扫码看视频

COUNTIF 函数是 Excel 中对指定区域中符合指定条件的单元格计数的一个函数。其语法格式如下。

COUNTIF(range,criteria)

参数 range 为要计算其中非空单元格数目的区域。

参数 criteria 为以数字、表达式或文本形式定义的条件。

COUNTIF 函数就是一个条件计数的函数，其与 COUNT 函数的区别就在于，它可以限定条件。例如我们可以使用 COUNTIF 函数计算考核成绩在 90 分以上的人数，80~90 分的人数等，具体操作步骤如下。

① 打开本实例的原始文件"业务考核表05",选中单元格 B28,切换到【公式】选项卡,在【函数库】组中单击【其他函数】按钮 ,在弹出的下拉列表中选择【统计】➤【COUNTIF】函数。

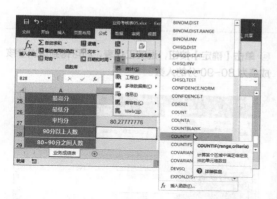

② 弹出【函数参数】对话框,在第 1 个参数文本框中输入"C2:C21",在第 2 个参数文本框中输入条件">90"。

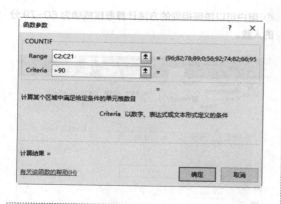

③ 单击【确定】按钮,返回工作表,即可得到这次考核成绩在 90 分以上的人数。

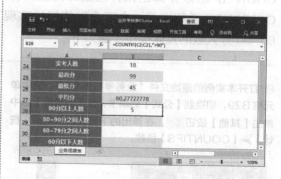

④ 用户可以按照相同的方法计算考核成绩在 60 分以下的人数。

4.5.7 COUNTIFS 函数——多条件自定义计算器

扫码看视频

COUNTIFS 函数用来统计多个区域中满足给定条件的单元格的个数。其语法格式如下。

COUNTIFS(criteria_range1,criteria1,criteria_range2,criteria2,…)

criteria_range1 为第 1 个需要计算其中满足某个条件的单元格数目的单元格区域(简称为条件区域),criteria1 为第 1 个区域中将被计算在内的条件(简称为条件),其形式可以为数字、表达式或文本。同理,criteria_range2 为第 2 个条件区域,criteria2 为第 2 个条件,依此类推。最终结果为多个区域中满足所有条件的单元格个数。

COUNTIFS 函数为 COUNTIF 函数的扩展,用法与 COUNTIF 类似,但 COUNTIF 针对单一条件,而 COUNTIFS 可以实现多个条件同时求结果。

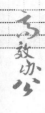

在计算各分数段人数时，可以发现，90 分以上和 60 分以下的人数，我们可以使用 COUNTIF 函数计算出来，但是却无法计算 80~90 分的人数和 60~79 分的人数，学习了 COUNTIFS 函数之后，会不会就能轻松实现了呢？使用 COUNTIFS 函数计算考核分数为 80~90 分人数的具体操作步骤如下。

❶ 打开本实例的原始文件"业务考核表 06"，选中单元格 B29，切换到【公式】选项卡，在【函数库】组中单击【其他】按钮 ，在弹出的下拉列表中选择【统计】➤【COUNTIFS】函数。

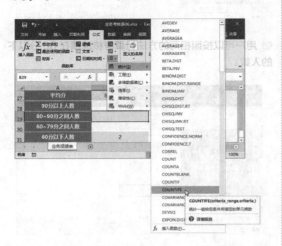

❷ 弹出【函数参数】对话框，在第 1 个参数文本框中输入第 1 个条件区域"C2:C21"，在第 2 个参数文本框中输入第 1 个条件"">=80""，在第 3 个参数文本框中输入第 2 个条件区域"C2:C21"，在第 4 个参数文本框中输入第 2 个条件""<=90""。

❸ 单击【确定】按钮，返回工作表，即可得到这次考核成绩为 80~90 分的人数。

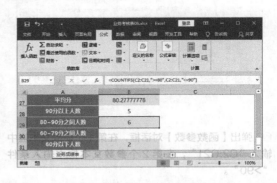

❹ 用户可以按照相同的方法计算考核成绩为 60~79 分的人数。

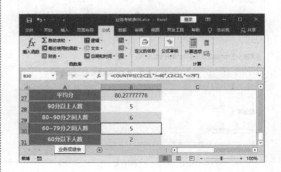

4.5.7 COUNTIFS 函数——多条件自定义计数器

COUNTIFS 函数用来统计多个区域中满足给定条件的单元格的个数。

COUNTIFS(criteria_range1, criteria1, criteria_range2, criteria2, …)其中，criteria_range1 为第 1 个需要计算其中满足某个条件的单元格数目的条件区域（简称条件区域 1），criteria1 为第 1 个区域中将被计算在内的条件（简称条件 1），其形式可以为数字、表达式或文本。同理，criteria_range2 为第 2 个条件区域，criteria2 为第 2 个条件，依此类推。最终结果为多个区域中满足所有条件的单元格个数。

COUNTIFS 函数为 COUNTIF 函数的扩展，用法与 COUNTIF 基本相同，但 COUNTIF 针对单一条件，而 COUNTIFS 可以实现多个条件同时求结果。

4.5.8 RANK.EQ 函数——排序好帮手

扫码看视频

RANK.EQ 函数是一个排名函数，用于返回一个数字在数字列表中的排位，如果多个值都具有相同的排位，则返回该组数值的最高排位。其语法格式如下。

RANK.EQ(number,ref,[order])

number 参数表示参与排名的数值；ref 参数表示排名的数值区域；order 参数有 1 和 0 两种：0 表示从大到小排名，1 表示从小到大排名，当参数为 0 时可以不用输入，得到的就是从大到小的排名。

RANK.EQ 函数最常用的情况是求某一个数值在某一区域内的排名，下面以将考核成绩排名为例，介绍 RANK.EQ 函数的实际应用。具体操作步骤如下。

① 打开本实例的原始文件"业务考核表 07"，选中单元格 E2，切换到【公式】选项卡，在【函数库】组中单击【其他函数】按钮 ，在弹出的下拉列表中选择【统计】➤【RANK.EQ】函数。

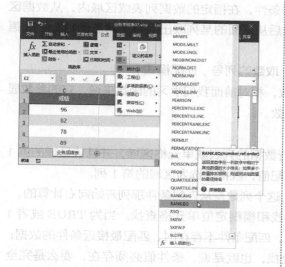

② 弹出【函数参数】对话框，在第 1 个参数文本框中输入当前参与排名的引用单元格"C2"，在第 2 个参数文本框中输入排名的数值区域"$C$2:$C$21"，由于此处排名显然应为降序，所以第 3 个参数可以省略。

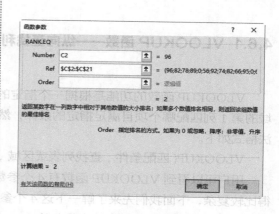

③ 单击【确定】按钮，返回工作表，即可得到"蒋琴"在这次考核成绩中的排名。

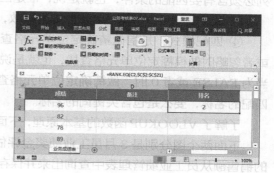

④ 将单元格 E2 中的公式不带格式地填充到下面的单元格区域中，即可得到所有员工的成绩排名。缺考人员的排名显示错误值，可以直接删除对应排名单元格中的公式。

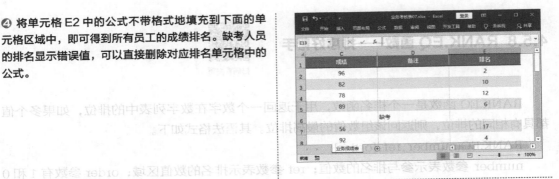

4.6 查找与引用函数

查找与引用函数用于在数据清单或表格中查找特定数值，或者查找某一单元格的引用。常用的查找与引用函数包括 VLOOKUP、HLOOKUP、MATCH、LOOKUP 等函数。

4.6.1 VLOOKUP 函数——纵向查找利器

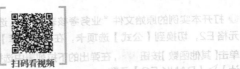

扫码看视频

VLOOKUP 函数的功能是根据一个指定的条件，在指定的数据列表或区域内，从数据区域的第 1 列匹配哪个项目满足指定的条件，然后从下面的某列取出该项目对应的数据。其语法格式如下。

VLOOKUP(匹配条件，查找列表或区域，取数的列号，匹配模式)

用户可以看到 VLOOKUP 函数有 4 个参数，相对前面我们学习的函数来说，它的参数显得比较复杂，下面我们先来了解一下这 4 个参数。

① 匹配条件：就是指定的查找条件。

② 查找列表或区域：是一个至少包含一行数据的列表或单元格区域，并且该区域的第 1 列必须含有要匹配的条件，也就是说，谁是匹配值，就把谁选为区域的第 1 列。

③ 取数的列号：指定从区域的哪列取数，这个列数是从匹配条件那列开始向右计算的。

④ 匹配模式：是指做精确定位单元格查找和模糊定位单元格查找。当为 TRUE 或者 1 或者忽略时做模糊定位单元格查找，也就是说，匹配条件不存在时，匹配最接近条件的数据；当为 FALSE 或者 0 时，做精确定位单元格查找，也就是说，条件值必须存在，要么是完全匹配的名称，要么是包含关键词的名称。

了解了 VLOOKUP 函数的基本原理，下面我们结合具体实例，介绍这个函数的基本用法。

下面两个图分别是 3 月员工业绩奖金评估表和员工业绩管理表，现在要求把每个人 3 月的销售额从员工业绩管理表中查询出来并保存到奖金评估表中。

	员工编号	员工姓名	月度销售额	奖金比例	基本业绩奖金	累计销售额	累计业绩奖金
	A	B	C	D	E	F	G
1	员工编号	员工姓名	月度销售额	奖金比例	基本业绩奖金	累计销售额	累计业绩奖金
2	SL001	严明宇					
3	SL002	钱夏雪					
4	SL003	魏香秀					
5	SL004	金思					
6	SL005	蒋琴					
7	SL006	冯万友					
8	SL007	吴倩倩					
9	SL008	戚光					
10	SL009	钱盛林					
11	SL010	戚虹					
12	SL011	许欣淼					
13	SL012	钱半雪					

3月员工业绩奖金评估表

	A	B	C	D	E	F
1	员工编号	员工姓名	1月份	2月份	3月份	累计销售额
2	SL001	严明宇	¥19,500.00	¥52,000.00	¥15,600.00	¥87,100.00
3	SL002	钱夏雪	¥52,000.00	¥70,200.00	¥70,080.00	¥192,280.00
4	SL003	魏香秀	¥78,000.00	¥15,600.00	¥70,200.00	¥163,800.00
5	SL004	金思	¥130,000.00	¥100,020.00	¥144,300.00	¥374,320.00
6	SL005	蒋琴	¥70,200.00	¥93,060.00	¥92,880.00	¥256,140.00
7	SL006	冯万友	¥151,000.00	¥128,000.00	¥171,600.00	¥450,600.00

员工业绩管理表

这是一个比较典型的 VLOOKUP 函数的应用案例。下面我们来分析一下这个案例如何用 VLOOKUP 函数来解决问题。

在这个例子中，首先要从员工业绩管理表中查找员工编号为"SL001"的"3月份"销售额。那么 VLOOKUP 函数查找数据的逻辑关系如下。

① 员工编号"SL001"是匹配条件，因此 VLOOKUP 函数的第 1 个参数是 3 月员工业绩奖金评估表中 A2 指定的具体员工编号。

② 搜索的方法是从员工业绩管理表的 A 列里，从上往下依次搜索匹配哪个单元格是"SL001"，如果是，就不再往下搜索，转而往右搜索，准备取数，因此 VLOOKUP 函数的第 2 个参数是从员工业绩管理表的 A 列开始，到 E 列结束的单元格区域 A:E。

③ 这里要取"3月份"这列的数据，从"员工编号"这列算起，往后数到第 5 列是要提取的 3 月份销售额数据，因此 VLOOKUP 函数的第 3 个参数是 5。

④ 因为要在员工业绩管理表的 A 列里精确定位到有"SL001"编号的单元格，所以 VLOOKUP 函数的第 4 个参数是 FALSE 或者 0。

具体操作步骤如下。

❶ 打开本实例的原始文件"业绩管理表"，选中单元格 C2，切换到【公式】选项卡，在【函数库】组中单击【查找与引用】按钮 ，在弹出的下拉列表中选择【VLOOKUP】函数。

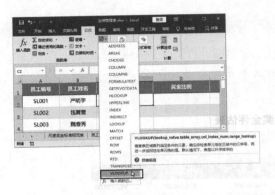

❷ 弹出【函数参数】对话框，将光标定位到第 1 个参数文本框中，然后在 3 月员工业绩奖金评估表中单击单元格 A2。

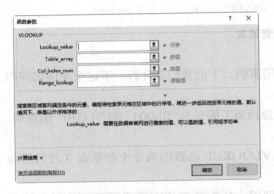

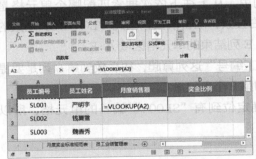

❸ 将光标定位到第 2 个参数文本框中，切换到员工业绩管理表中，选中表中 A 列到 E 列的数据。

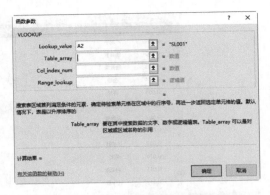

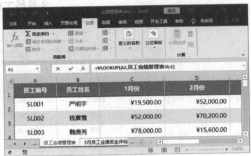

❹ 依次在第 3 个参数文本框和第 4 个参数文本框中输入"5"和"0"。

❺ 单击【确定】按钮，返回工作表，即可看到单元格 C2 中的查找公式与查找结果，如下图所示。

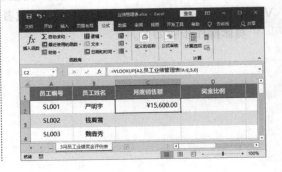

⑥ 将单元格 C2 中的公式不带格式地填充到单元格区域 C3:C13 中即可。

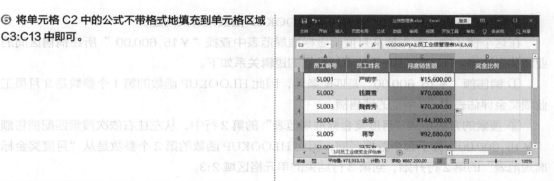

4.6.2 HLOOKUP 函数——横向查找利器

扫码看视频

HLOOKUP 函数同我们之前所讲的 VLOOKUP 函数是一个兄弟函数，HLOOKUP 函数可以实现按行查找数据。其语法格式如下。

HLOOKUP(匹配条件，查找列表或区域，取数的行号，匹配模式)

HLOOKUP 函数与 VLOOKUP 函数的参数几乎相同，只是第 3 个参数略有差异，VLOOKUP 函数的第 3 个参数代表的是列号，而 HLOOKUP 函数的第 3 个参数代表的是行号，所以关于 HLOOKUP 函数中参数的意义我们就不再赘述。

下面结合具体实例，介绍这个函数的基本用法。

下面两个图分别是月度奖金标准规范表和 3 月员工业绩奖金评估表，现在要求把每个人对应的业绩奖金比例从月度奖金标准规范表中查询出来保存到奖金评估表中。

月度奖金标准规范表

3 月员工业绩奖金评估表

下面我们分析一下这个案例如何用 HLOOKUP 函数来解决问题。

在这个例子中，首先要从月度奖金标准规范表中查找"￥15,600.00"所在销售区间的业绩奖金比例。HLOOKUP 函数查找数据的逻辑关系如下。

① 销售额"￥15,600.00"是匹配条件，因此 HLOOKUP 函数的第 1 个参数是 3 月员工业绩奖金评估表中 C2 指定的销售额。

② 搜索的方法是从"月度奖金标准规范表"的第 2 行中，从左往右依次搜索匹配销售额"￥15,600.00"位于哪个数据区间，因此 HLOOKUP 函数的第 2 个参数是从"月度奖金标准规范表"的第 2 行开始，到第 3 行结束的单元格区域 2:3。

③ 这里要取"业绩奖金比例"这行的数据，从"参照销售额"这行算起，往下数到第 2 行就是要提取的业绩奖金比例，因此 HLOOKUP 函数的第 3 个参数是 2。

④ 因为要在"月度奖金标准规范表"的第 2 行中搜索匹配销售额"￥15,600.00"位于哪个数据区间，并不是精确的数值，所以 HLOOKUP 函数的第 4 个参数是 TRUE 或者 1 或者省略。

具体操作步骤如下。

❶ 打开本实例的原始文件"业绩管理表 01"，选中单元格 D2，切换到【公式】选项卡，在【函数库】组中单击【查找与引用】按钮 ▾，在弹出的下拉列表中选择【HLOOKUP】函数。

❷ 弹出【函数参数】对话框，将光标定位到第 1 个参数文本框中，然后在 3 月员工业绩奖金评估表中单击单元格 C2。

❸ 将光标定位到第 2 个参数文本框中，切换到"月度奖金标准规范表"中，选中表中第 2 行到第 3 行的数据。

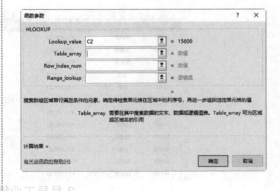

④ 依次在第3个参数文本框中输入"2"，第4个参数文本框忽略。

⑤ 单击【确定】按钮，返回工作表，即可看到单元格C2中的查找公式与查找结果，如下图所示。

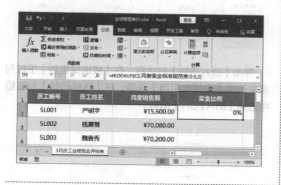

⑥ 由于我们在向下填充公式的时候，参数使用相对引用会改变行号，所以我们需要将不能改变行号的参数更改为绝对引用。双击单元格D2，使其进入编辑状态，选中公式中的参数"月度奖金标准规范表!2:3"，按【F4】键，即可使参数变为绝对引用"月度奖金标准规范表!$2:$3"。

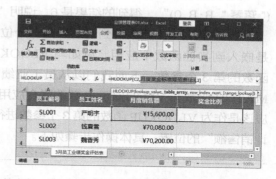

⑦ 按【Enter】键完成修改，然后将单元格D2中的公式，不带格式地向下填充到下面的单元格区域中。

4.6.3 MATCH函数——确定数据位置

扫码看视频

MATCH函数的功能是从一个数组（一个一维数组，或者工作表上的一列数据区域，或者工作表上的一行数据区域）中，把指定元素的位置找出来。其语法格式如下。

MATCH(查找值，查找区域，匹配模式)

关于 MATCH 函数需要注意的是第 2 个参数"查找区域"，这里的查找区域只能是一列、一行或者一个一维数组。第 3 个参数"匹配模式"是一个数字 −1、0 或者 1。如果是 1 或者忽略，查找区域的数据必须做升序排序。如果是 −1，查找区域的数据必须做降序排序。如果是 0，则可以是任意排序。一般情况下，我们将第 3 个参数设置为 0，做精确匹配查找。

例如我们在 3 月员工业绩奖金评估表中查找"蒋琴"的位置，应该输入公式"=MATCH(" 蒋琴 ",B:B,0)"，得到的结果是 6，说明"蒋琴"位于 B 列的第 6 个单元格中。

由于 MATCH 函数得到的结果是一个位置，实际意义不大，所以一般情况下它更多地是嵌入到其他函数中应用。例如与 VLOOKUP 函数联合应用，可以自动输入 VLOOKUP 函数的第 3 个参数。下面我们以从员工业绩管理表中查找对应"累计销售额"为例，介绍 MATCH 函数与 VLOOKUP 函数的联合应用。在这两个函数的联合应用中，MATCH 函数应该是作为 VLOOKUP 函数的第 3 个参数进行应用的，那么 MATCH 函数得到的应该是"累计销售额"的位置。具体操作步骤如下。

❶ 打开本实例的原始文件"业绩管理表02"，选中单元格 F2，切换到【公式】选项卡，在【函数库】组中单击【查找与引用】按钮，在弹出的下拉列表中选择【VLOOKUP】函数。

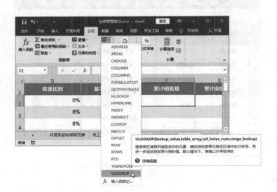

❷ 弹出【函数参数】对话框，依次输入 VLOOKUP 函数的第 1、第 2 和第 4 个参数，然后将光标定位到第 3 个参数文本框中。

❸ 单击工作表中名称框右侧的下拉按钮，在弹出的下拉列表中选择【其他函数】选项。

❹ 弹出【插入函数】对话框，在【或选择类别】下拉列表中选择【查找与引用】选项，在【选择函数】列表框中选择【MATCH】函数。

❺ 单击【确定】按钮，弹出 MATCH 函数的【函数参数】对话框，在参数文本框中依次输入 3 个参数。这里需要注意的是由于 3 个参数都是固定不变的，所以单元格引用需要使用绝对引用。

⑤ 单击【确定】按钮，返回工作表，效果如图所示。

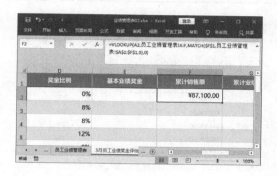

⑦ 按照前面的方法，将单元格 F2 中的公式不带格式地填充到下面的单元格区域中。

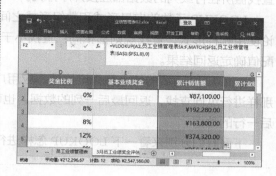

4.6.4 LOOKUP 函数——查找神器

扫码看视频

LOOKUP 函数的功能是返回向量或数组中的数值。函数 LOOKUP 有两种语法形式：向量和数组。

函数 LOOKUP 的向量形式是在单行区域或单列区域（向量）中查找数值，然后返回第二个单行区域或单列区域中相同位置的数值。

其语法格式如下。

LOOKUP(查找值，查找值数组，返回值数组)

① 查找值是指函数 LOOKUP 在第一个向量中所要查找的数值，它可以为数字、文本、逻辑值或包含数值的名称或引用。

② 查找值数组是指只包含一行或一列的区域，其数值可以为文本、数字或逻辑值。

③ 返回值数组也是指只包含一行或一列的区域其大小必须与查找值数组相同。

函数 LOOKUP 的数组形式在数组的第一行或第一列查找指定的数值，然后返回数组的最后一行或最后一列中相同位置的数值。

语法格式如下。

LOOKUP(查找值，数组)

① 查找值：是指包含文本、数字或逻辑值的单元格区域或数组。

② 数组：是指任意包含文本、数字或逻辑值的单元格区域或数组，但无论是什么数组，查找值所在行或列的数据都应按升序排列。

LOOKUP 函数的向量形式和数组形式之间的区别，其实就是参数设置上的区别。但是无论使用哪种形式，查找规则都相同：查找小于或等于第 1 个参数的最大值，再根据找到的匹配值确定返回结果。

LOOKUP 函数的特点是查询快速、应用广泛、功能强大，它既可以像 VLOOKUP 函数那样进行纵向查找，返回最后一列的数据，也可以像 HLOOKUP 那样进行横向查找，返回最后一行的数据。

下面我们分别来看一下 LOOKUP 怎样进行纵向和横向查找。

1. LOOKUP 函数进行纵向查找

LOOKUP 函数的向量形式和数组形式都可以进行纵向查找。我们以查找员工业绩管理表中"3 月份"销售额为例，分别使用 LOOKUP 函数的向量形式和数组形式进行查找。

● **LOOKUP 函数的向量形式**

❶ 打开本实例的原始文件"业绩管理表 03"，选中 3 月员工业绩奖金评估表中的 D 列，在 D 列上单击鼠标右键，在弹出的下拉列表中选择【插入】菜单项。

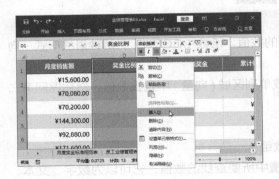

❷ 即可在选中列的前面插入一个新列，在新的列标题上输入"月度销售额"。

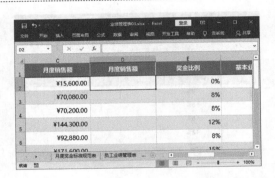

❸ 选中单元格 D2，切换到【公式】选项卡，在【函数库】组中单击【查找与引用】按钮 🔍，在弹出的下拉列表中选择【LOOKUP】函数。

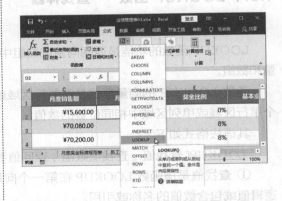

❹ 弹出【选定参数】对话框，选中向量形式的参数，单击【确定】按钮。

⑤ 弹出【函数参数】对话框，在 LOOKUP 函数的第 1 个参数文本框中输入"A2"，在第 2 个参数文本框中输入"员工业绩管理表 !A:A"，在第 3 个参数文本框中输入"员工业绩管理表 !E:E"。

⑥ 单击【确定】按钮，返回工作表，效果如下图所示。

⑦ 按照前面的方法，将单元格 D2 中的公式不带格式地填充到下面的单元格区域中，然后可以将结果与 C 列的结果进行对比。

● LOOKUP 函数的数组形式

① 在 D 列前面插入新的一列，输入列标题"月度销售额"。

② 选中单元格 D2，切换到【公式】选项卡，在【函数库】组中单击【查找与引用】按钮，在弹出的下拉列表中选择【LOOKUP】函数。

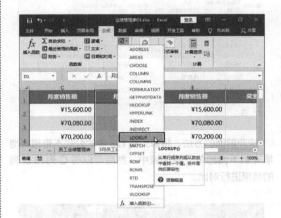

③ 弹出【选定参数】对话框，选中数组的参数，单击【确定】按钮。

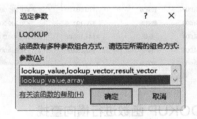

④ 弹出【函数参数】对话框，在 LOOKUP 函数的第 1 个参数文本框中输入"A2"，在第 2 个参数文本框中输入"员工业绩管理表 !A:E"。

⑤ 单击【确定】按钮，返回工作表，效果如下图所示。

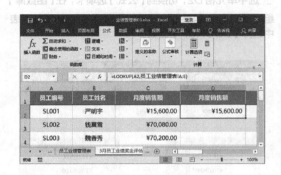

⑥ 按照前面的方法，将单元格 D2 中的公式不带格式地填充到下面的单元格区域中，然后可以将 C 列和 D 列的结果进行对比。

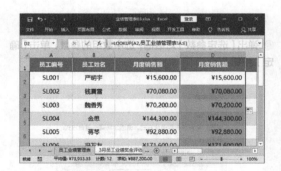

2. LOOKUP 函数进行横向查找

LOOKUP 函数的向量形式和数组形式除了可以进行纵向查找外，也都可以进行横向查找。

使用向量形式查找"奖金比例"的函数参数设置如下图所示。

使用数组查找"奖金比例"的函数参数设置如下图所示。

提示

LOOKUP 函数使用数组形式进行查找时，其查找方向和返回值是根据第 2 个参数确定的。

① 当数组的行数大于或等于列数时，LOOKUP 函数进行纵向查找，返回数组中最后一列的数据，功能与 VLOOKUP 函数相近。

② 当数组的行数小于列数时，LOOKUP 函数进行横向查找，返回数组中最后一行的数据，功能与 HLOOKUP 函数相近。

3. LOOKUP 函数进行条件判断

LOOKUP 函数除了可以替代 VLOOKUP 函数和 HLOOKUP 函数进行纵向和横向查找外，还可以替代 IF 和 IFS 函数进行条件判断。

例如这里我们需要根据累计销售额来确定累计业绩奖金，累计销售额小于 100 000 元的没有奖金，100 000~199 999 元的奖金为 2 000 元，200 000~299 999 元的奖金为 3 000 元，300 000~399 999 元的奖金为 4 000 元，大于等于 400 000 元的奖金为 5 000 元。下面首先使用 IFS 函数来判断每个人得到的累计业绩奖金是多少。

● IFS 函数求累计业绩奖金

❶ 选中单元格 J2，切换到【公式】选项卡，在【函数库】组中单击【逻辑】按钮，在弹出的下拉列表中选择【IFS】函数。

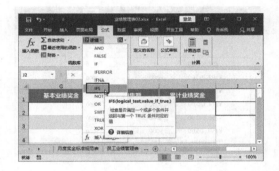

❷ 弹出【函数参数】对话框，依次输入 4 个条件及对应的结果。

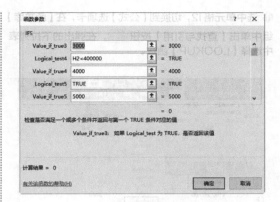

❸ 单击【确定】按钮，返回工作表，效果如下图所示。

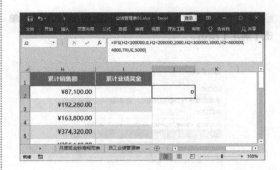

❹ 按照前面的方法，将单元格 J2 中的公式不带格式地填充到下面的单元格区域中。

● 函数求累计业绩奖金

接下来学习如何使用 LOOKUP 函数来计算累计业绩奖金，具体操作步骤如下。

❶ 选中单元格 I2，切换到【公式】选项卡，在【函数库】组中单击【查找与引用】按钮 ，在弹出的下拉列表中选择【LOOKUP】函数。

❷ 弹出【选定参数】对话框，选中数组形式的参数，单击【确定】按钮。

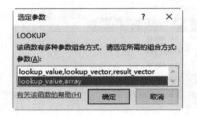

❸ 弹出【函数参数】对话框，在 LOOKUP 函数的第 1 个参数文本框中输入"H2"，在第 2 个参数文本框中输入常量数组"{0,100000,200000,300000,400000;0, 2000,3000,4000,5000}"。

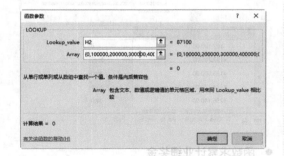

提示

关于常量数组的介绍请参照本章 4.10 节数组公式。

❹ 单击【确定】按钮，返回工作表，效果如下图所示。

❺ 按照前面的方法，将单元格 I2 中的公式不带格式地填充到下面的单元格区域中。我们可以看到使用 LOOKUP 函数计算累计业绩奖金的结果与使用 IFS 计算的结果完全相同。

4. LOOKUP 函数进行逆向查询

LOOKUP 函数的功能真的非常强大，它不仅可以做 VLOOKUP、HLOOKUP、IFS 等函数能做的事情，它还可以做到它们不能做的事情，例如逆向查询。众所周知，VLOOKUP 函数只能从左往右查询，却不可以从右往左查询。但是 LOOKUP 函数就可以做到从右往左查询。

逆向查询我们也分单条件和多条件两部分来讲解。

● **单条件逆向查询**

单条件查询的模式化公式如下。

LOOKUP(1,0/(条件区域 = 条件)，查询区域)

假设不小心删除了3月员工业绩奖金评估表中的员工编号，如果员工编号不是连续的，那查找起来就很费劲了。要使用VLOOKUP函数查找的话，我们需要先将员工业绩管理表中的员工编号列移动到员工姓名列的右侧才可以进行查找。但是如果使用LOOKUP函数，就可以直接进行查找了。首先分析在这个案例中LOOKUP函数对应的参数应该是什么。

① 第1个参数是常量1，保持不变。

② 第2个参数是0/(条件区域=条件)。因为此处的问题是根据员工姓名查找员工编号，所以就是要查找员工业绩管理表中单元格区域B2:B13姓名与单元格B2姓名一样的单元格，因此，第2个参数中的条件区域就是员工业绩管理表中的单元格区域B2:B13，条件就是B2。

③ 第3个参数是查询区域，查询区域就是我们需要从哪个区域中查找我们需要的值，此处我们需要的值来源于员工业绩管理表中的单元格区域A2:A13，因此查询区域就是员工业绩管理表中的单元格区域A2:A13。

具体操作步骤如下。

❶ 删除单元格A2中的员工编号，切换到【公式】选项卡，在【函数库】组中单击【查找与引用】按钮 📖·，在弹出的下拉列表中选择【LOOKUP】函数。

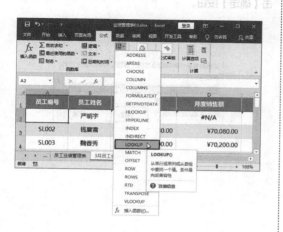

❷ 弹出【选定参数】对话框，选中向量形式的参数，单击【确定】按钮。

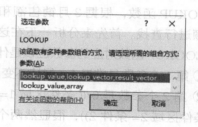

❸ 弹出【函数参数】对话框，在LOOKUP函数的第1个参数文本框中输入"1"，在第2个参数文本框中选择输入"0/(员工业绩管理表!B2:B13=B2)"，第3个参数文本框中选择输入"员工业绩管理表!A2:A13"。

❹ 单击【确定】按钮，即可看到员工编号已经查询出来了。

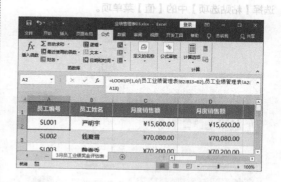

● 多条件逆向查询

多条件查询的模式化公式如下。

LOOKUP(1,0/((条件区域1=条件1)*(条件区域2=条件2)),查询区域)

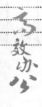

假设不小心将 3 月员工业绩奖金评估表中的员工编号和姓名都删除了，我们可以使用 LOOKUP 函数，根据 3 月销售额和累计销售额进行查找。首先来分析一下在这个案例中 LOOKUP 函数对应的参数应该是什么。

① 第 1 个参数是常量 1，保持不变。

② 第 2 个参数是 0/((条件区域 1= 条件 1)*(条件区域 2= 条件 2))，很显然两个条件区域对应的是员工业绩管理表中的 3 月销售额和累计销售额对应的单元格区域。两个条件对应的是 3 月员工业绩奖金评估表中的 3 月销售额和累计销售额对应的单元格。

③ 第 3 个参数是查询区域，此处我们需要的值来源于员工业绩管理表中的单元格区域 A2:A13，因此查询区域就是"员工业绩管理表"中的单元格区域 A2:A13。

由于当前工作表中的月度销售额和累计销售额是根据员工编号查询过来的，都是带有公式的，所以此处需要先将单元格区域 C2:C13 和 H2:H13 中的公式转换为数值。

❶ 选中单元格区域 C2:C13，按【Ctrl】+【C】组合键进行复制，然后单击鼠标右键，在弹出的快捷菜单中选择【粘贴选项】中的【值】菜单项。

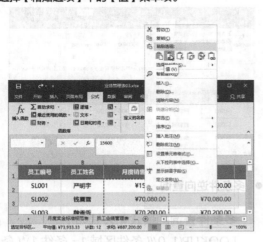

❷ 即可将单元格区域 C2:C13 中的公式粘贴为数值，按照相同的方法将单元格区域 H2:H13 中的公式粘贴为数值。

❸ 删除单元格 A3 和 B3 中的内容，选中单元格 A3，切换到【公式】选项卡，在【函数库】组中单击【查找与引用】按钮 🔍▾，在弹出的下拉列表中选择【LOOKUP】函数选项。

❹ 弹出【选定参数】对话框，选中向量形式的参数，单击【确定】按钮。

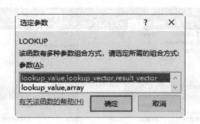

⑤ 弹出【函数参数】对话框，在 LOOKUP 函数的第 1 个参数文本框中输入"1"，在第 2 个参数文本框中选择输入"0/(员工业绩管理表 !E2:E13='3月员工业绩奖金评估表 '!C3)*(员工业绩管理表 !F2:F13='3 月员工业绩奖金评估表 '!H3)"，第 3 个参数文本框中选择输入"员工业绩管理表 !A2:A13"。

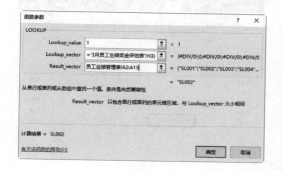

⑥ 单击【确定】按钮，即可看到员工编号已经查询出来了。

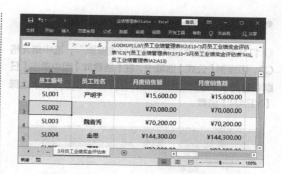

❼ 再使用 VLOOKUP 函数根据员工编号查询出员工姓名就可以了。

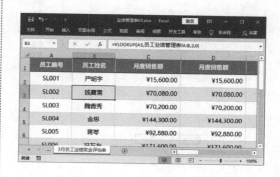

4.7 日期和时间函数

日期和时间函数是处理日期型或日期时间型数据的函数。日期在工作表中是一项重要的数据，我们经常需要对日期进行计算。例如，计算合同的应回款日期，距离还款日还有多少天等。

4.7.1 YEAR、MONTH、DAY 函数——年、月、日函数

YEAR 函数、MONTH 函数、DAY 函数分别用于计算日期数据中的年、月、日信息。其语法格式如下。

YEAR(日期数据)

MONTH(日期数据)

DAY(日期数据)

下面通过一个具体实例来看一下 YEAR 函数、MONTH 函数、DAY 函数的具体应用。

● YEAR 函数——从日期中提取年份

❶ 打开本实例的原始文件"项目进度表"，选中单元格 C2，切换到【公式】选项卡，在【函数库】组中单击【日期和时间】按钮 日期和时间 ，在弹出的下拉列表中选择【YEAR】函数。

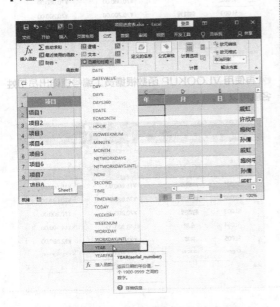

❷ 弹出【函数参数】对话框，在参数文本框中输入"B2"。

❸ 输入完毕，单击【确定】按钮，返回工作表，即可看到提取的年份。

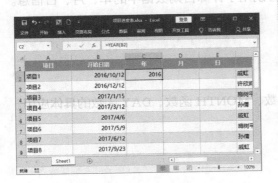

● MONTH 函数——从日期中提取月份

❹ 选中单元格 D2，切换到【公式】选项卡，在【函数库】组中单击【日期和时间】按钮 日期和时间 ，在弹出的下拉列表中选择【MONTH】函数。

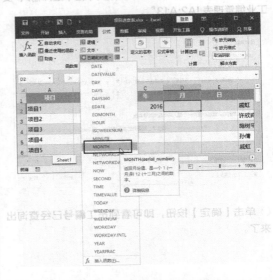

❺ 弹出【函数参数】对话框，在参数文本框中输入"B2"。

❻ 输入完毕，单击【确定】按钮，返回工作表，即可看到提取的月份。

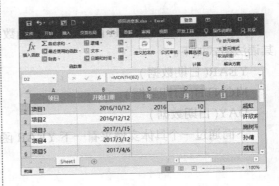

● DAY 函数——从日期中提取日信息

⑦ 选中单元格 E2，切换到【公式】选项卡，在【函数库】组中单击【日期和时间】按钮 ，在弹出的下拉列表中选择【DAY】函数。

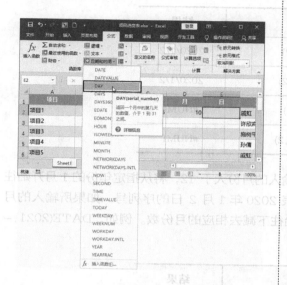

⑧ 弹出【函数参数】对话框，在参数文本框中输入"B2"。

⑨ 输入完毕，单击【确定】按钮，返回工作表，即可看到提取的日信息。

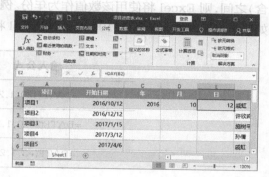

⑩ 按照前面的方法，将单元格区域 C2:E2 中的公式不带格式地填充到单元格区域 C3:E26 中。

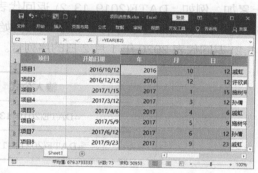

4.7.2 DATE 函数——生成日期

扫码看视频

返回代表特定日期的序列号。如果在输入函数前，单元格格式为"常规"，则结果将设为日期格式。其语法格式如下。

DATE(年 , 月 , 日)

参数年可以为一到四位数字。Microsoft Excel 将根据所使用的日期系统来解释年参数，默认情况下，Windows 系统下的 Microsoft Excel 使用 1900 日期系统。

如果年位于 0(零) 到 1899(包含) 之间，则 Excel 会将该值加上 1900，再计算年份。例如 DATE(120,1,2) 将返回 2020 年 1 月 2 日 (1900+120)。如果年位于 1900 到 9999(包含) 之间，则 Excel 将使用该数值作为年份。例如 DATE(2020,1,2) 将返回 2020 年 1 月 2 日。如果年小于 0 或大于等于 10000，则 Excel 将返回错误值 #NUM!。

输入公式	结果
=DATE(120,1,2)	2020/1/2
=DATE(2020,1,2)	2020/1/2
=DATE(-3,1,2)	#NUM!
=DATE(10000,1,2)	#NUM!

"月" 代表每年中月份的数字。如果所输入的月份大于 12，将从指定年份的 1 月开始往上累加。例如，DATE(2019,13,2) 返回代表 2020 年 1 月 2 日的序列号。如果所输入的月份大于 0，将从指定年份前一年的 12 月开始往下减去相应的月份数。例如，DATE(2021,-11,2) 返回代表 2020 年 1 月 2 日的序列号。

输入公式	结果
=DATE(2019,13,2)	2020/1/2
=DATE(2021,-11,2)	2020/1/2

"日" 代表在该月中第几天的数字。如果日大于该月份的最大天数，则将从指定月的第一天开始往上累加。

输入公式	结果
=DATE(2020,1,32)	2020/2/1
=DATE(2020,2,29)	2020/3/1
=DATE(2020,1,61)	2020/3/1
=DATE(2020,1,-1)	2019/12/30

在 4.7.1 小节已经介绍了如何从日期中提取年月日，现在可以使用 DATE 函数，根据年月日，得到日期格式的序列。具体操作步骤如下。

❶ 打开本实例的原始文件"项目进度表 01"，选中单元格区域 C2:E26，按【Ctrl】+【C】组合键进行复制，然后单击鼠标右键，在弹出的快捷菜单中选择【粘贴选项】下的【值】菜单项。

❷ 将单元格区域 C2:E26 的公式都转换为数值，然后清除单元格区域 B2:B26 中的数值，选中单元格 B2，切换到【公式】选项卡，在【函数库】组中单击【日期和时间】按钮 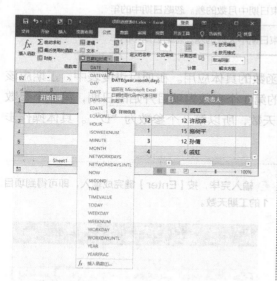 日期和时间 ▾ ，在弹出的下拉列表中选择【DATE】函数。

❸ 弹出【函数参数】对话框，在 3 个参数文本框中依次输入 C2、D2、E2。

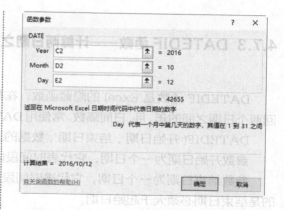

❹ 输入完毕，单击【确定】按钮，返回工作表，即可返回对应的日期序列。

❺ 按照前面的方法，将单元格 B2 中的公式不带格式地填充到下面的单元格区域中。

4.7.3 DATEDIF 函数——计算两日期之差

扫码看视频

DATEDIF 函数是 Excel 的隐藏函数，在帮助和插入公式里面没有。DATEDIF 函数返回两个日期之间的年、月、日间隔数。常使用 DATEDIF 函数计算两日期之差。其语法格式如下。

DATEDIF (开始日期 , 结束日期 , 数据的返回类型)

参数开始日期为一个日期，它代表时间段内的第一个日期或起始日期。

参数结束日期为一个日期，它代表时间段内的最后一个日期或结束日期。这里需要注意的是结束日期必须大于起始日期。

参数数据的返回类型，可以有 6 个 Y、M、D、MD、YM、YD，这 6 个类型代表的不同意义如下表所示。

参数	参数的意义
Y	时间段中的整年数
M	时间段中的整月数
D	时间段中的天数
MD	开始日期与结束日期中天数的差。忽略日期中的年和月
YM	开始日期与结束日期中月数的差。忽略日期中的年
YD	开始日期与结束日期中天数的差。忽略日期中的年

下面通过一个具体实例来介绍 DATEDIF 函数的具体应用。在项目进度表中，工期应该等于结束日期减去开始日期，DATEDIF 函数的第 1 个参数为项目开始的日期，第 2 个参数为项目结束的日期，此处我们要计算工期的总天数，所以第 3 个参数为"D"。具体操作步骤如下。

❶ 打开本实例的原始文件"项目进度表 02"，在单元格 G2 中输入公式"=DATEDIF(B2,H2,"D")"。

❷ 输入完毕，按【Enter】键完成输入，即可得到项目 1 的工期天数。

❸ **按照前面的方法，将单元格 G2 中的公式不带格式地填充到下面的单元格区域中。**

上面的案例中，我们使用了"D"作为 DATEDIF 的第 3 个参数，如果使用其他返回类型，结果会有什么不同呢。结果如下表所示。

参数	单元格 G2 中的公式	结果
Y	=DATEDIF(B2,H2,"Y")	0
M	=DATEDIF(B2,H2,"M")	6
MD	=DATEDIF(B2,H2,"MD")	17
YM	=DATEDIF(B2,H2,"YM")	6
YD	=DATEDIF(B2,H2,"YD")	199

4.7.4 EDATE 函数——计算相差几个月的日期

扫码看视频

EDATE 函数用来计算指定日期之前或之后几个月的日期。其语法格式如下。

EDATE(指定日期，以月数表示的期限)

在回款统计表中给出了合同的签订日期和账期，且账期是月数，那么我们就可以使用 EDATE 函数计算出应回款日期，其参数分别是签订日期和账期。具体操作步骤如下。

❶ **打开本实例的原始文件"回款统计表"，选中单元格 F2，切换到【公式】选项卡，在【函数库】组中单击【日期和时间】按钮 📅日期和时间▾ ，在弹出的下拉列表中选择【EDATE】函数。**

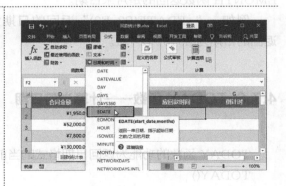

❷ 弹出【函数参数】对话框，在指定日期参数文本框中输入"B2"，在以月数表示的期限参数文本框中输入"E2"。

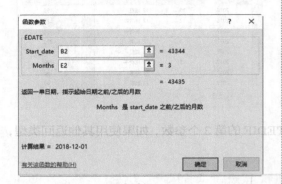

❸ 输入完毕，单击【确定】按钮，返回工作表，即可看到应回款日期已经计算完成了。

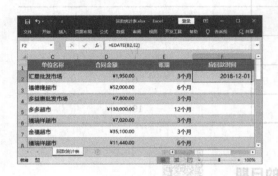

❹ 将单元格 F2 中的公式复制到下面的单元格区域中，即可得到所有合同的应还款日期。

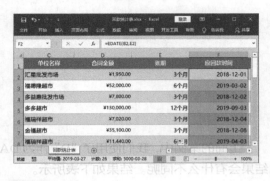

提示

EDATE 函数计算得到的是一个常规数字，所以在使用 EDATE 函数时，需要将单元格格式设置为日期格式。

4.7.5 EMONTH 函数——计算相差几个月的月末日期

EMONTH 函数用来计算指定日期月份数之前或之后的月末的日期。其语法格式如下。

EMONTH(指定日期，以月数表示的期限)

EMONTH 函数与 EDATE 函数的两个参数是一样的，只是返回的结果有所不同，EMONTH 函数返回的是月末日期。

例如："=EDATE(B2,E2)"返回的日期为 2018–12–01，而"=EMONTH(B2,E2)"返回的日期为 2018–12–31。

4.7.6 TODAY 函数——计算当前日期

扫码看视频

TODAY 函数的功能为返回日期格式的当前日期。其语法格式如下。

TODAY()

具体语法可以参照下表。

公式	结果
=TODAY()	今天的日期
=TODAY()+10	从今天开始，10 天后的日期
=TODAY()−10	从今天开始，10 天前的日期

在回款统计表中应回款日期减去今天日期就是距离到期日的剩余天数。具体操作步骤如下。

❶ 打开本实例的原始文件"回款统计表 01"，在单元格 G2 中输入公式"=F2-TODAY()"，输入完毕，按【Enter】键。

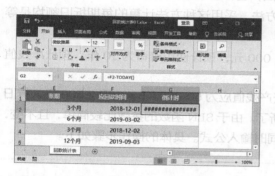

❷ 选中单元格 G2，切换到【开始】选项卡，在【数字】组中的【数字格式】下拉列表中选择【常规】选项。

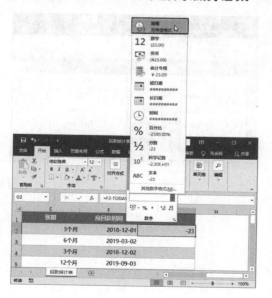

❸ 即可正常显示倒计时天数，用户可以将单元格 G2 中的公式不带格式地填充到下面的单元格区域中，负数代表已经过了回款时间。

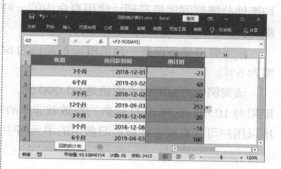

提示

日期相加/减默认得到的都是日期格式的数字，如果我们需要得到常规数字，就需要通过设置单元格的数字格式或者使用 DATEDIF 函数。

4.8　财务函数

财务函数可以进行一般的财务计算，例如计算贷款的还款额、投资的未来值或净现值以及固定资产的折旧费用等。

4.8.1　SLN 函数——平均折旧

扫码看视频

SLN 函数的功能是基于直线折旧法返回某项资产每期的线性折旧值，即平均折旧值。其语法格式如下。

SLN(资产原值，资产残值，折旧期限)

使用 SLN 函数计算折旧的方法叫年限平均法，也称直线法，是将固定资产的应计折旧额均衡地分摊到固定资产预计使用寿命内的一种方法。采用这种方法计算的每期折旧额均是等额的。

例 假设某公司有一台机器设备原价为 50 000 元，预计使用寿命为 10 年，预计净残值率为 5%。

该案例中对应的资产原值是 50 000 元，资产残值应为 50 000×5%，即 2 500 元，折旧期限为 10 年，这样 SLN 函数的参数就非常清晰了。由于 SLN 函数的参数比较简单，且不变，所以用户可以直接在计算折旧费用的单元格中同时输入公式。具体的操作步骤如下。

❶ 打开本实例的原始文件"固定资产折旧表"，选中单元格区域 D2:D11，在编辑栏中输入公式"=SLN(50000，2500,10)"。

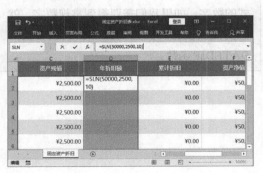

❷ 输入完毕，按【Ctrl】+【Enter】组合键，即可将公式同时输入单元格区域 D2:D11 中。

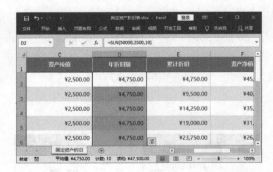

4.8.2 DDB 函数——指定期间折旧

扫码看视频

DDB 函数的功能是计算固定资产在给定期间内的折旧值。其语法格式如下。

DDB(资产原值,资产残值,折旧期限,需要计算折旧值的期间,余额递减速率)

使用 DDB 函数计算折旧的方法叫双倍余额递减法,是在不考虑固定资产预计净残值的情况下,根据每年年初固定资产净值和双倍的直线法折旧率计算固定资产折旧额的一种方法。应用这种方法计算折旧额时,由于每年年初固定资产净值没有扣除预计净残值,所以在计算固定资产折旧额时,应在其折旧年限到期前两年内,将固定资产的净值扣除预计净残值后的余额平均摊销。即最后两年使用直线折旧法计算折旧。

我们还是以前面的案例为例,介绍如何使用双倍余额递减法计算折旧。

该案例中对应的资产原值是 50 000 元,资产残值应为 50 000×5%,即 2 500 元,折旧期限为 10 年,需要计算折旧值的期间应与会计年度相同,也就是说如果会计年度为 1,则需要计算折旧值的期间就是 1 年,由于我们这里选用的是双倍余额递减法,所以余额递减速率为 2,这样 DDB 函数的参数就非常清晰了。使用双倍余额递减法计算固定资产折旧的具体操作步骤如下。

❶ 打开本实例的原始文件"固定资产折旧表 01",首先清除使用直线折旧法计算的折旧额,选中单元格 D2,切换到【公式】选项卡,在【函数库】组中单击【财务】函数按钮 📊 财务 ▾,在弹出的下拉列表中选择【DDB】函数。

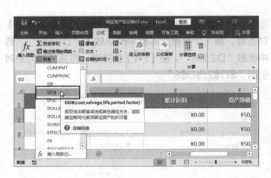

❷ 弹出【函数参数】对话框,在第 1 个参数文本框中输入"50000",在第 2 个参数文本框中输入"2500",在第 3 个参数文本框中输入"10",在第 4 个参数文本框中输入"A2",在第 5 个参数文本框中输入"2"。

❸ 单击【确定】按钮,返回工作表,即可计算出第 1 年的折旧额。

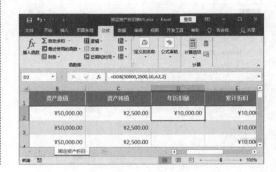

❹ 将单元格 D2 中的公式不带格式地填充到单元格区域 D3:D9 中，即可得到第 2~8 个会计年度的折旧额。

❺ 最后两年折旧使用直线折旧法折旧，即使用 SLN 函数计算折旧。这里需要注意的是 SLN 函数对应的资产原值应是资产初始原值减去前 8 年的折旧，且使用年限应为 2 年。选中单元格 D10，切换到【公式】选项卡，在【函数库】组中单击【财务】函数按钮 财务·，在弹出的下拉列表中选择【SLN】函数。

❻ 弹出【函数参数】对话框，在第 2 个参数文本框中输入资产残值"2500"，在第 3 个参数文本框中输入使用年限"2"，然后在第 1 个参数文本框中输入"50000-"，并将光标定位在"50000-"之后。

❼ 单击工作表中名称框右侧的下拉按钮，在弹出的下拉列表中选择【其他函数】选项。

❽ 弹出【插入函数】对话框，在【或选择类别】下拉列表中选择【数学与三角函数】选项，在【选择函数】列表框中选择【SUM】函数。

❾ 单击【确定】按钮，弹出 SUM 函数的【函数参数】对话框，第 1 个参数文本框中默认输入"D2:D9"，选中参数"D2:D9"，按【F4】快捷键，将其更改为绝对引用"\$D\$2:\$D\$9"。

⑩ 单击【确定】按钮，返回工作表，即可看到计算结果，按照前面的方法，将单元格 D10 中的公式不带格式地填充到单元格 D11 中。

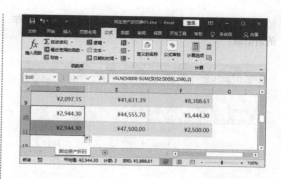

4.8.3 SYD 函数——年数总计折旧

扫码看视频

SYD 函数是一个财务函数，是用来计算某项资产在一指定期间用年数总计法计算的折旧。其语法格式如下。

SYD(资产原值，资产残值，折旧期限，需要计算折旧值的期间)

使用 SYD 函数计算折旧的方法叫年数总计法，即合计年限法，是将固定资产原值减去预计固定资产残值，乘以一个逐年递减的分数计算每年的折旧额。

我们还是以前面的案例为例，介绍如何使用年数总计法计算折旧。

该案例中对应的资产原值是 50 000 元，资产残值应为 50 000×5%，即 2 500 元，折旧期限为 10 年，需要计算折旧值的期间应与会计年度相同，也就是说如果会计年度为 1，则需要计算折旧值的期间就是 1 年，这样 SYD 函数的参数就非常清晰了。使用年数总计法计算固定资产折旧的具体操作步骤如下。

❶ 打开本实例的原始文件"固定资产折旧表 02"，首先清除原折旧额，选中单元格 D2，切换到【公式】选项卡，在【函数库】组中单击【财务】函数按钮 □ 财务 ▾ ，在弹出的下拉列表中选择【SYD】函数。

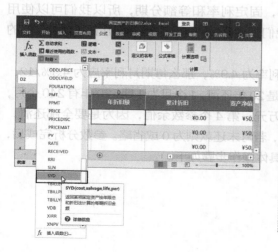

❷ 弹出【函数参数】对话框，在第 1 个参数文本框中输入"50000"，在第 2 个参数文本框中输入"2500"，在第 3 个参数文本框中输入"10"，在第 4 个参数文本框中输入"A2"。

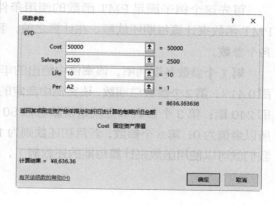

❸ 单击【确定】按钮，返回工作表，即可计算出第 1 年的折旧额。

❹ 将单元格 D2 中的公式不带格式地填充到单元格区域 D3:D11 中，即可得到第 2~10 个会计年度的折旧额。

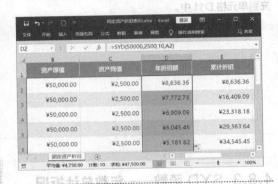

扫码看视频

4.8.4 PMT 函数——等额还款

PMT 函数即年金函数，基于固定利率及等额分期付款方式，返回贷款的每期付款额。其语法格式如下。

PMT(各期利率 , 总期数 , 本金 , 余值 , 期初 / 期末)

第 1 个参数各期利率就是指每期的利率；第 2 个参数总期数是指该项贷款的付款总期数；第 3 个参数本金是指一系列未来付款的当前值的累积和；第 4 个参数余值是指未来值，或在最后一次付款后希望得到的现金余额，如果该参数省略，则假设其值为零，也就是一笔贷款的未来值为零；第 5 个参数为数字 0 或 1，用以指定各期的付款时间是在期初还是期末，1 代表期初（先付：每期的第一天付），不输入或输入 0 代表期末（后付：每期的最后一天付）。下面我们来看一个实例。

同事小张为了买新房准备到银行贷款 50 万元，商定 20 年还清。如果年利率 4.9% 保持不变，用等额本息法，会把贷款总额的本息之和平均分摊到整个还款期，按月等额还款，那么每个月应该还多少钱呢？

首先这个例子满足 PMT 函数的使用条件，固定利率和等额分期，所以我们可以使用 PMT 函数来计算每期还款额。在计算之前，我们先来分析一下该案例中对应的 PMT 函数的各个参数。

第 1 个参数各期利率，该案例中给出的年利率为 4.9%，那么每期月利率应为 4.9%/12，即 0.41%；第 2 个参数总期数，该案例中商定的是 20 年还清，1 个月为 1 期，20 年有 240 个月，即 240 期；第 3 个参数本金就是贷款总额 50 万元；第 4 个参数余值，因为是要全部还清，所以余值为 0；第 5 个参数，若月初还款则为 1，若月末还款则为 0 或省略。参数分析完成后，我们就可以使用函数来计算每期的还款额了，具体操作步骤如下。

❶ 打开本实例的原始文件"等额本息还款",首先计算月初还款金额。选中单元格 B7，切换到【公式】选项卡，在【函数库】组中单击【财务】函数按钮 财务 ▾ ，在弹出的下拉列表中选择【PMT】函数。

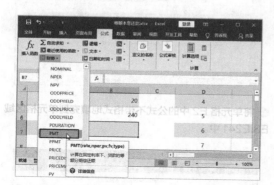

❷ 弹出【函数参数】对话框，在第 1 个参数文本框中输入 "B4"，在第 2 个参数文本框中输入 "B6"，在第 3 个参数文本框中输入 "B2"，在第 4 个参数文本框中输入 "0"，在第 5 个参数文本框中选择输入 "1"。

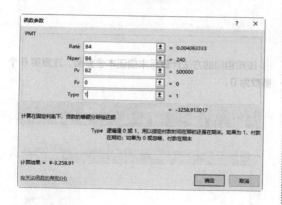

❸ 单击【确定】按钮，返回工作表，即可计算出每个月月初还款的金额。

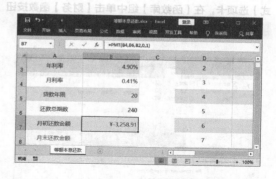

❹ 按照相同的方法计算月末还款金额，它与月初还款的公式唯一不同之处就是第 5 个参数为 0。

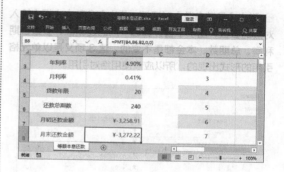

4.8.5 PPMT 函数——等额还款本金

扫码看视频

PPMT 函数基于固定利率及等额分期付款方式，返回投资在某一给定期间内的本金偿还额。其语法格式如下。

PPMT(各期利率，当前期数，总期数，本金，余值，期初 / 期末)

PPMT 函数的参数有 6 个，其中 5 个与 PMT 函数的参数完全相同，只是多了一个当前期数。下面我们还是以前面的案例为例，介绍一下如何使用 PPMT 函数计算月偿还本金金额，具体操作步骤如下。

❶ 打开本实例的原始文件"等额本息还款01"，首先计算月初偿还本金金额。选中单元格 E2，切换到【公式】选项卡，在【函数库】组中单击【财务】函数按钮，在弹出的下拉列表中选择【PPMT】函数。

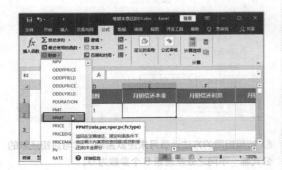

❷ 弹出【函数参数】对话框，依次在参数文本框中输入对应的参数，由于不管计算哪一期的还款额，参数各期利率、总期数、本金都是不变的，这 3 项又是以单元格引用的形式出现的，所以应该使用绝对引用。

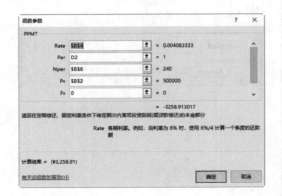

❸ 单击【确定】按钮，返回工作表，即可计算出第 1 个月月初应还款的本金。

❹ 将单元格 E2 中的公式不带格式地填充到单元格区域 E3:E241 中。

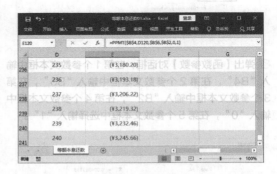

❺ 按照相同的方法计算月末偿还本金金额，注意第 6 个参数为 0。

4.8.6 IPMT 函数——等额还款利息

扫码看视频

IPMT 函数基于固定利率及等额分期付款方式，返回给定期数内对投资的利息偿还额。其语法格式如下。

IPMT(各期利率，当前期数，总期数，本金，余值，期初 / 期末)

由 IPMT 函数的语法格式可以看出，它的参数与 PPMT 函数的参数是完全一致的。

下面我们还是以前面的案例为例，介绍一下如何使用 IPMT 函数计算月偿还利息金额，具体操作步骤如下。

❶ 打开本实例的原始文件"等额本息还款 02"，首先计算月初偿还利息金额。选中单元格 F2，切换到【公式】选项卡，在【函数库】组中单击【财务】函数按钮 财务，在弹出的下拉列表中选择【IPMT】函数。

❷ 弹出【函数参数】对话框，依次在参数文本框中输入对应的参数。

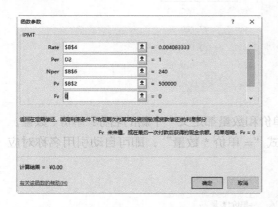

❸ 单击【确定】按钮，返回工作表，即可计算出第 1 个月月初应还款的利息。

❹ 将单元格 F2 中的公式不带格式地填充到单元格区域 F3:F241 中。

❺ 按照相同的方法计算月末偿还利息金额，注意第 6 个参数为 0。

❻ 至此月初和月末应还本金和利息我们都计算完成了，接下来我们可以将本金和利息相加，看一下得到的应还本息额是否与我们使用 PMT 函数计算出的应还本息额一致。

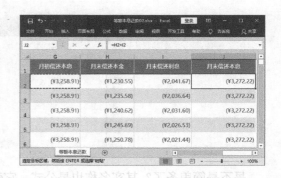

4.9 定义名称

名称就是给单元格区域、数据常量或公式设定一个名字。

4.9.1 认识 Excel 中的名称

在 Excel 中，每一个单元格或单元格区域系统都默认定义了一种叫法：单元格是由列标和行号组成，例如单元格 A2、B8；单元格区域则是由最左上角的单元格和最右下角的单元格使用冒号连接起来的，例如 A2:B8。如果单元格区域在公式中需要重复使用，极易输错、混淆。如果我们将一个单元格区域定义为简单易记，且有指定意义的名称后，就可以直接在公式中通过定义的名称来引用这些数据或公式了，不仅方便输入，而且容易分辨。

例如，在一个销售明细表中，有单价、数量，计算金额时，一种方法是直接用对应的单元格相乘，如下图所示。

C2	fx	=A2*B2	
	A	B	C
1	单价	数量	金额
2	¥65.00	30	¥1,950.00
3	¥65.00	800	¥52,000.00
4	¥78.00	100	¥7,800.00
5	¥65.00	2000	¥130,000.00
6	¥58.50	120	¥7,020.00
7	¥65.00	540	¥35,100.00

另一种方法就是我们将所有单元格区域的单价和数量都定义一个新的名称：单价、数量。定义完成后，只需要在对应的单元格中输入公式"= 单价 * 数量"，即可自动引用名称对应的数据参与计算，如下图所示。

C2	fx	=单价*数量	
	A	B	C
1	单价	数量	金额
2	¥65.00	30	¥1,950.00
3	¥65.00	800	¥52,000.00
4	¥78.00	100	¥7,800.00
5	¥65.00	2000	¥130,000.00
6	¥58.50	120	¥7,020.00
7	¥65.00	540	¥35,100.00

是不是简单多了？其实名称也是公式，它带给我们的是直观、简洁。

4.9.2 定义名称

扫码看视频

前面我们对 Excel 中的名称已经有了一个大致了解，知道了它可以在 Excel 计算中带给我们诸多方便，那么本小节我们就来学习如何在工作表中为一个区域、常量值或者公式定义一个名称。

1. 为数据区域定义名称

下面我们以为入库明细表中的成本单价和入库数量定义名称为例，介绍如何为数据区域定义名称，具体操作步骤如下。

❶ 打开本实例的原始文件"入库明细表"，选中单元格区域 E2:E63，切换到【公式】选项卡，在【定义的名称】组中单击【定义名称】按钮 的左半部分。

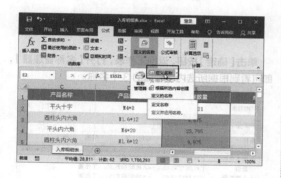

❷ 弹出【新建名称】对话框，在【名称】文本框中输入"数量"。

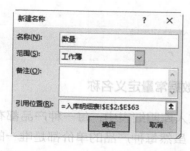

❸ 单击【确定】按钮，返回工作表，在【定义的名称】组中单击【名称管理器】按钮。

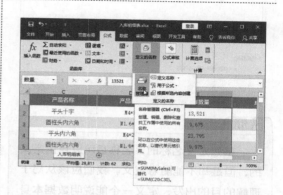

❹ 弹出【名称管理器】对话框，即可看到我们定义的名称已经保存在【名称管理器】中了。

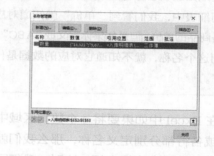

❺ 在名称管理器中单击【新建】按钮，打开【新建名称】对话框，在【名称】文本框中输入"单价"，在【引用位置】文本框中选择输入"=入库明细表!$F$2:$F$63"。

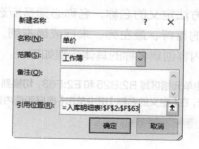

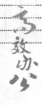

❻ **单击【确定】按钮，返回【名称管理器】对话框，即可看到新定义的名称，单击【关闭】按钮，即可关闭【名称管理器】对话框。**

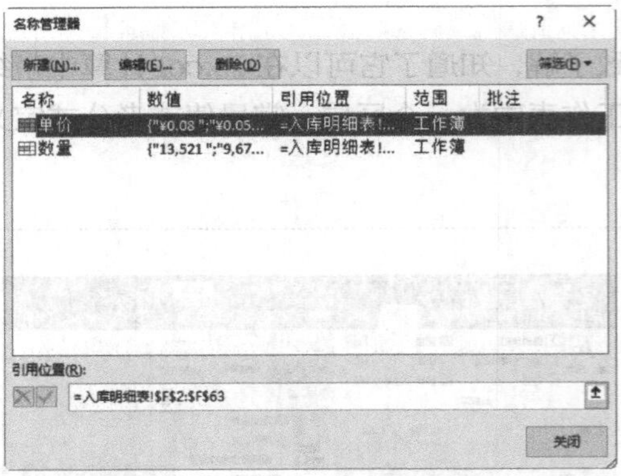

提示

虽然定义名称时，名称是可以自由定义的，但是却不能随意定义。我们应该从易于理解的目的出发，定义一个能说明数据本身的名字，这样，当我们看到该名称时，就能清楚地知道该名称对应的数据。例如，在入库明细表中，我们看到“单价”就知道对应的是商品的单价，但是如果你定义成“ABC”，看到这个名称，就不知道它对应的数据是什么了。

在 Excel 中如果要将一个数据区域中的各列或各行都分别定义名称，那么我们就需要创建多次，会比较麻烦。这时，我们可以选中这个数据区域，让 Excel 根据我们选择的内容来定义名称。这里需要注意的是使用这种方法定义的名称，名称必须是所选数据区域的首行、最左列、末行或最右列。根据所选内容创建名称的具体步骤如下。

❶ **选中单元格区域 B2:B25 和 E2:F63，切换到【公式】选项卡，在【定义的名称】组中单击【根据所选内容创建】按钮** 根据所选内容创建 **。**

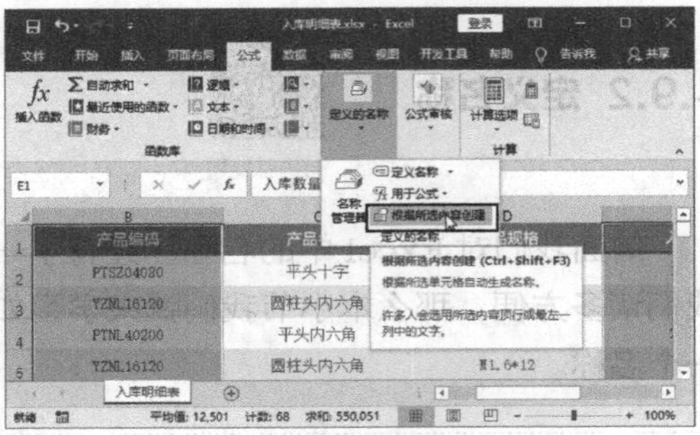

❷ **弹出【根据所选内容创建名称】对话框，由于我们所选的数据区域都是有列标题的，可以使用【首行】作为名称，所以在【根据下列内容中的值创建名称】列表中勾选【首行】复选框。**

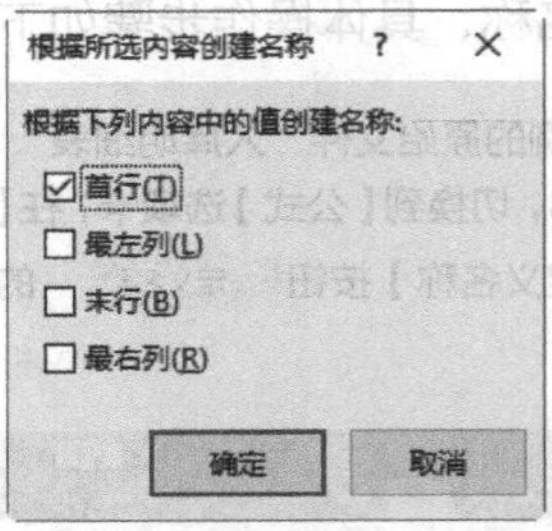

❸ **单击【确定】按钮，返回工作表，打开【名称管理器】，即可看到根据所选内容创建的 3 个名称。**

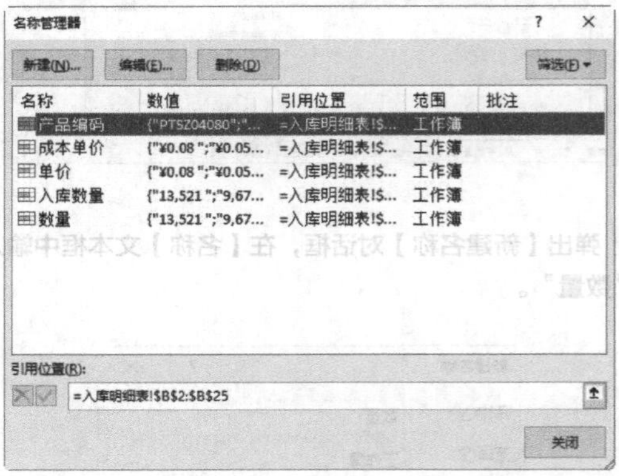

2. 为数据常量定义名称

在入库明细表中，每一种产品都有一个单价，虽然每种产品的单价都是唯一的，但是所有产品的单价都混在一起，查找起来也并非易事。如果我们对每种产品的单价都定义了名称，使用的时候我们就可以使用定义的名称替代具体的单价了。下面我们以为入库明细表中的产品编号为"PTSZ04080"的成本单价"0.08"定义名称为例，介绍如何为数据常量定义名称，具体操作步骤如下。

❶ 由于在定义名称时，名称默认定义为所选单元格的内容，所以此处我们先选中任意一个内容为"PTSZ04080"的单元格，切换到【公式】选项卡，在【定义的名称】组中单击【定义名称】按钮 ⊞ 定义名称 · 的左半部分。

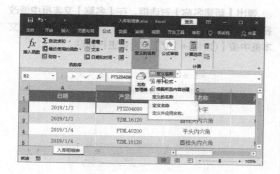

❷ 弹出【新建名称】对话框，在【名称】文本框中将名称更改为"PTSZ04080成本单价"，在【引用位置】文本框中输入"=0.08"。

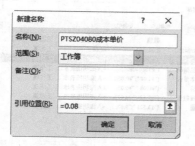

❸ 单击【确定】按钮，返回工作表，打开【名称管理器】对话框，即可看到新定义的名称。

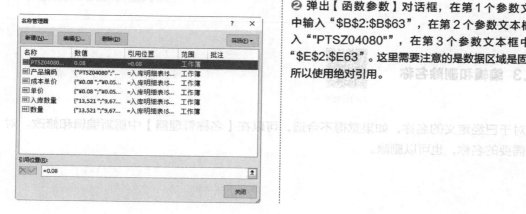

3. 为公式定义名称

在编写公式的过程中，由于条件的限制，我们经常需要多个函数嵌套使用，甚至同一个函数公式可能需要多次重复使用，这样既增加了函数的使用难度，又容易出错。但是如果我们把嵌套函数中的一些难度较大的函数公式使用名称代替，那就简洁多了。下面我们以为入库明细表中产品编号为"PTSZ04080"的产品数量的求和公式定义名称为例，介绍如何为公式定义名称，具体操作步骤如下。

❶ 要为公式定义名称，首先我们要正确书写公式。选中工作表的任一空白单元格，切换到【公式】选项卡，在【函数库】组中单击【数学和三角函数】按钮 ⊞ ·，在弹出的下拉列表中选择【SUMIF】函数。

❷ 弹出【函数参数】对话框，在第1个参数文本框中输入"$B$2:$B$63"，在第2个参数文本框中输入""PTSZ04080""，在第3个参数文本框中输入"$E$2:$E$63"。这里需要注意的是数据区域是固定的，所以使用绝对引用。

③ 单击【确定】按钮，返回工作表，即可看到产品编号为"PTSZ04080"的产品的入库总数求和公式，在编辑栏中选中该公式，并按【Ctrl】+【C】组合键进行复制，然后按【Enter】键，并选中任意一个内容为"PTSZ04080"的单元格。

⑤ 弹出【新建名称】对话框，在【名称】文本框中修改名称为"PTSZ04080入库总量"，在【引用位置】文本框中按【Ctrl】+【V】组合键进行粘贴。

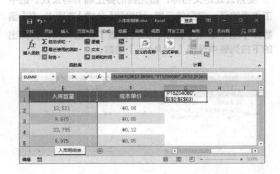

④ 切换到【公式】选项卡，在【定义的名称】组中单击【定义名称】按钮 的左半部分。

⑥ 单击【确定】按钮，返回工作表，打开【名称管理器】对话框，即可看到新定义的名称。

4.9.3 编辑和删除名称

扫码看视频

对于已经定义的名称，如果觉得不合适，可以在【名称管理器】中重新编辑和修改。对于不需要的名称，也可以删除。

1. 编辑名称

前面我们在为产品编码定义名称时，选中的数据区域为 B2：B25，但是实际区域应为 B2：B63，所以我们需要对定义好的名称进行修改，具体操作步骤如下。

❶ 打开本实例的原始文件"入库明细表01"，切换到【公式】选项卡，在【定义的名称】组中单击【名称管理器】按钮。

❷ 弹出【名称管理器】对话框，选中定义的名称"产品编码"，单击【编辑】按钮。

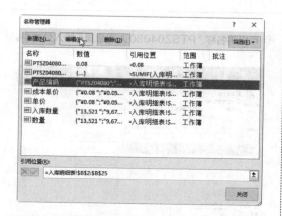

❸ 弹出【编辑名称】对话框，在【引用位置】文本框中修改引用位置为"=入库明细表!$B$2:$B$63"。

❹ 单击【确定】按钮，返回【名称管理器】对话框，即可看到修改的名称。单击【关闭】按钮，关闭【名称管理器】对话框。

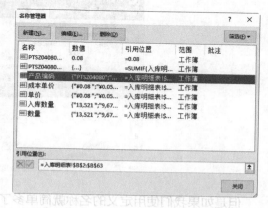

2. 删除名称

入库明细表中，名称"单价"和"成本单价"实际上是对同一个数据区域的定义，为了避免重复引起混乱，我们可以将重复的名称删除。打开【名称管理器】对话框，选中选中需要删除的名称，单击【删除】按钮即可。

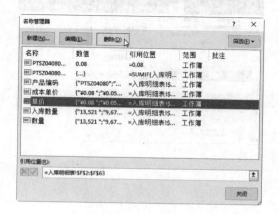

4.9.4 在公式中使用名称

扫码看视频

定义好名称后，我们就可以将名称应用到公式中了。因为使用名称既方便输入，又减少了函数的嵌套层数。

在没有定义名称前，如果我们要计算产品编号为"PTSZ04080"的产品在这一个月的入库总金额，需要先使用 SUMIF 函数计算"PTSZ04080"的入库数量，然后再乘以成本单价。

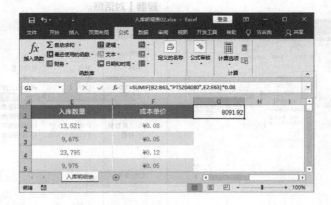

但是如果我们使用定义的名称就简单多了，具体操作步骤如下。

❶ 打开本实例的原始文件"入库明细表02"，切换到【公式】选项卡，在【定义的名称】组中单击【用于公式】按钮 fx 用于公式 ，在弹出的名称中选择【PTSZ04080入库总量】选项。

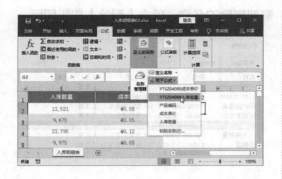

❷ 可以将名称"PTSZ04080 入库总量"输入公式中。

❸ 通过键盘输入运算连接符"*"，再次单击【用于公式】按钮 🔲 用于公式▾，在弹出的名称中选择【PTSZ04080 成本单价】选项，即可将名称"PTSZ04080 成本单价"也输入到公式中。此时，在空白处单击鼠标左键，按【Enter】键，完成输入即可。

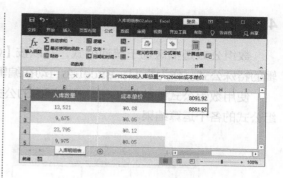

4.10　数组与数组公式

4.10.1　什么是数组

数组就是多个数据的集合，组成这个数组的每个数据都是该数组的元素。

数组本身也是数据，它其实就是具有某种关系的数据的集合。

在 Excel 中最常用数组可以分为两种：区域数组和常量数组。

区域数组就是由单元格组成的数组，说白了就是单元格区域，例如 A1:A5、C5:C8 等。

常量数组就是由数据常量组成的数组。在 Excel 公式中的常量数组应写在一堆大括号中，各数据间用分号";"或逗号","隔开。如 {256;6;358;2}，{256,6,358,2} 或 {256,6;358,2}。

但是使用分号";"和或逗号","是有区别的，使用分号";"隔开表示是不同行的数值，使用逗号","隔开表示是不同列的数值。

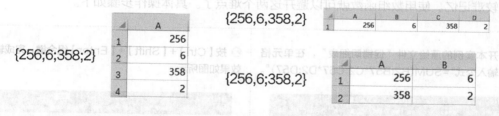

由此可见，区域数组和常量数组是可以相互转换的。区域数组转换为常量数组时，可以使用快捷键【F9】。例如：在单元格 A3 中输入公式"=A1:B2"，然后按【F9】键，即可将数据区域 A1:B2 转换成常量数组，如下图所示。

4.10.2 什么是数组公式

数组公式是指区别于普通公式，并以按【Ctrl】+【Shift】+【Enter】组合键来完成编辑的特殊公式。作为标识，Excel 会自动在编辑栏中给数组公式的首尾加上大括号"{}"。

使用数组公式能够保证在同一范围内的公式具有同一性，并在选定的范围内分别显示数组公式的各个运算结果。

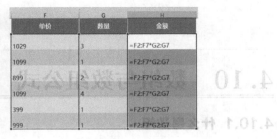

F	G	H
单价	数量	金额
1029	3	=F2*G2
1099	1	=F3*G3
899	2	=F4*G4
1099	4	=F5*G5
399	6	=F6*G6
999	7	=F7*G7

普通公式

F	G	H
单价	数量	金额
1029	3	=F2:F7*G2:G7
1099	1	=F2:F7*G2:G7
899	2	=F2:F7*G2:G7
1099	4	=F2:F7*G2:G7
399	6	=F2:F7*G2:G7
999		=F2:F7*G2:G7

数组公式

4.10.3 数组公式的应用

扫码看视频

数组公式在实际运算中的作用也是不容小觑的，既可以替代保证在同一范围内的公式具有同一性，也可以替代某些复杂函数。例如在促销明细表中，如果我们要计算促销期间的总金额，不使用数组公式的话，要么先计算出每项销售的金额，然后使用 SUM 函数求和；要么直接使用 SUMPRODUCT 函数。但是第一种方法需要重复计算，第二种方法使用的函数又比较难记忆。使用数组函数就可以避开这两个难点了。具体操作步骤如下。

❶ 打开本实例的原始文件"促销明细表"，在单元格 H1 中输入公式"=SUM(B2:B57*C2:C57*D2:D57)"。

❷ 按【Ctrl】+【Shift】+【Enter】组合键，完成输入，效果如图所示。

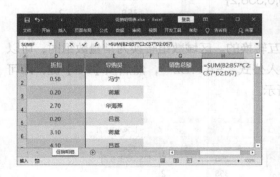

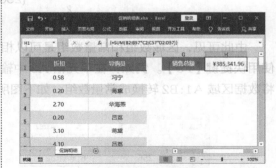

4.11 函数输入、编辑中的技巧

对于常用的函数应用在前面的内容中已经基本介绍完毕了，但是由于函数的数量比较多，难免会出现某个函数记忆不牢的情况。面对这种情况，用户也不用担心，因为在输入函数的时候，我们还有许多技巧可用。

4.11.1 根据需求搜索函数

对于不熟悉的公式，或者用户不了解需要使用哪个公式时，用户可以切换到【公式】选项卡，在【函数库】组中单击【插入公式】按钮。

在弹出的【插入函数】对话框中输入关键词，例如输入"乘积的和"，然后按【Enter】键或单击【转到】按钮，系统即可根据你输入的关键词，给出符合关键词的函数。

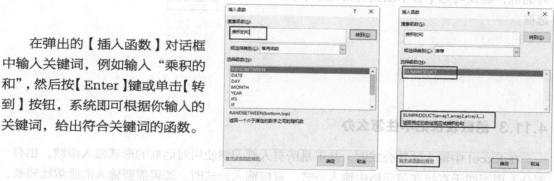

对于搜索出的函数，用户用鼠标选中就可以看到该函数的功能介绍，单击【插入函数】对话框左下角的【有关该函数的帮助】链接，即可打开微软公司提供的函数帮助，是不是很方便！

4.11.2 函数参数不用背的秘密

手动输入函数时，Excel 会自动提示函数名称及参数，如右图所示。

如果没有提示，请打开【Excel 选项】对话框，确保勾选【显示函数屏幕提示】复选框。

4.11.3 函数较长记不住怎么办

在 Excel 中输入函数公式时，并不是所有人都习惯使用对话框的形式输入函数，也有一部分人更习惯于直接在单元格中输入公式。直接输入公式时，如果需要输入的函数比较长，不容易记住怎么呢？ Excel 系统为用户提供了自动搜索功能，可以根据用户输入的函数的部分进行实时搜索。例如用户要输入 SUMPRODUCT 函数，用户只需要输入 "=SUM"，即可弹出所有带有 SUM 的函数列表，用户只需要在列表中双击选择需要的函数即可，完成输入该函数。

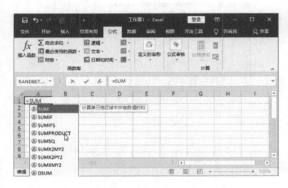

4.11.4 事半功倍——快速输入函数

在手动输入函数时，如果输入的函数是无近似名称的函数如 VLOOKUP、OFFSET 等时，在输入函数名的前几个字母后，按【Tab】键即可自动补全函数名及前半个括号。

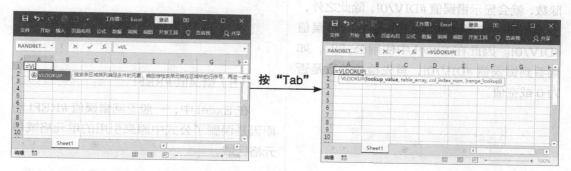

4.11.5 通过单击选择的方式快速引用其他工作表数据

公式中如果有对其他工作表单元格的引用，可以通过单击工作表及单元格的方式输入。例如在应聘人员面试登记表中使用 VLOOKUP 函数通过应聘单位引用招聘岗位一览表中的部门信息时，用户输入"=VLOOKUP(B2,"后，直接通过鼠标左键单击的方式切换到招聘岗位一览表中，然后滑动鼠标选择 A 列到 B 列，即可将招聘岗位一览表 A 列到 B 列输入公式中。

职场经验

6招找出公式错误原因

在使用公式时，出现错误在所难免。不同的错误会产生不同的错误值。因此我们要正确认识这些错误值，才能对症下药，找出错误原因，修改公式。

（1）错误值 #DIV/0!

我们都知道在数学运算中，0 是不能作除数的，在 Excel 中也一样，如果使用 0 作除数，就会显示错误值 #DIV/0!，除此之外，使用空的单元格作除数，也会显示错误值 #DIV/0!。因此在 Excel 中使用公式时，如果看到错误值 #DIV/0!，首先检查除数是否为 0 或空值。

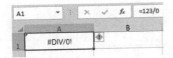

（2）错误值 #VALUE!

在 Excel 中，不同的类型数据、运算符能进行的运算类型也不同。例如算数运算符可以对数值型数据和文本型数据进行运算，但是却不能对纯文本进行运算。如果强行对其执行运算，就会显示错误值 #VALUE!

（3）错误值 #N/A

错误值 #N/A 一般出现在查找函数中。当在数据区域中查找不到与查找内容相匹配的数值时，就会返回错误值 #N/A。所以当结果出现错误值 #N/A 时，首先查看查找值在不在当前数据区域内。

（4）错误值 #NUM!

在公式中，如果使用函数，一般函数对参数都是有要求的，如果我们设置的参数是无效的数值，函数就会返回错误值 #NUM!。

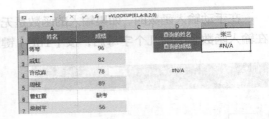

（5）错误值 #REF!

在 Excel 中，一般返回错误值 #REF! 的原因是误删了公式中原来引用的单元格或单元格区域。

（6）错误值 #NAME?

如果在公式中输入了 Excel 不认识的文本字符，公式就会返回错误值 #NAME?。最常见的错误就是文本字符不加双引号或者是非文本字符加了双引号。

第5章

可视化分析工具
——图表

图表不仅仅可以将数字可视化展示，更重要的是通过图表可以对数据背后的信息进行挖掘。通过图表用户可以更容易发现问题，进而根据图表分析问题、解决问题。其逻辑分析的过程更加形象化，可以直接把影响数据变化的因素找出来。

要 点 导 航

- 图表的类型及应用原则

- 制作高级图表

- 图表的创建

- 制作动态图表

- 图表的编辑

- 格式化图表

5.1 图表的类型及应用原则

Excel 2019为用户提供了17大类图表，包括柱形图、折线图、饼图、条形图、面积图、XY散点图、地图、股价图、曲面图、雷达图、树状图、旭日图、直方图、箱形图、瀑布图、漏斗图、组合图等，如下图所示。

在这众多的图表中，我们到底应该在什么情况下选用哪种图表呢？图表类型的选择与数据的形式密切相关，我们应该根据数据的不同选择不同类型的图表。

5.1.1 柱形图及其适用场合

柱形图是最常用的图表类型之一，主要用于显示一段时间内的数据变化或显示各项数据之间的比较。它由一系列的垂直柱体组成，通常用来比较两个或多个项目的相对大小，例如不同产品在某一时间段内的销售额对比。

柱形图又分为簇状柱形图、堆积柱形图、百分比堆积柱形图、三维簇状柱形图、三维堆积柱形图、三维百分比堆积柱形图和三维柱形图等7种类型。

下面以某公司商品 A 的销售数据为例，介绍柱形图的几种子图表类型。

月份	计划销量	实际销量	差异量
1月	1000	682	318
2月	1000	756	244
3月	1000	821	179
4月	1000	876	124
5月	1000	906	94
6月	1000	934	66

簇状柱形图可以显示各月实际销量的差异。如下图所示。

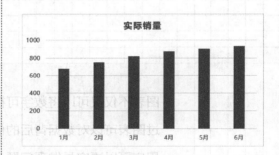

堆积柱形图显示了商品实际销量与计划销量在不同月份的对比关系，其中计划销量保持不变。如下图所示。

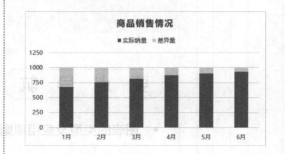

百分比堆积柱形图显示的是实际销量和差异量占计划销量的百分比如何随时间变化。如下图所示。

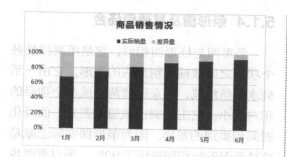

如果将上述 3 个图表的图表类型更改为三维簇状柱形图、三维堆积柱形图和三维百分比堆积柱形图，其表现的意义不变，只是图表的视觉效果由二维转换成了三维。如下图所示。

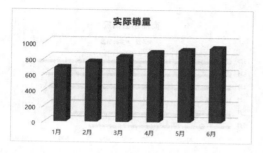

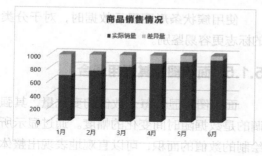

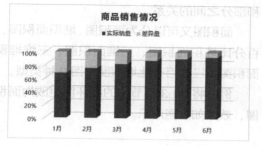

使用三维柱形图显示数据非常直观和形象，但是这种图表容易使人产生错觉，因此很难进行精确的数据比较。如下图所示。

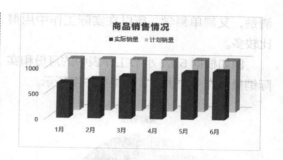

5.1.2 折线图及其适用场合

折线图一般用来显示一段时间内数据的变化趋势，一般来说横轴是时间序列。其主要适用于以等时间间隔显示数据的变化趋势，强调的是时间性和变动率，而不是变动量，常用于跟踪表示每月的销量变化及销售走势分析等。

例如将 5.1.1 小节中的堆积柱形图更改为带数据标记的折线图，效果如下图所示。

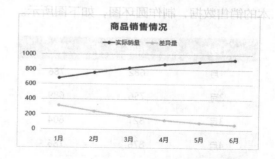

折线图可以使用任意多个数据系列，可以用不同的颜色、线型或者标志来区别不同数据系列的折线。它更适用于显示一段时间内相关类别的变化趋势。

5.1.3 饼图及其适用场合

饼图可显示数据系列中各项占该系列数值总和的比例关系。饼图分为饼图、三维饼图、子母饼图、复合条饼图和圆环图 5 种类型。

饼图、三维饼图、子母饼图、复合条饼图只能显示一个数据系列的比例关系。如果有几个系列同时被选中作为数据源，那么只能显示其中的一个系列。由于饼图信息表达

清楚，又简单易学，所以在实际工作中用得比较多。

例如根据 5.1.1 小节工作表中的月份和实际销量制作一个饼图，效果如下图所示。

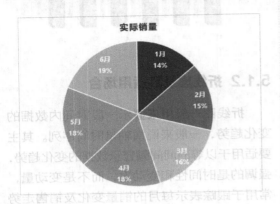

如果要分析多个数据系列的数据中每个数据占各自数据集总数的百分比，则可以使用圆环图。例如我们根据 1~6 月相机和笔记本的销售数据，制作圆环图，如下图所示。

月份	相机	笔记本
1月	682	786
2月	756	689
3月	821	804
4月	876	786
5月	906	823
6月	934	956

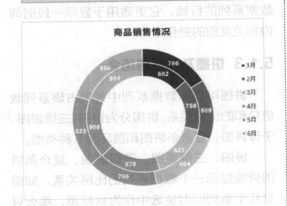

5.1.4　条形图及其适用场合

条形图与柱形图相似，它是用来描绘各个项目之间数据差别情况的图形。它由一系列水平条组成，用来比较两个或多个项目的相对大小。它主要突出数值的差异，而淡化时间和类别的差异。因为条形图实际上就是将柱形图的行和列旋转了 90°，所以有时也可与柱形图互换使用。当需要特别关注数据大小或者分类名称比较长时，更适宜选用条形图。

例如将 5.1.1 小节中的堆积柱形图更改为簇状柱形图，效果如下图所示。

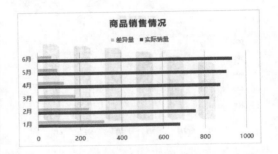

使用簇状条形图显示数据时，对于分类的标志更容易鉴别。

5.1.5　面积图及其适用场合

面积图可显示每个数值的变化量，其强调的是数据随时间变化的幅度。通过显示所绘制的数值的面积，可以直观地表现出整体和部分之间的关系。

面积图又可以分为面积图、堆积面积图、百分比堆积面积图、三维面积图、三维堆积面积图和三维百分比堆积面积图 6 种类型。

例如将 5.1.3 小节中的圆环图更改为面积图，效果如下图所示。

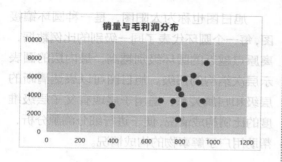

用户通过面积图可以看到各产品各自的销量变动，同时也可以看到销售总量变动。

5.1.6 XY散点图及其适用场合

XY散点图类似于折线图，它可以显示单个或者多个数据系列的数据在某种时间间隔条件下的变化趋势，通常用于科学数据的表达、试验数据的拟合和趋势的预测等。

XY散点图又分为散点图、带平滑线和数据标记的散点图、带平滑线的散点图、带直线和数据标记的散点图、带直线的散点图、气泡图和三维气泡图7种类型。

在创建XY散点图的时候至少需要选择两个数据系列，一列数据作为x坐标的值，另一列数据作为y坐标的值，这样生成的图可表示数据系列y相对于数据系列y的值，用户通过观察即可以得出两个数据系列之间的关系和差异。

例如我们可以根据各产品的销量和毛利润制作出不同销量情况下的毛利率分布图。

产品名称	销量	毛利润
打印纸	682	3546.4
HB铅笔	756	3477.6
2B铅笔	821	3119.8
圆珠笔	876	6307.2
签字笔	906	5526.6
荧光笔	934	3549.2
固体胶	786	1493.4
作业本	389	2893.8
A4纸	804	4261.2
燕尾夹	786	4794.6
涂改液	823	5925.6
橡皮擦	956	7648

5.1.7 股价图及其适用场合

股价图是用来描绘股票走势的图形。要创建股价图，需要将工作表中的数据按照一定的顺序排列。股价图有4个子类型，包括盘高 – 盘低 – 收盘图、开盘 – 盘高 – 盘低 – 收盘图、成交量 – 盘高 – 盘低 – 收盘图和成交量 – 开盘 – 盘高 – 盘低 – 收盘图。

这里以如下图所示的股票行情表为例，创建一个股价图。

日期	成交量	开盘	盘高	盘低	收盘
2019/3/1	52704	27.49	27.95	27.45	27.94
2019/3/2	40633	27.93	27.93	27.08	27.35
2019/3/3	104263	27.35	28.69	27.16	28.53
2019/3/4	104901	28.83	29.49	28.53	29.16
2019/3/5	69387	29.12	29.15	28.33	28.35
2019/3/6	44274	28.36	28.9	28.3	28.65
2019/3/7	43441	28.5	29	28.02	28.99
2019/3/8	105112	29.05	30.21	29	29.44
2019/3/9	56455	29.5	29.69	28.64	28.92
2019/3/10	213702	29	30.5	29	29.98

创建的成交量 – 开盘 – 盘高 – 盘低 – 收盘图如下图所示。

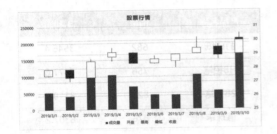

5.1.8 雷达图及其适用场合

雷达图用于显示数据系列相对于中心点以及相对于彼此数据类别间的变化，是将多个数据的特点以蜘蛛网的形式展现出来的图表，多用于倾向分析和把握重点。

雷达图又分为雷达图、数据点雷达图和填充雷达图 3 种类型。

例如将 5.1.3 小节中的圆环图更改为雷达图，效果如下图所示。

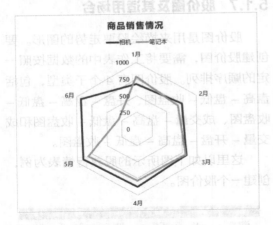

5.1.9 树状图及其适用场合

树状图提供数据的分层视图，以便直观地显示哪种类别的数据占比最大，哪些商品最畅销。树分支表示为矩形，每个子分支显示为更小的矩形。

树状图按颜色和距离显示类别，可以轻松显示其他图表类型很难显示的大量数据。树状图适合比较层次结构内的比例，但是不适合显示最大类别与各数据点之间的层次结构级别。

这里以下图所示的销售统计表为例，创建一个树状图。

类别	品名	销量
电脑	笔记本	365
	一体机	321
	台式机	158
数码配件	存储卡	458
	读卡器	307
	充电器	543
相机	数码相机	785
	单反相机	230
	微单相机	323
	拍立得	359

创建的树状图效果如下图所示。

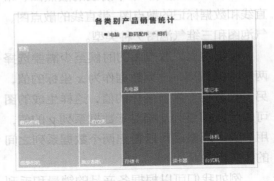

5.1.10 旭日图及其适用场合

旭日图也称为太阳图，是一种圆环镶接图，每一个圆环代表了同一级别的比例数据，离原点越近的圆环级别越高，最内层的圆表示层次结构的顶级。旭日图可以表达清晰的层级和归属关系，适用于展现有父子层级维度的比例构成情况，便于进行细分溯源分析，帮助用户了解事物的构成情况。

这里以 5.1.9 小节所示的销售统计表为例创建一个旭日图，效果如图所示。

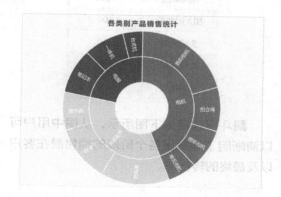

5.1.11 直方图及其适用场合

直方图是用一系列宽度相等、高度不等的长方形表示数据的图。长方形的宽度表示数据范围的间隔，长方形的高度表示在给定间隔内的数据数值。

这里以如下图所示的绩效成绩考核表为例，创建一个直方图。

员工姓名	绩效成绩
严明宇	85
钱夏雪	67
魏香秀	75
金思	89
蒋琴	59
冯万友	87
吴倩倩	89
戚光	78
钱盛林	79
戚虹	98
许欣淼	87
钱半雪	85

创建的直方图效果如下图所示，用户通过图表可以轻松看出绩效成绩的分布情况。

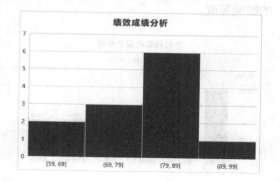

> **提示**
>
> x 轴上的区间是 $[a,b]$，$[a,b]$ 应满足条件 $a<[a,b] \leqslant b$。例如绩效成绩直方图中的第一个区间 $[59,69]$，那么该区间应该是满足 $59<[59,69] \leqslant 69$。

5.1.12 瀑布图及其适用场合

瀑布图不仅能够反映数据在不同时期或受不同因素影响的程度及结果，还可以直观地反映出数据的增减变化，是分析影响最终结果的各个因素的重要图表，常用于财务分析和销售分析。

这里以一个损益表的简化数据为例，制作一个瀑布图。

项目	金额
营业收入	20467
营业成本	-6887
期间费用	-4745
税金	-1502
营业外收入	3099
净利润	10432

瀑布图效果如下图所示，用户通过图表可以清晰明了地看出各项收入和费用对利润的影响程度。

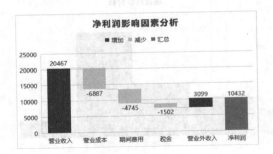

5.1.13 漏斗图及其适用场合

漏斗图适用于业务流程比较规范、周期长、环节多的流程分析，通过漏斗各环节业务数据的比较，能够直观地发现和说明问题所在。在网站分析中，通常将漏斗图用于转化率比较，它不仅能展示用户从进入网站到实现购买的最终转化率，还可以展示每个步骤的转化率。

项目	人数
浏览商品	1200
加入购物车	600
生成订单	360
支付订单	240
交易完成	200

漏斗图效果如下图所示，从图中用户可以清晰明了地看出各个阶段的销售潜在客户以及最终的转化率。

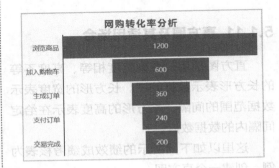

5.2 图表的创建

图表的创建总是要基于数据源的，有数据才有图表。图表的数据源一般是统计汇总表或者是数据量比较少的明细表。

根据数据源的不同，创建图表的方法也不尽相同。根据数据源的不同，创建图表的方法大致可以分为以下3种。

（1）利用固定数据区域创建图表，即根据工作表中某个固定的数据区域创建图表。

（2）利用固定常量创建图表，即创建图表的数据为固定的常量数据。

（3）利用名称创建图表，即创建图表的数据是定义了名称的单元格区域，这种方法一般用于动态图表的创建。

5.2.1 利用固定数据区域创建图表

扫码看视频

固定数据区域一般有两种情况：一种是工作表中连续区域的所有数据，另一种是选定的部分数据。

1. 连续区域的所有数据

如果创建图表的数据源是工作表中连续区域的所有数据，那么用户只需单击该数据区域的任一单元格，然后通过插入图表命令插入选定类型的图表即可。

具体操作步骤如下。

❶ 打开本实例的原始文件"2019年上半年销售统计表"，选中数据区域的任一单元格，切换到【插入】选项卡，在【图表】组中单击【插入柱形图或条形图】按钮 ▮·。

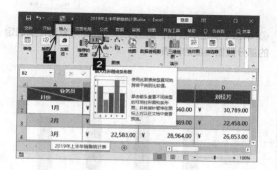

❷ 在弹出的下拉列表中选择一种合适的图表，例如选择【簇状柱形图】选项。

❸ 在工作表中插入一个根据当前数据区域的所有数据创建的簇状柱形图，效果如图所示。

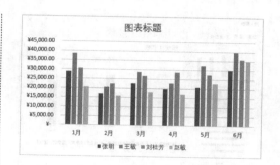

2. 选定的部分数据

如果创建图表的数据源是工作表中的部分数据，那么用户需要先选定作为图表数据源的数据区域，然后再通过插入图表命令插入选定类型的图表。

具体操作步骤如下。

❶ 选中单元格区域 B1:E1 和 B7:E7。

❷ 切换到【插入】选项卡，单击【图表】组右下角的【对话框启动器】按钮 ⊾。

❸ 弹出【插入图表】对话框，系统默认切换到【推荐的图表】选项卡，并根据选中的数据区域推荐合适的图表，可以从中选择一种图表类型。

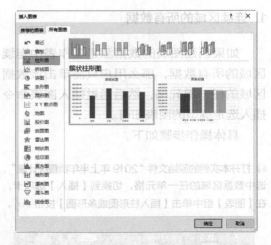

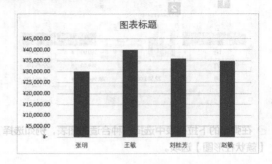

④ 如果系统推荐的图表中没有需要的图表类型，可以切换到【所有图表】选项卡，从中选择一种合适的图表类型。

⑤ 单击【确定】按钮，返回工作表，即可看到根据选定的部分数据创建的图表。

5.2.2 利用固定常量创建图表

扫码看视频

在创建图表时，有时候数据源的数据并不在工作表中，而是需要使用给定的数据常量或者根据工作表中的数据计算出的数据常量来作为数据源。

例如，用户目前得到一组数据，是 2019 年上半年各月的销售额。销售额情况如下。

1 月：118 875

2 月：75 695

3 月：96 365

4 月：88 291

5 月：103 710

6 月：140 887

我们需要根据各月的销售总额创建图表，数据常量应该有如下两组。

月份：1 月，2 月，3 月，4 月，5 月，6 月

销售总额：118 875，75 695，96 365，88 291，103 710，140 887

现在我们可以根据这两组数据创建一个簇状柱形图，具体操作步骤如下。

❶ 打开本实例的原始文件"2019 年上半年销售统计表 01",选中任一空单元格,切换到【插入】选项卡,在【图表】组中单击【插入柱形图或条形图】按钮 ▮▮ᵛ,在弹出的下拉列表中选择【簇状柱形图】选项。

❷ 在工作表中插入一个空白图表,切换到【图表工具】栏的【设计】选项卡,在【数据】组中单击【选择数据】按钮。

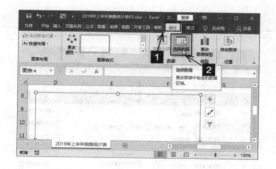

❸ 弹出【选择数据源】对话框,在【图例项(系列)】列表框中单击【添加】按钮。

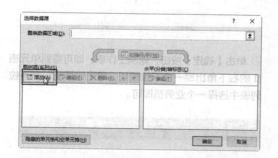

❹ 弹出【编辑数据系列】对话框,在【系列名称】文本框中输入系列名称"销售总额",在【系列值】文本框中输入数组公式"={118875,75695,96365,88291,103710,140887}"。

❺ 单击【确定】按钮,返回【选择数据源】对话框,在【水平(分类)轴标签】列表框中单击【编辑】按钮。

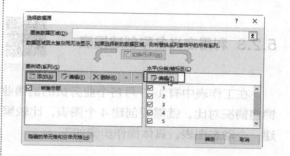

❻ 弹出【轴标签】对话框,在【轴标签区域】文本框中输入数组公式"={"1月","2月","3月","4月","5月","6月"}"。

❼ 单击【确定】按钮,返回【选择数据源】对话框。

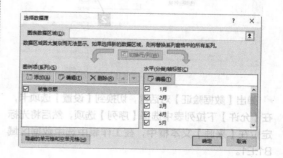

⑧ 单击【确定】按钮，返回工作表，即可看到根据固定常量创建的簇状柱形图，效果如右图所示。

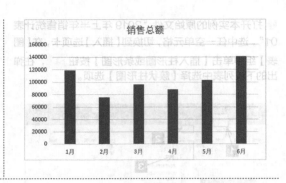

5.2.3 利用定义名称创建图表

扫码看视频

在工作表中有 1~6 月各个业务员的销售业绩，如果我们想要通过图表查看各个业务员的销售情况对比，就需要创建 4 个图表，比较繁琐。这时，我们可以通过定义名称的方式来创建一个动态图表，具体操作步骤如下。

❶ 利用数据有效性，制作下拉菜单。打开本实例的原始文件"2019 年上半年销售统计表 02"，在单元格 H1 中输入文本"选择业务员"，然后选中单元格 I1，切换到【数据】选项卡，在【数据工具】组中单击【数据验证】按钮的上半部分。

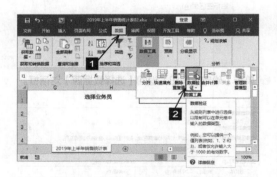

❷ 弹出【数据验证】对话框，切换到【设置】选项卡，在【允许】下拉列表中选择【序列】选项，然后将光标定位在【来源】文本框中，在工作表中选中数据区域 B1:E1。

❸ 单击【确定】按钮，返回工作表，即可看到单元格 I1 的右下角出现一个下拉按钮，单击该按钮，在下拉列表中选择一个业务员即可。

④ 定义名称。切换到【公式】选项卡，在【定义的名称】组中单击【定义名称】按钮的左半部分。

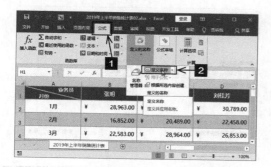

⑤ 弹出【新建名称】对话框，在【名称】文本框中输入"月份"，然后将光标定位到【引用位置】文本框中，在工作表中选择数据区域 A2:A7。

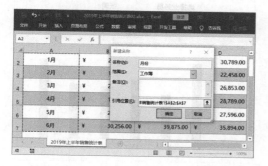

⑥ 单击【确定】按钮，即可完成"月份"名称的定义。按照相同的方法，打开【新建名称】对话框，定义名称"业务员"，引用位置为"=OFFSET('2019 年上半年销售统计表 '!$A$2,0,MATCH('2019 年上半年销售统计表 '!$I$1,'2019 年上半年销售统计表 '!$B$1:$E$1,0),6,1)"。

OFFSET 函数的功能为以指定的引用为参照系，通过给定偏移量得到新的引用。返回的引用可以为一个单元格或单元格区域，并可以指定返回的行数或列数。其语法结构如下。

OFFSET(基准单元格 , 偏移行数 , 偏移列数 , 新区域行数 , 新区域列数)

⑦ 单击【确定】按钮，完成"业务员"名称的定义。将光标定位到任一空白单元格中，切换到【插入】选项卡，在【图表】组中单击【插入柱形图或条形图】按钮，在弹出的下拉列表中选择【簇状柱形图】选项。

⑧ 在工作表中插入一个空白图表，切换到【图表工具】栏的【设计】选项卡，在【数据】组中单击【选择数据】按钮。

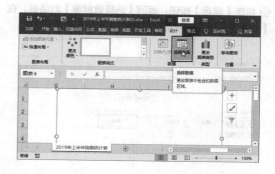

⑨ 弹出【选择数据源】对话框，在【图例项（系列）】列表框中单击【添加】按钮。

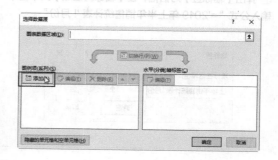

⑩ 弹出【编辑数据系列】对话框，在【系列名称】文本框中输入系列名称"销售额"，在【系列值】文本框中输入公式"='2019年上半年销售统计表'!业务员"。

⑬ 单击【确定】按钮，返回【选择数据源】对话框。

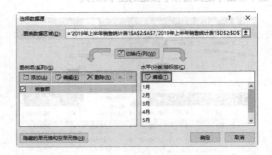

⑭ 单击【确定】按钮，返回工作表，即可看到根据数据定义的名称创建的簇状柱形图，效果如下图所示。

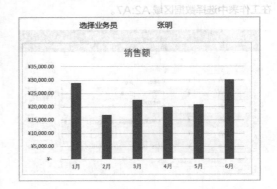

> **提示**
>
> 在使用定义名称创建图表时，在【系列值】文本框中不能直接输入定义的名称，而是应该按"= 工作表名! 定义的名称"的规则输入。

⑪ 单击【确定】按钮，返回【选择数据源】对话框，在【水平（分类）轴标签】列表框中单击【编辑】按钮。

⑮ 当用户通过单元格I1的下拉列表选择不同业务员时，图表也会随之变化，效果如下图所示。

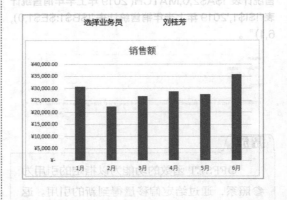

⑫ 弹出【轴标签】对话框，在【轴标签区域】文本框中输入公式"='2019年上半年销售统计表'!月份"。

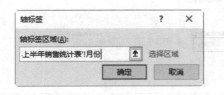

5.3　图表的编辑

图表创建完成后，用户如果发现创建的图表与实际需求不符，还可以对其进行适当的编辑。

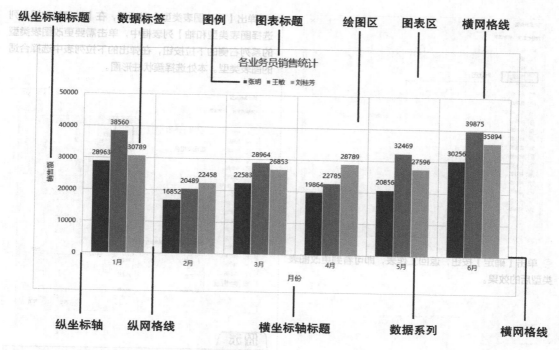

纵坐标轴标题　数据标签　　图例　图表标题　　绘图区　图表区　横网格线

各业务员销售统计

纵坐标轴　　纵网格线　　　横坐标轴标题　　　数据系列　　横网格线

5.3.1 更改图表类型

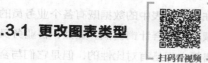

扫码看视频

图表创建完成后，用户如果发现图表类型不能满足自己对数据的可视化分析需求，则可以更改图表的类型。

常用的更改图表类型的方法有两种：一种是通过右键快捷菜单，另一种是通过菜单按钮。更改图表的类型也可以分为两种情况：一种是更改整个图表的图表类型，另一种是更改某个数据系列的图表类型。下面我们以两种不同的方法分别来改变这两种情况下的图表类型。

1. 更改整个图表的图表类型

下面我们以右键快捷菜单的方法来更改整个图表的图表类型。

具体操作步骤如下。

❶ 打开本实例的原始文件"2019年上半年销售统计表03"，在图表上单击鼠标右键，在弹出的快捷菜单中选择【更改图表类型】菜单项。

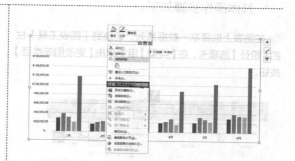

❷ 弹出【更改图表类型】对话框，在【所有图表】类型中选择一种合适的图表类型，例如选择【折线图】。

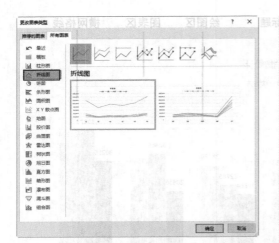

❸ 单击【确定】按钮，返回工作表，即可看到更改图表类型后的效果。

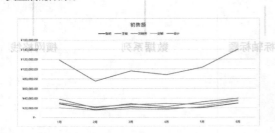

2. 更改某个数据系列的图表类型

在有些情况下，由于数据的差异，需要把图表的某个数据系列设置为另一种图表类型。下面我们以菜单按钮的方法来更改某个数据系列的图表类型。

具体操作步骤如下。

❶ 在图表上选择某一数据系列，切换到【图表工具】栏的【设计】选项卡，在【类型】组中单击【更改图表类型】按钮。

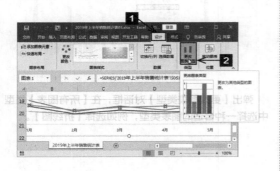

❷ 弹出【更改图表类型】对话框，在【为您的数据系列选择图表类型和轴】列表框中，单击需要更改图表类型的系列右侧的下拉按钮，在弹出的下拉列表中选择合适的图表类型。本处选择簇状柱形图。

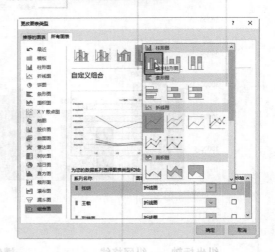

提示

在当前图表中的数据既有各个业务员的销售额，也有合计销售额。显然，各业务员的销售额之间是有对比性的，但是它们与合计销售额没什么可比性，不过可以通过合计销售额，查看这段时间内销售额的变化趋势。可以将各业务员的销售额更改为柱形图，将合计销售额的图表类型更改为折线图。

❸ 将各业务员的图表类型更改为柱形图，然后单击【确定】按钮，返回工作表，效果如图所示。

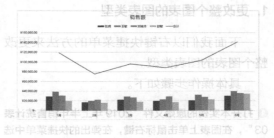

5.3.2 编辑数据系列

扫码看视频

图表创建完成后，如果想要减少、增加数据系列，该怎么办呢？根据数据来源的不同，修改数据系列的方法也不尽相同，但是总体来说差异不是太大。在创建图表时，大多数据来源于固定区域，所以下面我们以数据来源为固定区域的图表为例，讲解如何修改数据系列。

1. 减少数据系列

减少数据系列的方法很简单，用户只需选中需要删除的数据系列，按【Delete】键即可。

❶ 打开本实例的原始文件"2019年上半年销售统计表04"，在数据系列"合计"栏单击鼠标左键，即可选中数据系列"合计"。

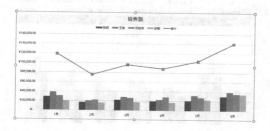

❷ 按【Delete】键，即可将数据系列"合计"删除。

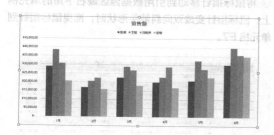

❸ 可以按照相同的方法删除图表中的其他数据系列，效果如图所示。

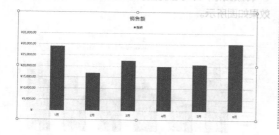

2. 增加数据系列

增加数据系列的常用方法有3种：重新选择数据源法、复制粘贴法、拖曳扩展区域法。

● **重新选择数据源法**

❶ 选中图表，切换到【图表工具】栏的【设计】选项卡，在【数据】组中单击【选择数据】按钮。

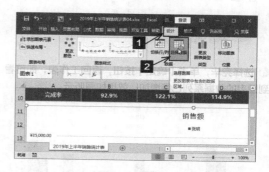

❷ 弹出【选择数据源】对话框，可以看到【图表数据区域】文本框中的数据区域默认处于选中状态。

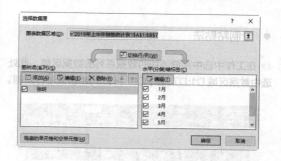

③ 在数据源工作表中直接重新选择新的数据源，即可看到【选择数据源】对话框中的【图表数据区域】随之发生改变。

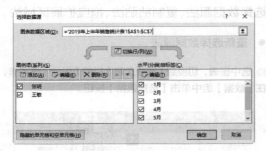

④ 选择完毕，单击【确定】按钮，返回工作表，即可看到图表的数据系列已经增加，效果如图所示。

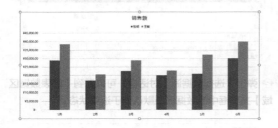

● 复制粘贴法

❶ 在工作中选中需要添加的数据系列的数据区域，此处选中数据区域 D1:D7，按【Ctrl】+【C】组合键进行复制。

❷ 选择图表，按【Ctrl】+【V】组合键进行粘贴，即可将选择的数据添加到图表的数据源中，图表的效果如图所示。

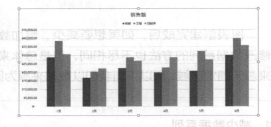

● 拖曳扩展区域法

❶ 选中图表，即可在数据源区域看到图表当前的引用区域。

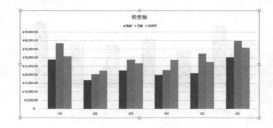

❷ 将鼠标指针移动到引用数据源区域右下角的填充柄上，鼠标指针变成双向斜箭头形状时，拖曳鼠标指针到单元格 F7。

❸ 释放鼠标，即可看到图表已经增加了一个数据系列，效果如图所示。

5.3.3 编辑图表标题

扫码看视频

图表标题的编辑主要包括添加和修改图表标题，具体操作步骤如下。

❶ 添加图表标题。打开本实例的原始文件"2019 年上半年销售统计表 05"，选中图表，切换到【图表工具】栏的【设计】选项卡，在【图表元素】组中单击【添加图表元素】按钮 ▊添加图表元素▾ 。

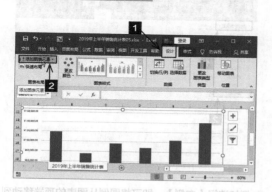

❷ 在弹出的下拉列表中选择【图表标题】▶【图表上方】选项。

❸ 返回工作表，即可看到添加图表标题后的效果。

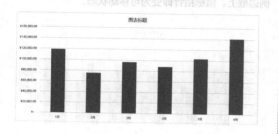

❹ 修改图表标题。单击需要编辑的标题，使其处于选中状态，此时其周围会出现一个实线框。

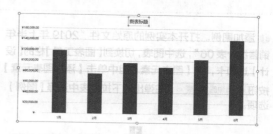

❺ 在实线框内再次单击鼠标左键，实线框变为虚线框，即可进行文本的编辑。

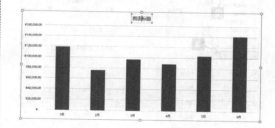

❻ 标题更改完成后单击其他任意位置即可。需要注意的是不能按【Enter】键，否则就会强行将标题换行。

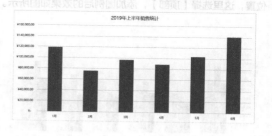

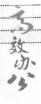

5.3.4 编辑图例

扫码看视频

图例是由文本和标识组成的，用来区别图表的系列。并不是所有的图表都需要图例，例如单系列图表就不需要。

一般情况下，图表上默认都是带有图例的，如果不小心删除了，可以再将其添加到图表中。另外，用户还可以根据需要对图例的位置进行调整。

❶ 添加图例。打开本实例的原始文件"2019年上半年销售统计表06"，选中图表，切换到【图表工具】栏的【设计】选项卡，在【图表元素】组中单击【添加图表元素】按钮，在弹出的下拉列表中选择【图例】选项。

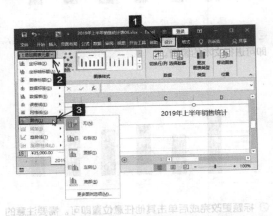

❷ 在【图例】级联菜单中，系统默认给出了图例的 4 个位置，这里选择【顶部】，添加图例后的效果如图所示。

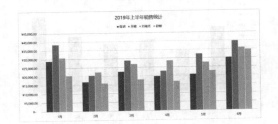

❸ 移动图例。如果移动图例的位置是系统默认的 4 个位置中的一个，那么只需要再次单击【添加图表元素】按钮，在弹出的下拉列表中选择【图例】选项，然后选择一个位置即可。

❹ 例如选择【右侧】，即可将图例从图表的顶端移动到图表的右侧，移动后的效果如图所示。

❺ 如果移动图例的位置不是系统默认的 4 个位置中的一个，那么用户可以直接单击图例，将鼠标指针移动到图例边框上，鼠标指针即变为可移动状态。

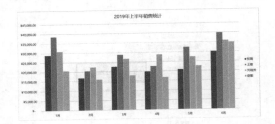

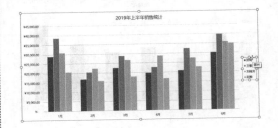

⑥ 按住鼠标左键拖动鼠标指针，将图例移动到合适的位置后，释放鼠标左键即可。

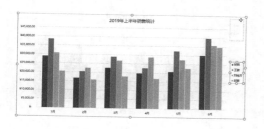

最终效果如图所示。

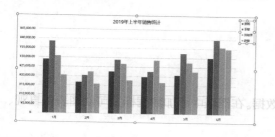

⑦ 调整图例的大小。单击图例，其边框上会出现 8 个控制点，拖动任意一个控制点即可调整图例的大小。如果图例中的文本不能全部显示，Excel 会以列显示或者自动换行。

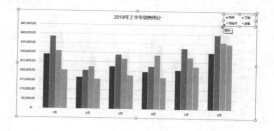

5.3.5 添加坐标轴标题

扫码看视频

除了饼图和圆环图外，其他的标准图表一般至少有两个坐标轴：数值轴（即纵轴，y 轴）和分类轴（即横轴，x 轴）。如果再加上次坐标轴，则可能有 3 个或者 4 个坐标轴。

默认创建的图表是没有坐标轴标题的，为了使两个坐标轴的意义更明确，用户可以为其添加坐标轴标题，具体操作步骤如下。

① 打开本实例的原始文件 "2019 年上半年销售统计表 07"，选中图表，切换到【图表工具】栏的【设计】选项卡，在【图表元素】组中单击【添加图表元素】按钮，在弹出的下拉列表中选择【坐标轴标题】选项。

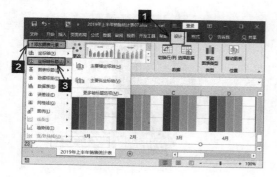

② 在【坐标轴标题】级联菜单中选择需要添加坐标轴标题的坐标轴，例如选择【主要横坐标轴】，即可在图表的横坐标轴下方添加坐标轴标题。

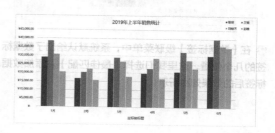

❸ 添加的坐标轴标题是默认的"坐标轴标题"，需要将其手工修改为具体的标题文字，修改方法与图表标题的修改方法相同，此处不再赘述。

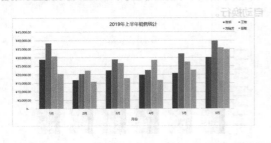

❹ 可以按照相同的方法为图表添加纵坐标轴标题，并将其修改为具体的标题文字。

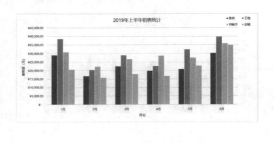

5.3.6 添加数据标签

扫码看视频

数据标签是指图表中显示图表有关信息的数据。在图表中添加数据标签可使图表更直观、更具体。具体操作步骤如下。

❶ 打开本实例的原始文件"2019 年上半年销售统计表08"，选中图表，切换到【图表工具】栏的【设计】选项卡，在【图表元素】组中单击【添加图表元素】按钮[添加图表元素▾]，在弹出的下拉列表中选择【数据标签】选项。

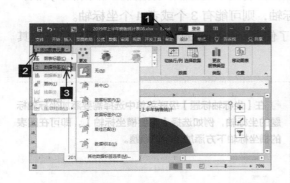

❷ 在【数据标签】级联菜单中，系统默认给出了数据标签的几个位置，这里我们选择【最佳匹配】，添加数据标签后的效果如图所示。

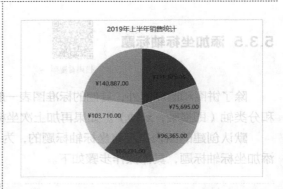

❸ 添加的数据标签默认都是系列的数值，但是某些情况下需要的并不是数值，例如在饼形图中更需要的是百分比。在任意一个数据标签上单击鼠标右键，在弹出的快捷菜单中选择【设置数据标签格式】菜单项。

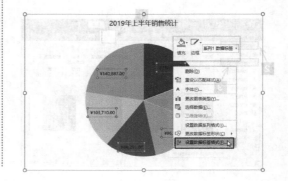

❹ 弹出【设置数据标签格式】任务窗格，在【标签选项】组中，取消勾选【值】前面的复选框，勾选【类别名称】和【百分比】前面的复选框，其他保持默认不变。

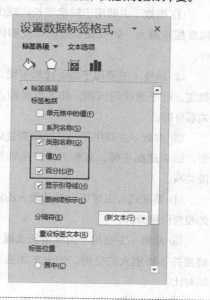

图表中已添加了数据标签，较先前更加清晰明了。

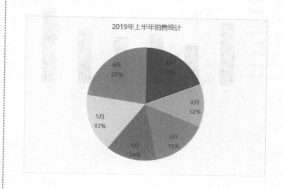

5.3.7 添加趋势线

扫码看视频

趋势线是用画线的方法将低点与高点相连，利用已经发生的事例推测以后大致走向的一种图形分析方法。利用它可以向前或向后模拟数据的走势，还可以利用趋势线消除数据中的波动。这在有时间序列的数据分析中是非常有用的，具体操作步骤如下。

❶ 打开本实例的原始文件"2019 年上半年销售统计表09"，选中图表中需要添加趋势线的数据系列，单击鼠标右键，在弹出的快捷菜单中选择【添加趋势线】菜单项。

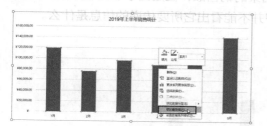

❷ 弹出【设置趋势线格式】任务窗格，在该对话框中提供了 6 种回归分析类型。在【趋势线选项】组合框中选中【多项式前面的单选钮，然后在【阶数】文本框中输入"6"。

③ 设置完毕，即可看到添加了趋势线的图表。

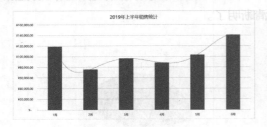

提示

图表中各种趋势线的作用如下。

① 指数：主要用于持续增长或减少，且幅度越来越大，如成长型公司年度销售额分析。

② 线性：主要用于线条比较平稳，关系稳定，近乎直线的预测，如人流量和入店率关系分析。

③ 对数：主要用于一开始趋势变化比较快，后来逐渐平缓，如季节性产品销量和时段关系。

④ 多项式：主要用于波动较大的图形，如股票价格分析。

⑤ 乘幂：主要用于持续增长或减少，但幅度并不特别大的分析，如火车加速度和时间对比。

⑥ 移动平均：不具备预测功能。

5.4 格式化图表

初步创建并编辑完成的图表，线条往往是最基本的粗线条，并不能作为最终呈现结果，还需要对图表进行格式化处理，使图表既能突出重点信息，又能达到美观易读的视觉效果。

5.4.1 保证图表的完整性

图表要完整地表述工作表信息，首先要保证图表是完整的。一个完整的图表必须包含以下基本元素：图表标题、数据系列、图例、坐标轴、数据单位。

例如，下图是神龙商贸公司糖果公司各类糖果的销售额，但是由于该图表中缺少必要的图表标题和数据单位，所以单纯查看图表，用户并不能看出它所要传递的信息是什么。

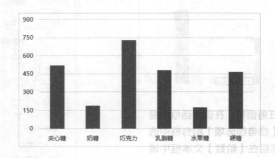

为这张图表添加上图表标题和数据单位后，效果如下图所示。

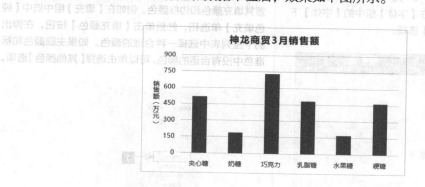

5.4.2 格式化图表区

扫码看视频

图表区格式的设置主要包括字体、背景填充、边框、大小、属性等。

图表区字体的设置与单元格中字体的设置一样，都是通过【开始】选项卡中的【字体】菜单实现的。

在 Excel 2019 中插入的图表，默认使用的字体都是等线体，但是等线体相对来说比较纤细，为了达到更好的视觉效果，我们更习惯将字体设置为微软雅黑等相对粗一点的字体。这里需要注意的是，如果设置图表区的字体，就会把图表上所有元素的字体设置为同一字体。如下图所示。

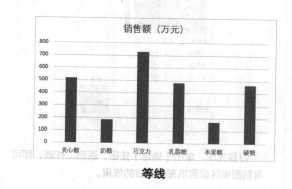
等线

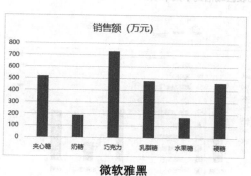
微软雅黑

图表区背景填充、边框、大小、属性等的设置都是通过【设置图表区格式】任务窗格或者【图表工具】实现的。

下面我们通过具体实例来讲解图表区格式的设置。

❶ 打开本实例的原始文件"3月销售统计表"，选中图表，切换到【开始】选项卡，在【字体】组中的【字体】下拉列表中选择【微软雅黑】选项。

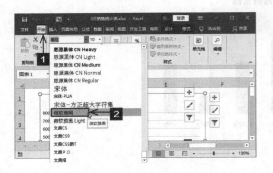

❷ 将图表中所有元素的字体设置为"微软雅黑"。

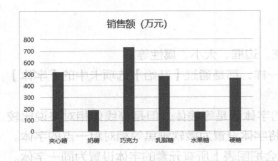

❸ 在图表区单击鼠标右键，在弹出的快捷菜单中选择【设置图表区域格式】菜单项。

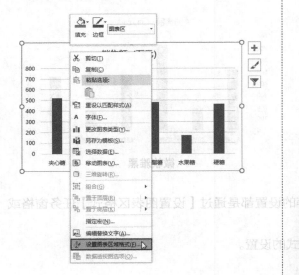

❹ 弹出【设置图表区格式】任务窗格，可以根据需要设置其填充颜色和边框颜色。例如在【填充】组中选中【纯色填充】单选钮，然后单击【填充颜色】按钮，在弹出的下拉列表中选择一种合适的颜色。如果主题颜色和标准色中没有合适的颜色，可以单击选择【其他颜色】选项。

❺ 弹出【颜色】任务窗格，切换到【自定义】选项卡，根据需要选择合适的颜色。

❻ 设置完毕，单击【确定】按钮，返回工作表，即可看到图表区设置填充颜色后的效果。

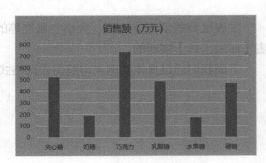

❼ 还可以设置边框的颜色和线型，此处选中【无线条】单选钮。设置完毕，单击【关闭】按钮，关闭【设置图表区格式】任务窗格即可。

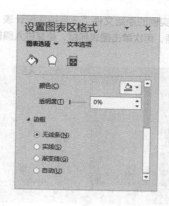

5.4.3　格式化绘图区

绘图区格式的设置主要是填充和边框，其设置方法与图表区填充和边框的设置方法一样。这里需要注意的是，绘图区的设置要与图表区的设置搭配协调，一般情况下，绘图区设置为无线条、无填充即可。

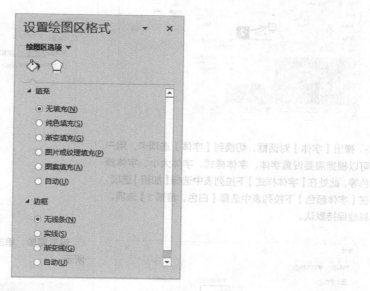

5.4.4　格式化图表标题、坐标轴标题、图例

扫码看视频

图表标题、坐标轴标题和图例的设置比较简单，一般包括字体、边框、对齐方式、位置等的设置。

❶ 打开本实例的原始文件"3月销售统计表01"，单击图表标题，再次单击图表标题，使其进入编辑状态。

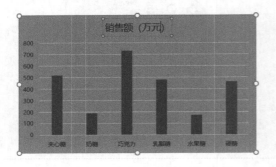

❷ 将图表标题修改为"3月份销售统计"，选中修改后的图表标题，切换到【开始】选项卡，单击【字体】组右下角的【对话框启动器】按钮 。

❸ 弹出【字体】对话框，切换到【字体】选项卡，用户可以根据需要设置字体、字体样式、字体大小、字体颜色等。此处在【字体样式】下拉列表中选择【加粗】选项，在【字体颜色】下拉列表中选择【白色，背景1】选项，其他保持默认。

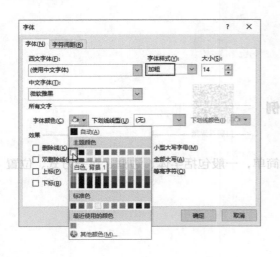

图表标题的字体一般选用微软雅黑或者方正系列的字体，字号可以根据图表的大小进行调整；选择默认图表大小的话，字体大小也选用默认即可。图表标题表示的是图表的意义，是图表中需要重点显示的部分，所以可以将图表标题加粗显示。图表标题的字体颜色要与图表的背景颜色搭配，一般情况下，若背景为深色，则字体颜色为浅色；若背景为浅色，则字体颜色为深色。

❹ 由于默认的等线字体相对比较纤细，改成微软雅黑后，图表就会显得比较拥挤，这时可以适当调整图表标题的字符间距。切换到【字符间距】选项卡，在【间距】下拉列表中选择【加宽】选项，在【度量值】微调框中输入【1.5】磅。

❺ 设置完毕，单击【确定】按钮，返回图表，效果如图所示。

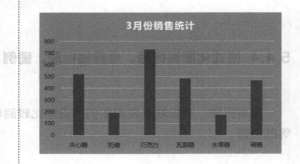

⑥ 当前图表只有一个数据系列，可以不添加图例。可以判断横坐标轴表现的是品类，而纵坐标轴只有数据，如果没有坐标轴标题的话，将难以区分其是数量还是金额，所以需要添加纵坐标轴标题。切换到【图表工具】栏的【设计】选项卡，在【图表布局】组中单击【添加图表元素】按钮，在弹出的下拉列表中选择【坐标轴标题】选项，在其级联菜单中选择【主要纵坐标轴】选项。

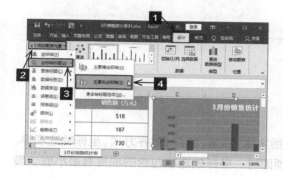

⑦ 为图表添加一个纵坐标轴标题，添加的坐标轴标题默认为"坐标轴标题"。

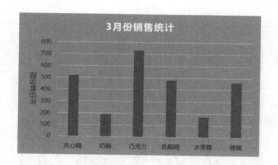

⑧ 将纵坐标轴标题手工修改为具体的标题文字"销售额（万元）"。

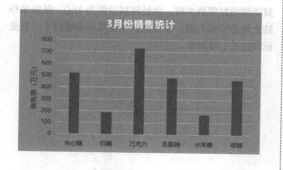

⑨ 新添加的纵坐标轴标题文字不够美观，且文字方向默认是横排的，不便阅读，为了查看方便，应该将文字方向设置为竖排。在坐标轴标题上单击鼠标右键，在弹出的快捷菜单中选择【设置坐标轴标题格式】菜单项。

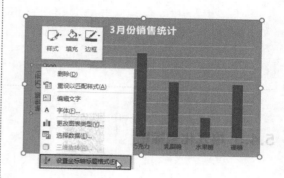

⑩ 弹出【设置坐标轴标题格式】任务窗格，切换到【文本选项】选项卡，单击【文本框】按钮，在【文本框】组中的【文字方向】下拉列表中选择【竖排】选项。

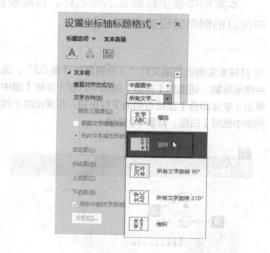

⑪ 设置完毕，单击【关闭】按钮，返回图表。

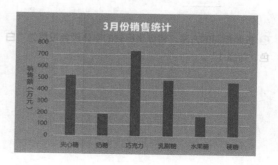

⑫ 按照设置图表标题的方法设置坐标轴标题的字体格式，效果如图所示。

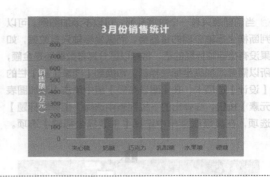

5.4.5 格式化坐标轴

坐标轴包括分类轴和数值轴，设置的项目包括字体、线条、填充、对齐方式、坐标轴选项等。一般情况下，用户只需要设置字体和坐标轴选项即可。坐标轴选项包含的项目有最小值、最大值、单位等，用户需要要逐个项目仔细设置。

本案例中横坐标轴是品类名称，只需要设置字体即可；而纵坐标轴表示的是销售额，用户可以根据需要设置坐标轴的项目。

❶ 打开本实例的原始文件"3月销售统计表02"，选中横坐标轴，切换到【开始】选项卡，在【字体】组中单击【字体颜色】按钮右侧的下拉按钮，在弹出的下拉列表中选择【白色，背景1】选项。

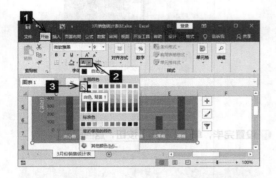

❷ 按照相同的方法，将纵坐标轴的字体颜色设置为"白色，背景1"。

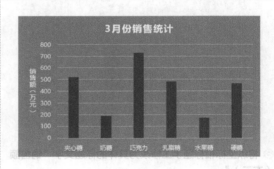

❸ 默认纵坐标轴的数值间隔是100，稍显密集，可以将其间隔设置得稍大些，此处将其设置为150。在纵坐标轴上单击鼠标右键，在弹出的快捷菜单中选择【设置坐标轴格式】菜单项。

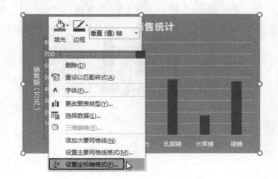

④ 弹出【设置坐标轴格式】任务窗格，在【坐标轴选项】组中默认边界的最小值是 0，最大值是 800，单位（即数值间隔）分别是 100 和 20。

⑤ 一般情况下，纵坐标轴的起始数据要从 0 开始，最好不要擅自修改起始数据，因为修改后容易在视觉上误导数据上的偏差，所以此处最小值保持 0 不变；在销售统计表中销售额最大值为 730，而要把数值间隔设置为 150，所以，此处将最大值设置为与 150 成整数倍数关系的 750。

⑥ 设置完毕，单击【关闭】按钮，关闭【设置坐标轴格式】任务窗格，返回图表，效果如图所示。

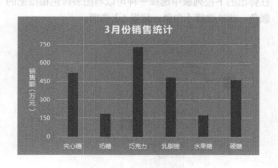

5.4.6 格式化数据系列

扫码看视频

数据系列是图表的重要组成部分，是图表的核心部分，所以格式化数据系列显得尤为重要。只有格式化的数据系列才能使图表能够清楚、准确地表达需要表达的信息。

数据系列需要格式化的内容相对较多，对于柱形图来说，通常包含以下几个方面。

（1）设置数据系列的边框和填充颜色。

（2）设置数据系列的分类间距和重叠比例。

（3）设置数据系列的坐标轴位置，即将数据系列绘制在主坐标轴上还是次坐标轴上。

一般情况下，对单个数据系列的柱形图，只需要设置其边框、填充颜色和分类间距即可。

❶ 打开本实例的原始文件"3月销售统计表03"，在数据系列上单击鼠标右键，在弹出的快捷菜单中选择【设置数据系列格式】菜单项。

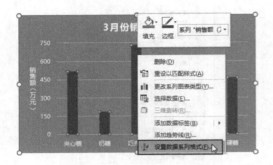

❷ 弹出【设置数据系列格式】任务窗格，单击【填充与线条】按钮，在【填充】组中选择一种合适的填充方式，例如选择【纯色填充】单选钮，单击【填充颜色】按钮，在弹出的下拉列表中选择一种可以与图表颜色相搭配的颜色，此处选择【白色，背景1】选项。

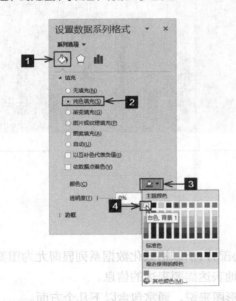

❸ 将图表中的数据系列填充为白色，效果如下图所示。

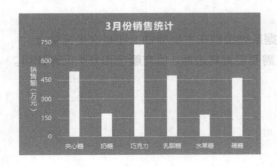

❹ 如果觉得纯色填充太单调，还可以选择其他填充方式，例如选择【图案填充】单选钮，然后在【图案】库中选择一种合适的图案，并设置其前景颜色和背景颜色。

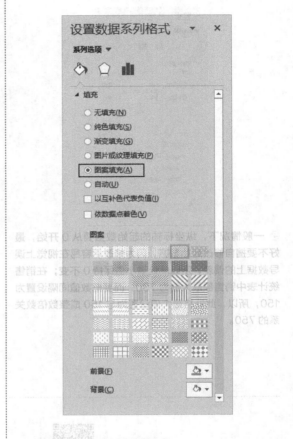

❺ 设置完毕，图表效果如图所示。

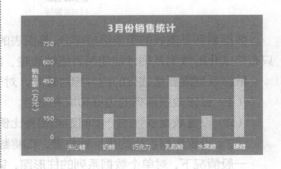

⑥ 在【边框】组中选中【无线条】单选钮，将数据系列的边框设置成无线条。

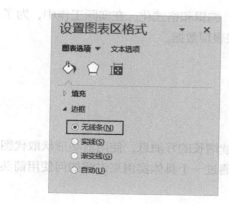

⑦ 接下来设置分类间距。单击【系列选项】按钮，可以看到单个数据系列的默认间隙宽度为219%，从美观上来讲，一般需要将默认间隙宽度设置为80%~120%，此处将间隙宽度设置为80%。

更改数据系列的间隙宽度后的图表效果如图所示。

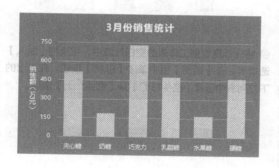

提示

对于多个数据系列的柱形图，不仅要设置数据系列的间隙宽度，还需要设置数据系列的系列重叠，一般情况下系列重叠值大小控制为 −50%~0%。

5.4.7　格式化数据标签

数据标签是数据系列的一项重要的设置，它可以帮助读者更清晰地了解图表中的数值大小和比例关系等。数据标签主要包括标签内容（单元格的值、系列名称、类别名称、值、百分比等）、标签位置、字体、对齐等。

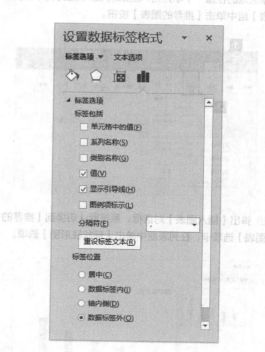

5.5 制作高级图表

前面几节中我们介绍了 Excel 中基本图表的创建、编辑和格式化。在实际工作中，为了满足分析的需要，用户可能需要用更复杂一些的图表来表现数据。

5.5.1 用箭头替代数据条

扫码看视频

在使用柱形图表现数据时，如果要体现出销量持续增长的好消息，使用箭头形状取代图表中的数据条将更能表明数据的正向增长。下面我们通过一个具体实例来讲解如何使用箭头替代数据条。具体操作步骤如下。

❶ 打开本实例的原始文件"近 5 年销售对比"，选中数据区域的任意一个单元格，切换到【插入】选项卡，在【图表】组中单击【推荐的图表】按钮。

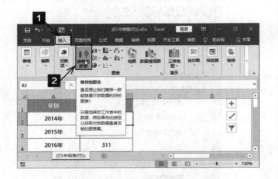

❷ 弹出【插入图表】对话框，系统默认切换到【推荐的图表】选项卡，在列表框中单击【簇状柱形图】选项。

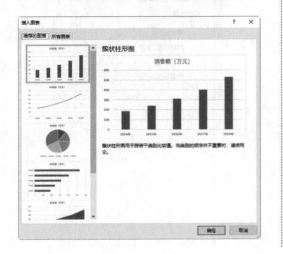

❸ 单击【确定】按钮，在工作表中插入柱形图。

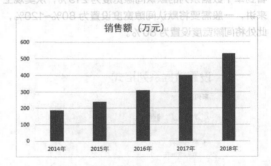

❹ 按照 5.4 节的内容对柱形图进行格式化编辑，最终效果如图所示。

❺ 将光标定位到工作表的空白区域中，切换到【插入】选项卡，在【插图】组中单击【形状】按钮，在弹出的下拉列表中选择【箭头总汇】▶【箭头：上】选项。

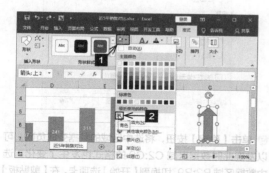

⑥ 在工作表的空白区域单击鼠标左键，即可绘制一个上箭头，同时弹出【绘图工具】栏选项卡，在工具栏的【形状样式】组中单击【形状填充】按钮右侧的下拉按钮，在弹出的下拉列表中选择【最近使用的颜色】➤【青色】选项（图表中数据系列的颜色）。

⑦ 单击【形状轮廓】按钮右侧的下拉按钮，在弹出的下拉列表中选择【无轮廓】选项。

⑧ 按【Ctrl】+【C】组合键将箭头复制到剪贴板上，单击图表中的任意一个数据条，选中数据系列中的所有数据条。

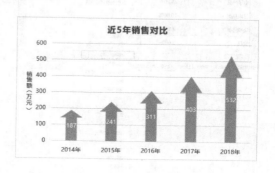

⑨ 按【Ctrl】+【V】组合键进行粘贴，即可将数据条替换为箭头。

5.5.2 制作金字塔分布图

扫码看视频

金字塔分布图，其实就是 Excel 图表中条形图的变形。简单地讲，金字塔分布图就是将纵坐标轴置于图表的中间位置，在其两侧分别绘制两个系列的条形对比图，这样的图形更具直观感染力。

例如，使用金字塔分布图来展现男女购物比例情况，会非常直观。

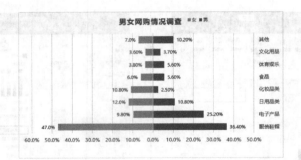

这种图表是如何制作出来的呢？

首先，占比肯定都是整数，这样两个数据一列就都会在纵坐标轴的右侧。要想使数据系列分布在纵坐标轴的两侧，就需要将一个数据系列设置为负值。

❶ 打开本实例的原始文件"男女网购情况调查"，在工作表的空白单元格中输入"−1"，按【Ctrl】+【C】组合键，将"−1"复制到剪贴板上，然后选中女性数据系列的数据区域C2:C9，在选中数据区域上单击鼠标右键，在弹出的快捷菜单中选择【选择性粘贴】菜单项。

❷ 弹出【选择性粘贴】对话框，在【运算】组中选中【乘】单选钮。

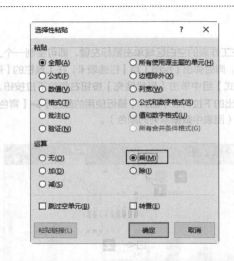

❸ 单击【确定】按钮，将选中区域的数据变成负数。可以发现此时数据区域 C2:C9 的格式也发生了变化，选中数据区域 B2:B9，切换到【开始】选项卡，在【剪贴板】组中单击【格式刷】按钮。

❹ 鼠标指针变成小刷子形状，选中数据区域 C2:C9，即可将选中区域格式复制成与数据区域 B2:B9 一样的格式。

	A	B	C
1	购物类型	男	女
2	服装鞋帽	36.40%	-47.00%
3	电子产品	25.20%	-9.80%
4	日用品类	10.80%	-12.00%
5	化妆品类	2.50%	-10.80%
6	食品	5.60%	-6.00%
7	体育娱乐	5.60%	-3.80%
8	文化用品	3.70%	-3.60%
9	其他	10.20%	-7.00%

❺ 选中数据区域 A1:C9，切换到【插入】选项卡，在【图表】组中单击【插入柱形图或条形图】按钮 ，在弹出的下拉列表中选择【簇状条形图】选项。

❻ 在工作表中插入一个簇状条形图，效果如下图所示。

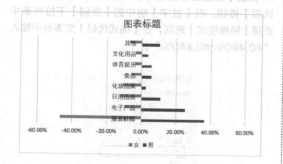

❼ 用户可以按照 5.4 节的内容对条形图的图表标题、坐标轴和图例进行格式化编辑，编辑后的效果如图所示。

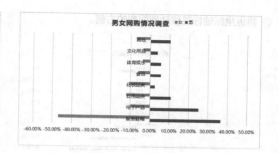

从插入的图表中可以看到，两个数据系列已经分布在了纵坐标轴的两侧。但是由于纵坐标轴标签在两个数据系列的中间，会影响数据的展示，为了清晰地显示图表和纵坐标轴，可以将纵坐标轴的标签移动到数据系列之外。

❽ 选中图表中的纵坐标轴，单击鼠标右键，在弹出的快捷菜单中选择【设置坐标轴格式】菜单项。

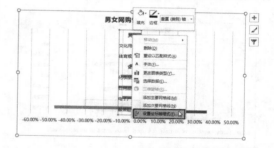

❾ 弹出【设置坐标轴格式】任务窗格，系统自动切换到【坐标轴选项】选项卡，单击【坐标轴选项】按钮，在【标签】组中的【标签位置】下拉列表中选择【高】选项。

⑩ 将纵坐标轴标签移动到图表的右侧。

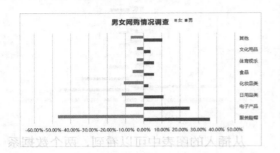

金字塔分布图的两个数据系列应该是对齐的，但是当前图表中左、右两侧的条形未对齐，用户可以通过调整"系列重叠"为100%来进行调整，还应该调整"间隙宽度"，使条形的宽度更合适。

⑪ 选中图表中的任意一个数据系列，单击鼠标右键，在弹出的快捷菜单中选择【设置数据系列格式】菜单项。

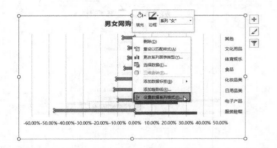

⑫ 弹出【设置数据系列格式】任务窗格，单击【系列选项】按钮，在【系列选项】组中将【系列重叠】设置为【100%】，【间隙宽度】设置为【80%】。

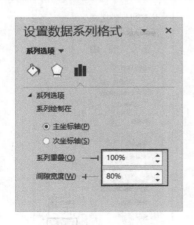

⑬ 调整完成后的效果如图所示。

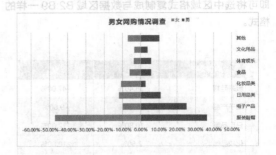

最开始的时候，为了使两个数据系列分布在纵坐标轴的两侧，我们将其中的一个数据系列设置成了负数，致使当前图表横坐标轴中的刻度是负数，"负数"容易让观者对数据产生理解误差。此时，可以通过调整坐标轴的数字格式来去掉这个负号。

⑭ 选中图表中的横坐标轴，单击鼠标右键，在弹出的快捷菜单中选择【设置坐标轴格式】菜单项。

⑮ 弹出【设置坐标轴格式】任务窗格，单击【坐标轴选项】按钮，在【数字】组中的【类别】下拉列表中选择【特殊格式】选项，在【格式代码】文本框中输入"#0.##0%;#0.##0%"。

⑯ 单击【添加】按钮，即可将坐标轴中的负值变为正值。

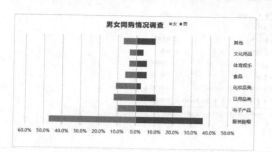

⑰ 为了使读者更清楚地了解男女网购各类产品的比例情况，还应该为图表添加数据标签。选中图表，单击图表右侧的添加按钮，在弹出的下拉列表中勾选【数据标签】复选框，即可为图表添加数据标签。

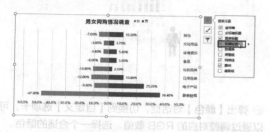

⑱ 此时左侧数据系列的数据标签也是负数，选中左侧的数据标签，单击鼠标右键，在弹出的快捷菜单中选择【设置数据标签格式】菜单项。

⑲ 弹出【设置数据标签格式】任务窗格，单击【标签选项】按钮，在【数字】组中的【类别】下拉列表中选择【特殊格式】选项，在【格式代码】文本框中输入"#0.##0%;#0.##0%"。

一个完整的金字塔分布图就制作完成了，效果如下图所示。

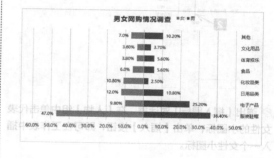

5.5.3 将精美小图应用于图表

扫码看视频

Excel 图表不仅可以用一个形状或图形替换数据条，还可以用一些精美小图替换数据条，让图表更加生动、活泼。

例如在男女网购情况调查图表中，如果我们使用代表女性的小图标代替女性的数据条，使用代表男性的小图标代替男性的数据条，那么图表看起来就会更加直观。

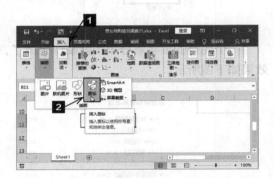

① 打开本实例的原始文件"男女网购情况调查 01"，将光标定位在空白区域中，切换到【插入】选项卡，在【插图】组中单击【图标】按钮。

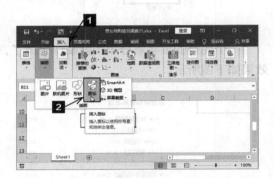

② 弹出【插入图标】对话框，在【人物】组中单击代表女性的小图标，单击【插入】按钮，即可在工作表中插入一个女性小图标。

③ 默认插入的小图标为黑色，可以根据图表中数据条颜色的需要调整图标的颜色。切换到【图形工具】栏的【格式】选项卡，在【图形样式】组中单击【图形填充】按钮右侧的下拉按钮，在弹出的颜色库中选择一种合适的颜色；如果没有合适的颜色，则可以选择【其他填充颜色】选项。

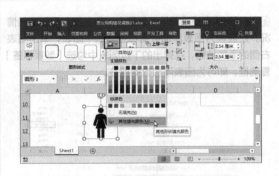

④ 弹出【颜色】对话框，切换到【自定义】选项卡，可以通过调整对应的 RGB 数值，选择一个合适的颜色。

⑤ 设置完毕，单击【确定】按钮，返回工作表，图标已经设置成了需要的颜色。

5.5.3 将精美小图标应用于图表

Excel 图表不仅可以用一个一维柱状图片替换。

例如在男女网购情况调查图表中，如果将

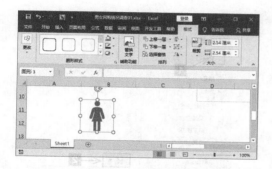

⑥ 按【Ctrl】+【C】组合键将女性图标复制到剪贴板上，单击图表中代表女性的所有数据条。

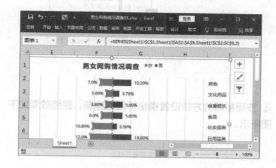

⑦ 按【Ctrl】+【V】组合键进行粘贴，即可将数据条替换为女性图标。

由于数据条使用图形或图片填充时，默认方式为"伸展"，导致使用女性图标填充的数据条显得不够美观。此处我们需要将其填充方式更改为"层叠"。

⑧ 在女性数据条上单击鼠标右键，在弹出的快捷菜单中选择【设置数据系列格式】菜单项。

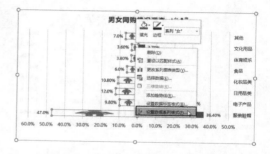

⑨ 弹出【设置数据系列格式】任务窗格，单击【填充与线条】按钮，在【填充】组中选中【层叠】单选钮。

⑩ 将每个数据系列中的女性图标层叠为多个，效果如图所示。

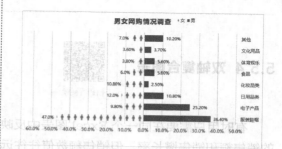

⑪ 按照相同的方法替换另一个数据系列中的数据条，最终效果如下图所示。

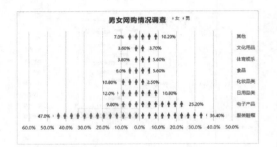

使用图标代替数据条后，由于颜色的连续性减弱，会让人难以分辨坐标轴的界限，因此用户最好为其设置一下坐标轴的线条。

⑫ 选中纵坐标轴，单击鼠标右键，在弹出的快捷菜单中选择【设置坐标轴格式】菜单项。

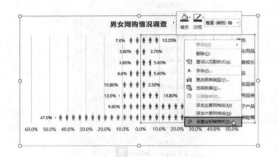

⑬ 弹出【设置坐标轴格式】任务窗格，系统自动切换到【坐标轴选项】选项卡，单击【填充与线条】按钮，在【线条】组中的【颜色】下拉列表中选择一种合适的颜色，在【宽度】微调框中输入合适的磅值。

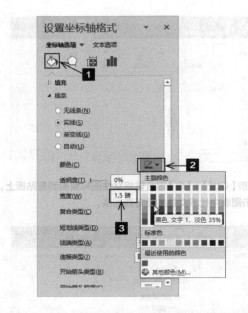

⑭ 按照相同的方法设置横坐标轴的线条，最终效果如下图所示。

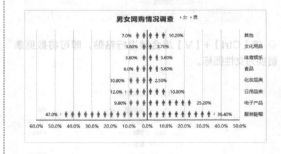

5.5.4 双轴复合图表

扫码看视频

有时用户需要在同一个 Excel 图表中反映多组数据的变化趋势。例如，要同时反映每年的销售额和销售增长率，但销售额数值往往远大于销售增长率数值。当这两个数据系列出现在同一个图表中时，增长率的变化趋势由于数值太小而无法在图表中展现出来。

我们可以使用双轴复合图表来解决这个问题。双轴复合图表就是在同一个图表中有两个纵坐标，分别用来标记不同的数据系列，如下图所示。

下面我们以“2014—2018 年销售额及增长率”图表为例，介绍如何创建双轴复合图表。由于大多数情况下，我们使用的是单轴图表，所以在创建图表的时候，大多数人会直接创建单轴图表，创建完成后发现问题才又将其更改为双轴图表，所以此处我们也先创建一个单轴图表，然后再将其更改为双轴图表。具体操作步骤如下。

❶ 打开本实例的原始文件“2014-2018 年销售额及增长率”，将光标定位在数据区域的任意一个单元格中，切换到【插入】选项卡，在【图表】组中单击【插入柱形图或条形图】按钮，此处插入簇状柱形图。

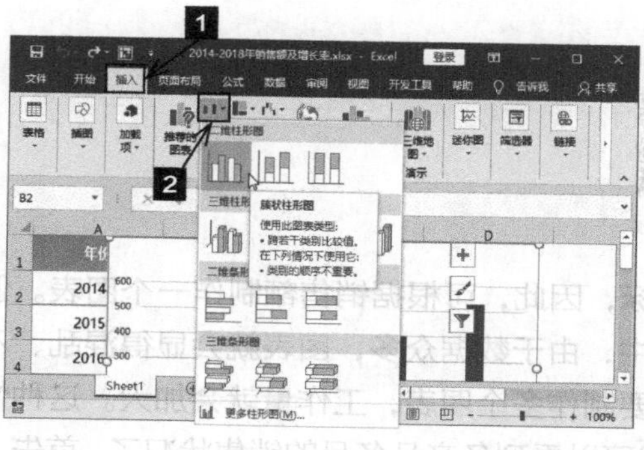

❷ 在工作表中插入一个柱形图，此时增长率的变化趋势由于数值太小而无法在图表中展现出来。

③ 选中图表中的一个数据系列，切换到【图表工具】栏的【设计】选项卡，在【类型】组中单击【更改图表类型】按钮。

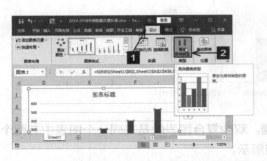

④ 弹出【更改图表类型】对话框，在【为您的数据系列选择图表类型和轴：】列表框中，将数据系列【增长型】的【图表类型】设置为【带数据标记的折线图】，并勾选其后面的【次坐标轴】复选框。

⑤ 设置完毕，单击【确定】按钮，返回工作表，即可看到图表已经更改为柱形图与折线图的复合图表了。

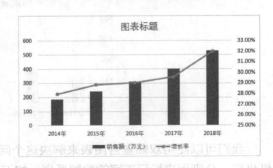

⑥ 可以按照前面的方法对图表的各个元素进行格式化，最终效果如图所示。

5.6　制作动态图表

　　动态图表不仅直观、形象，还可以随着数据的变化而变化，为工作展示和数据统计提供便利。

5.6.1　利用查找函数创建动态图表

[扫码看视频]

　　作为企业来说，销售额是销售统计的主要指标，因此，可根据销售额制作一个图表。但是如果将各月份各产品的销售额制作到一个图表中，由于数据众多，图表就会显得混乱、不清晰；如果按产品类别或月份制作图表，那就需要制作多个图表，工作量就会加大。这种情况下就可以使用动态图表，只需要制作一个图表就可以看到各产品各月的销售状况了。首先，我们来学习如何利用查找函数制作一个动态图表。

要利用查找函数制作动态柱形图，需要借助查找函数（VLOOKUP 或 HLOOKUP），大体可以分为 3 步。

（1）创建下拉列表框；

（2）数据查询；

（3）插入图表。

下面我们先以月份可变的动态图表为例，制作一个动态图表，具体操作步骤如下。

❶ 打开本实例的原始文件"各类产品销售统计"，选中单元格区域 A1:G2，将其复制到单元格 A9，然后选中单元格区域 A10:G10，按【Delete】键，清除单元格区域内的内容，仅保留产品行信息。

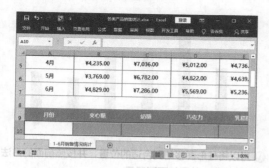

❷ 制作下拉列表框用于月份选择。选中单元格 A10，切换到【数据】选项卡，在【数据工具】组中单击【数据验证】按钮的上半部分。

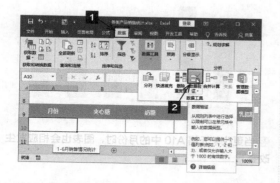

❸ 弹出【数据验证】对话框，切换到【设置】选项卡，在【允许】下拉列表中选择【序列】选项，然后将光标移动到【来源】文本框中，在工作表中选择数据区域 A2:A7。

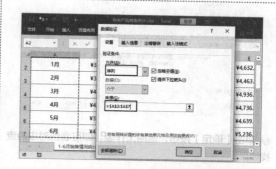

❹ 单击【确定】按钮，返回工作表，即可看到在单元格 A10 的右下角出现了一个下拉按钮。单击该按钮，在弹出的下拉列表中选择任意月份。

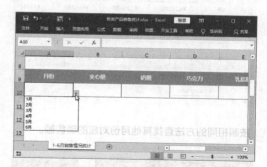

❺ 接下来根据月份查询对应的销售额。选中单元格 B10，切换到【公式】选项卡，在【函数库】组中单击【查找与引用】按钮，在弹出的下拉列表中选择【VLOOKUP】函数选项。

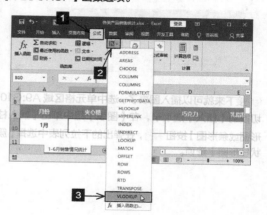

⑥ 弹出【函数参数】对话框，在第 1 个参数文本框中
选择输入"A10"，在第 2 个参数文本框中选择输入
"A2:G7"，在第 3 个参数文本框中输入"2"，在第
4 个参数文本框中输入"0"。

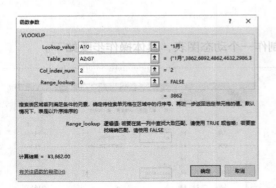

⑦ 单击【确定】按钮，返回工作表，即可看到对应的查
找结果。

⑧ 按照相同的方法查找其他月份对应的销售额。

⑨ 接下来就可以插入图表了。选中单元格区域 A9:G10，
切换到【插入】选项卡，在【图表】组中单击【插入柱
形图或条形图】按钮 ，在弹出的下拉列表中选择【簇
状柱形图】选项。

⑩ 在工作表中插入一个柱形图。

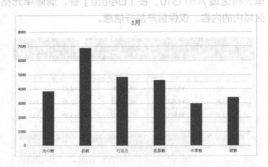

⑪ 可以将柱形图移动到合适的位置，并按照前面的方法
对其格式化，效果如下图所示。

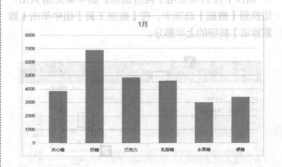

⑫ 当更改单元格 A10 中的月份时，图表也会相应发生
改变。

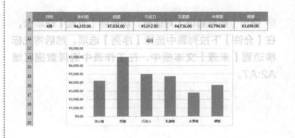

创建品类可变的动态图表与月份可变的动态图表的方法一致，只是在查找数据的时候使用的函数变为 HLOOKUP 函数，最终效果如右图所示。

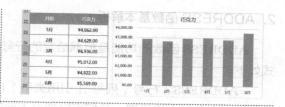

5.6.2 利用 INDIRECT 函数创建动态图表

扫码看视频

1. INDIRECT 函数基本解析

INDIRECT 函数用于返回文本字符串所指定的引用。其语法格式如下。

=INDIRECT（字符串表示的单元格地址，指定引用样式）

第 1 个参数必须是能够表达为单元格或单元格区域的地址，如"B5""A1:B5""2019年 !B5"。

第 2 个参数如果忽略或者输入 TRUE，表示的是 A1 引用方式。列标是字母，行号是数字，例如 B5 就是 B 列第 5 行；如果输入 FALSE，表示的是 R1CI 引用方式，在这种引用方式下，列标和行号都是数字，比如 R3C4 表示的是第 3 行第 4 列，也就是常规的 D3 单元格。大多数情况下，该参数忽略即可。

> **提示**
>
> 单元格引用分为 A1 和 R1C1 两种样式。在 A1 引用样式中，用单元格所在列标和行号表示其位置，如 B5，表示 B 列第 5 行；在 R1C1 引用样式中，R 表示 row（行）、C 表示 column（列），R3C4 表示第 3 行第 4 列，即 D3 单元格。

下面通过一个表格来看一下 INDIRECT 函数的相关计算应用。

	A	B	C
1	B1	间	10
2	C2	接	22

函数	结果	说明
=INDIRECT(A1)	间	单元格 A1 中的引用值，即单元格 B1 中的值
=INDIRECT(A2)	22	单元格 A2 中的引用值，即单元格 C2 中的值
=INDIRECT("R2C2",)	接	第 2 行第 2 列中的引用值，即单元格 B2 中的值
=INDIRECT("B1")	间	单元格 B1 中的值
=SUM(INDIRECT("C1:C2"))	32	单元格区域 C1:C2 中的值求和

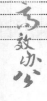
2. ADDRESS 函数基本解析

ADDRESS 函数的功能是根据给定的行号和列标建立文本类型的单元格地址。其语法格式如下。

=ADDRESS（行号，列号，[引用类型],[引用方式],[指明工作簿的工作表]）

第 3 个参数引用类型，我们可以通过下面的一个表格来进行表述。

参数	返回的引用类型
1 或省略	绝对引用
2	绝对行号，相对列标
3	相对行号，绝对列标
4	相对引用

第 4 个参数引用方式说明如下。

① TRUE 或省略：返回 A1 样式；

② FALSE：返回 R1C1 样式。

第 5 个参数指明工作簿的工作表，指明工作簿里的哪一个工作表，即不同工作簿中的工作表。

3. ROW 函数基本解析

ROW 函数的功能是返回给定引用单元格的行号。其语法格式如下。

ROW（引用单元格）

参数引用单元格表示需要得到行号的单元格或单元格区域，如果省略该参数，则默认为是对函数本身所在单元格的引用。

该函数的相关应用如下图所示。

	A	B	C
1	公式	结果	说明
2	=ROW()	2	公式所在行的行号
3	=ROW(C15)	15	引用单元格所在行的行号

4. CELL 函数基本解析

CELL 函数的功能是返回某一个引用区域的左上角单元格的格式、位置或内容等信息。其语法格式如下。

CELL(info_type,reference)

参数 info_type 是一个文本值，用来指定所需要的单元格信息的类型，它有多种取值；参数 reference 表示要获取其有关信息的单元格，如果省略，则表示 info_type 中的信息将返回给最后更改的单元格。参数 info_type 的可能值及其结果如下表所示。

参数 info_typ	返回值
"address"	返回引用中第一个单元格的地址，文本类型
"col"	返回引用中单元格的列标
"color"	如果单元格中的负值以不同的颜色显示则为 1，否则返回 0
"contents"	返回引用中左上角单元格的内容，不包含公式
"filename"	返回包含引用的文件名（包括全部路径），文本类型。如果包含目标引用的工作表尚未保存，则返回空文本 ("")
"format"	返回与单元格中不同的数字格式相对应的文本值。在"Excel 中的格式与 CELL 返回值之间的关系"表中列出了不同格式的文本值。如果单元格中的负值以不同的颜色显示，则在返回的文本值的结尾处加"−"；如果单元格中为正值或所有的单元格均加括号，则在文本值的结尾处返回"( )"
"parentheses"	如果单元格中为正值或全部的单元格均加括号则为 1，否则返回 0
"prefix"	返回与单元格中不同的标志前缀相对应的文本值。如果单元格文本左对齐，则返回单引号 (')；如果单元格文本右对齐，则返回双引号 (")；如果单元格文本居中，则返回插入字符 (^)；如果单元格文本两端对齐，则返回反斜线 (\)；如果是其他情况，则返回空文本 ("")
"protect"	如果单元格没有锁定，则返回 0；如果单元格锁定，则返回 1
"row"	返回引用中单元格的行号
"type"	返回与单元格中的数据类型相对应的文本值。如果单元格为空，则返回"b"；如果单元格包含文本常量，则返回"1"；如果单元格包含其他的内容，则返回"v"
"prefix"	返回取整后的单元格的列宽，列宽以默认字号的一个字符的宽度为单位

当 info_type 为"format"的取值，以及引用为用内置数字格式设置的单元格时，函数 CELL 会根据不同的格式返回不同的文本值。Excel 中的格式及 CELL 函数的返回值之间的关系如下表所示。

Excel 的格式	CELL 的返回值
常规	"G"
0	"F0"
#，##0	",0"
0.00	"F2"
#，##0.00	",2"
$#，##0_); ($#，##0)	"C0"
$#，##0_); [Red]($#，##0)	"C0–"
$#，##0.00_); ($#，##0.00)	"C2"
$#，##0.00_); [Red]($#，##0.00)	"C2–"
0%	"P0"
0.00%	"P2"
0.00E+00	"S2"
# ?/? 或 # ??/??	"G"
yy–m–d 或者 yy–m–d h:mm 或者 dd–mm–yy	"D4"
d–mmm–yy 或 dd–mmm–yy	"D1"
d–mmm 或者 dd–mmm	"D2"
mmm–yy	"D3"
dd–mm	"D5"
h:mm AM/PM	"D7"
h:mm:ss AM/PM	"D6"
h:mm	"D9"
h:mm:ss	"D8"

5. 创建动态图表

❶ 打开本实例的原始文件"各类产品销售统计 01"，选中单元格区域 A1:B7，将其复制到单元格 I1 中，清除单元格区域 J1:J7 中的内容，仅保留月份的相关信息。

❷ 在单元格 J1 中输入如下公式"=INDIRECT(ADDRESS(ROW(B1),CELL("COL")))"。

提示

单元格 J1 中输入的公式是一个 3 层嵌套函数。最外层是 INDIRECT 函数，它只有一个参数，就是 ADDRESS 函数的结果；中间层显然就是 ADDRESS 函数，ADDRESS 函数的两个参数分别是 ROW 函数和 CELL 函数的结果；最内层函数显然就是 ROW 和 CELL 了。下面我们开始从内层分析各个函数得到的结果：CELL("COL") 得到的是函数所在单元格对应的列标，即 10；ROW(B1) 得到的是单元格 B1 对应的行号，即 1。那么根据这两个参数 ADDRESS 函数得到的结果就应该是第 1 行第 10 列（即 J1）的绝对引用，那么 INDIRECT 函数的参数就是单元格 J1

提示

了，很显然这个公式中间接地应用了这个公式本身所在的单元格，即包含了循环引用。这里需要特别注意的是，如果用鼠标单击其他的单元格，则必须按【F9】键，让 Excel 重新计算公式的值。

❸ 按【Enter】键，弹出【Microsoft Excel】提示框，提示用户存在循环引用以及可能带来的后果。

❹ 单击【确定】按钮，即可得到 J1 的结果为 0，将单元格 J1 中的公式不带格式地填充至单元格 J7。

❺ 单击单元格 B1，然后按【F9】键，单元格区域 J1:J7 中就会显示单元格区域 B1:B7 中的数据。

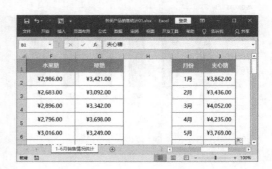

⑥ 动态数据准备完毕后，接下来就可以插入图表了。选中单元格区域 I1:J7，切换到【插入】选项卡，在【图表】组中单击【插入柱形图或条形图】按钮，在弹出的下拉列表中选择【簇状柱形图】选项。

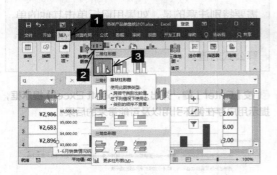

⑦ 此时在工作表中插入一个柱形图。

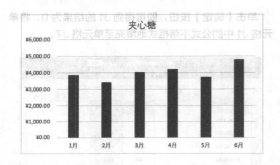

⑧ 可以将柱形图移动到合适的位置，并按照前面的方法对其格式化，效果如下图所示。

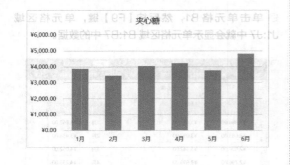

⑨ 如果需要查看其他产品的图表，例如要查看"水果糖"销售额的图表，则可单击单元格 F1，然后按【F9】键，Excel 就会重新计算表中的数据，自动显示出"水果糖"销售额的图表，如下图所示。

月份	水果糖
1月	¥2,986.00
2月	¥2,683.00
3月	¥2,896.00
4月	¥2,796.00
5月	¥3,016.00
6月	¥3,389.00

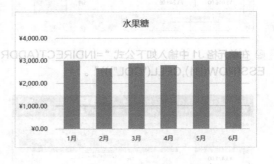

第6章
数据透视表
与数据透视图

在实际工作中，不仅要追求数据的准确性，还要追求工作的效率。数据透视表是Excel为用户提供的一种高效处理及分析数据的工具，本章讲述如何利用数据透视表对数据进行快速汇总分析与计算。

要 点 导 航

- 创建数据透视表
- 布局数据透视表
- 格式化数据透视表
- 数据透视表的排序与筛选

- 生成数据透视图
- 数据透视表（图）的高级应用
- 数据透视表的计算

6.1　创建数据透视表

数据透视表可以帮助用户通过简单的拖曳操作，完成复杂的数据分类汇总，可以说是 Excel 中最实用、最常用的功能之一。

6.1.1　认识数据和数据透视表

日常工作中用户会使用到很多 Excel 表格，它们往往像左下图这样包含很多列，每列中含有不同的数据，我们统称这样的表格为数据表。当用户按照一定条件对左下图的数据进行统计汇总后，就生成了右下图所示的数据透视表。这个过程只需要单击几下鼠标，非常简单。

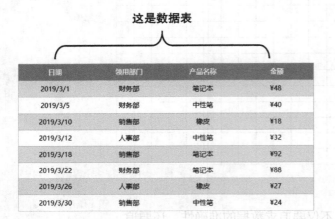

这是数据表

此简单数据透视表汇总了数据

上图所示的数据透视表实现了最简单的要求，按照【领用部门】汇总求和。如果要求按领用物品和领用部门汇总金额，则生成的数据透视表如下图所示。

求和项:金额	产品名称			
领用部门	笔记本	橡皮	中性笔	总计
财务部	¥136.00		¥40.00	¥176.00
人事部		¥27.00	¥32.00	¥59.00
销售部	¥92.00	¥18.00	¥24.00	¥134.00
总计	¥228.00	¥45.00	¥96.00	¥369.00

6.1.2　字段与值

Excel 中用行和列描述数据的分布位置，对数据透视表来说，列就是一个字段。如果数据中的一个字段包含数字值，数据透视表就可以对其进行汇总求和。汇总求和后，它被称为数据透视表值字段，而进行汇总的条件被称为数据透视表的行字段。

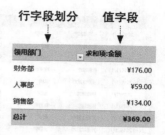

字段	字段	字段	字段
日期	领用部门	产品名称	金额
2019/3/1	财务部	笔记本	¥48
2019/3/5	财务部	中性笔	¥40
2019/3/10	销售部	橡皮	¥18
2019/3/12	人事部	中性笔	¥32
2019/3/18	销售部	笔记本	¥92
2019/3/22	财务部	笔记本	¥88
2019/3/26	人事部	橡皮	¥27
2019/3/30	销售部	中性笔	¥24

行字段划分　　值字段

领用部门	求和项:金额
财务部	¥176.00
人事部	¥59.00
销售部	¥134.00
总计	¥369.00

用户单击【数据透视表】按钮，Excel 会自动查看用户的数据表格，然后在【数据透视表字段】窗格中按名称列出字段。

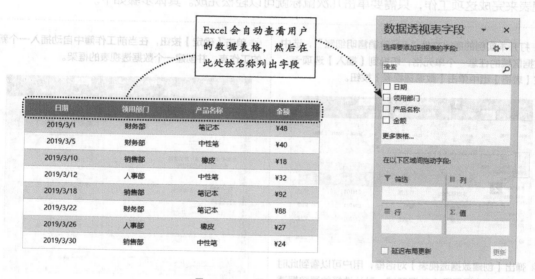

Excel 会自动查看用户的数据表格，然后在此处按名称列出字段

数据透视表字段

6.1.3 创建初始数据透视表

扫码看视频

了解了数据透视表的数据源以及数据源表中的行和列与数据透视表中字段和值的关系后，就可以创建数据透视表了。

下图所示的数据列表是神龙糖果公司 2019 年 1 月的销售明细账。

日期	商家	业务员	货号	品名	型号	规格	单价（元）	销量	金额（元）
2019/1/1	家乐福超市	陈万敏	CNT01	奶糖	袋	100g	¥5.90	371	¥2,188.90
2019/1/1	前进超市	曹宁	CNT01	奶糖	袋	100g	¥5.90	383	¥2,259.70
2019/1/1	丰达超市	卫静雯	CNT01	奶糖	袋	100g	¥5.90	372	¥2,194.80
2019/1/1	胜利超市	陶淑珍	CSGT02	水果糖	袋	180g	¥9.20	341	¥3,137.20
2019/1/1	福万家超市	张娴	CQKL03	巧克力	盒	250g	¥17.00	301	¥5,357.00
2019/1/1	华瑞超市	金莎	CSGT01	水果糖	袋	100g	¥4.90	368	¥1,803.20
2019/1/1	辉宏超市	陈万敏	CQKL02	巧克力	袋	180g	¥11.20	376	¥4,211.20
2019/1/1	万佳达超市	曹宁	CSGT01	水果糖	袋	100g	¥4.90	343	¥1,680.70
2019/1/1	万盛超市	卫静雯	CQKL02	巧克力	袋	180g	¥11.20	383	¥4,289.60
2019/1/1	福万家超市	张娴	CNT03	奶糖	盒	250g	¥15.50	362	¥5,611.00
2019/1/1	华康超市	陶淑珍	CQKL01	巧克力	袋	100g	¥6.60	397	¥2,620.20
2019/1/1	辉宏超市	陈万敏	CNT02	奶糖	袋	180g	¥9.90	342	¥3,385.80
2019/1/1	康佳批发市场	张娴	PRZT01	乳脂糖	箱	10kg	¥420.00	590	¥247,800.00
2019/1/1	万嘉和超市	卫静雯	CNT02	奶糖	袋	180g	¥9.90	321	¥3,177.90
2019/1/1	蕃利来超市	金莎	CSGT03	水果糖	盒	250g	¥13.50	328	¥4,428.00

如果要将这样一份成百上千行的流水账销售数据，按品名、业务员来汇总，使用数据透视表来完成这项工作，只需要单击几次鼠标就可以轻松完成。具体步骤如下。

❶ 打开本实例的原始文件"1月份销售明细账"，选中数据区域的任意一个单元格，切换到【插入】选项卡，在【表格】组中单击【数据透视表】按钮。

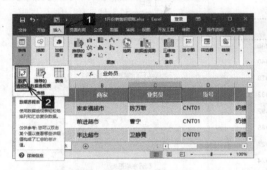

❷ 弹出【创建数据透视表】对话框，用户可以看到此时Excel 自动选择了整个数据区域，默认选择放置数据透视表的位置为新工作表。

❸ 单击【确定】按钮，在当前工作簿中自动插入一个新的工作表，并创建一个数据透视表的框架。

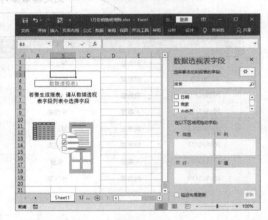

❹ 一般情况下，创建数据透视表后，系统会自动打开【数据透视表字段】任务窗格，在【字段】列表框中选择字段，然后按住鼠标左键不放，将其拖动到对应的区域（筛选、列、行、值）即可。

6.2　布局数据透视表

　　数据透视表的主要功能是按照指定类别汇总数据量很大的流水明细数据，然后根据汇总数据制作分析报告。汇总数据后，为了便于分析数据，还应对汇总数据进行合理布局，而对数据进行合理布局的过程实际上就是对数据进行思考的过程，因此对数据透视表进行合理布局是非常重要的。

6.2.1　数据透视表字段窗格

　　当创建数据透视表之后，系统会自动弹出一个【数据透视表字段】窗格，它是布局数据透视表必不可少的工具。

　　默认情况下，该窗格包含5个小窗格，分别是字段列表、页字段、行字段、列字段和值字段。

　　（1）字段列表罗列了数据源中所有的字段，也就是数据区域的列标题。

　　（2）页字段用于对整个数据透视表进行筛选。

　　（3）行字段是数据透视表用于在行方向布局字段的项目，也就是数据透视表的行标题。

　　（4）列字段是数据透视表用于在列方向布局字段的项目，也就是数据透视表的列标题。

　　（5）值字段用于汇总计算指定的字段。一般情况下，如果是数值型字段，默认汇总方式是求和；如果是文本型字段，默认汇总方式是计数。值字段的计算方式可以根据实际需要进行改变。

　　【数据透视表字段】窗格与数据透视表紧密关联，在对数据透视表进行布局前，先来看看【数据透视表字段】窗格中的5个小窗格与数据透视表各部分数据的对应关系。

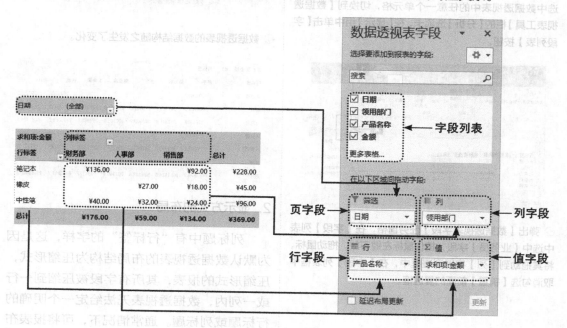

6.2.2 数据透视表的布局

扫码看视频

数据透视表的布局可以分成两个方面：一方面是数据结构的布局，另一方面是显示方式的布局。

1. 数据结构的布局

数据透视表创建完成后，为了满足用户从不同的角度进行数据分析的需求，可以对数据结构进行重新布局。例如在对"1 月份销售明细账"进行汇总时是对品名进行的汇总，如果在分析各产品销售额的同时还要考查业务员的业绩，就不仅需要按品名汇总，还需要按业务员对销售金额进行汇总，而且对业务员业绩的考查仅销售额，跟销量没有直接关系，因此这里无须计算销量。具体操作步骤如下。

❶ 打开本实例的原始文件"1 月份销售明细账 01"，选中数据透视表中的任意一个单元格，切换到【数据透视表工具】栏的【分析】选项卡，在【显示】组中单击【字段列表】按钮。

❷ 弹出【数据透视表字段】任务窗格，在【字段】列表中选中【业务员】字段，按住鼠标左键不放，拖动鼠标，将其拖动到【列】字段列表框中，在【字段】列表框中取消勾选【销量】前面的复选框。

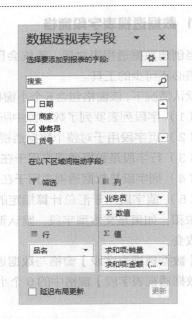

❸ 数据透视表的数据结构随之发生了变化。

求和项:金额（元）	列标签						
行标签	曹宁	陈万敏	金莎	陶凌珍	卫静雯	张晓	总计
夹心糖	1930050					2042100	3972150
奶糖	265722.2	344581.3	176927.3	261775.8	261845.3	176060.5	1486912.4
巧克力	2484959	397245.8	203938.2	300305.4	299982.8	2395065.2	6081496.4
乳脂糖	1829520					1651440	3480960
水果糖	236743.1	309797.7	148483.1	230268.2	232343.9	153146	1310782
硬糖	1706580					1615000	3321580
总计	8453574.3	1051624.8	529348.6	792349.4	794172	8032811.7	19653680.8

2. 显示方式的布局

列标题中有"行标签"的字样，这是因为默认数据透视表的布局结构为压缩形式，压缩形式的报表，其所有字段被压缩到一行或一列内，数据透视表无法给定一个明确的行标题或列标题。通常情况下，可将报表布局结构设置为表格形式。

❶ 切换到【数据透视表工具】栏的【设计】选项卡，在【布局】组中单击【报表布局】按钮，在弹出的下拉列表中选择【以表格形式显示】选项。

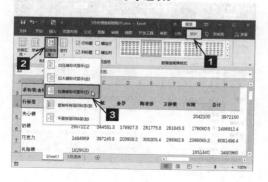

❷ 返回工作表，即可看到报表中"行标签"字样已经显示为正确的列标题。

求和项:金额（元）	业务员						
品名	曹宁	陈万敏	金莎	陶凌珍	卫静雯	张巍	总计
夹心糖	1930050					2042100	3972150
奶糖	265722.2	344581.3	176927.3	261775.8	261845.3	176060.5	1486912.4
巧克力	2484959	397245.8	203938.2	300305.4	299982.8	2395065.2	6081496.4
乳脂糖	1829520					1651440	3480960
水果糖	236743.1	309797.7	148483.1	230268.2	232343.9	153146	1310782
硬糖	1706580					1615000	3321580
总计	8453574.3	1051624.8	529348.6	792349.4	794172	8032811.7	19653880.8

6.3 格式化数据透视表

扫码看视频

数据透视表的格式设置和普通单元格的格式设置一样，可以通过手动和自动套用格式两种方法来完成。使用自动套用格式设置数据透视表格式的具体步骤如下。

❶ 打开本实例的原始文件"1月份销售明细账02"，选中数据透视表中的任意一个单元格，切换到【数据透视表工具】栏的【设计】选项卡，在【数据透视表样式】组中单击【其他】按钮。

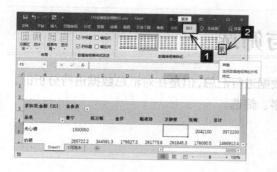

❷ 弹出一个数据透视表样式库，可以在众多的样式中选择一种合适的样式。

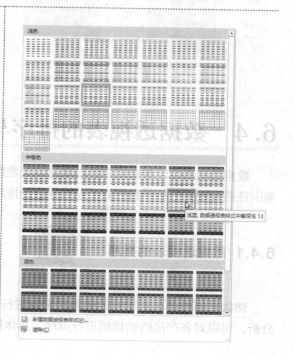

③ 数据透视表应用了选中的样式，效果如下图所示。

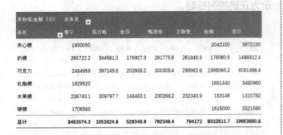

④ 套用数据透视表的自带样式后，透视表中的字体和单元格样式可能还不符合用户的阅读需求，这时可以根据实际需求进行更改，例如在本实例中汇总的是销售金额，显然数据使用【货币格式】更合适。选中数据透视表中的汇总数据区域 B5:H11，切换到【开始】选项卡，在【数字】组中的【数字格式】下拉列表中选择【货币】选项。

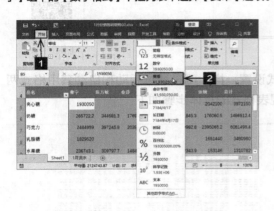

⑤ 选中整个数据透视表，在【字体】下拉列表中选择【微软雅黑】选项。

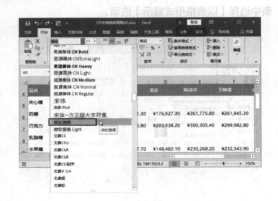

数据透视表基本格式化完成，最终效果如图所示。

6.4　数据透视表的排序与筛选

数据透视表可以帮助用户轻松地对一大堆数据进行汇总，但是在对汇总数据进行分析时，有时还需要根据分析的目的对汇总数据进行排序、筛选。

6.4.1　数据透视表的排序

扫码看视频

例如前面按品名对 1 月的销售明细账进行了汇总，为了更方便对各产品的销售情况进行分析，可以对各产品的销售额进行排序，具体操作步骤如下。

❶ 打开本实例的原始文件"1月份销售明细账03",选中数据透视表中各类产品销售额"总计"值中的任意一个单元格。

❷ 单击鼠标右键，在弹出的快捷菜单中选择【排序】▶【降序】菜单项。

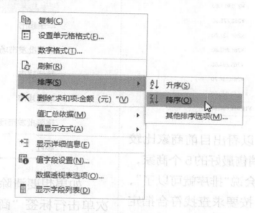

❸ 将数据透视表中的数据按各产品的销售额进行降序排序。

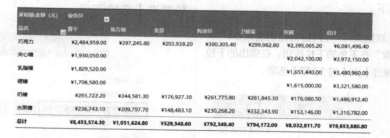

6.4.2 数据透视表的筛选

扫码看视频

在数据透视表中，如果汇总后的项目比较多，又要从中找出需要的数据，这时可以利用数据透视表的筛选功能。

例如，先按照前面的方法，将1月的销售流水账按商家进行汇总。

商家	求和项:金额（元）
百胜超市	¥264,758.70
丰达超市	¥264,756.20
福万家超市	¥262,453.30
华惠超市	¥262,445.30
华瑞超市	¥267,610.40
辉宏超市	¥261,284.60
惠圆超市	¥266,618.40
言盛达超市	¥264,121.80
佳吉超市	¥260,804.10
家家福超市	¥265,208.40
康佳批发市场	¥7,503,740.00
美佳超市	¥267,128.80
前进超市	¥270,911.80
胜利超市	¥262,775.30
特惠超市	¥264,327.70
万盛达超市	¥265,863.80
万盛和超市	¥265,294.00
喜利来超市	¥261,738.20
祥隆批发市场	¥7,652,040.00
总计	¥19,653,880.80

从数据透视表中可以看出目前商家比较多，如果需要从中找出销售最好的5个商家，该怎么做呢？可能有人会说"排序就可以了"，但是"术业有专攻"，按要求查找符合指定要求的数据，还是更适合使用筛选功能。具体操作步骤如下。

❶ 打开本实例的原始文件"1月份销售明细账04"，单击行标签"商家"右下角的下拉按钮，在弹出的下拉列表中选择【值筛选】➤【前10项】选项。

❷ 弹出【前10个筛选（商家）】对话框，默认筛选的是最大的前10项，此处可将数字10改成5。

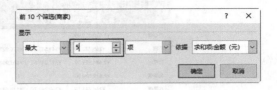

❸ 单击【确定】按钮，即可筛选出销售最好的5个商家，效果如下图所示。

商家	求和项:金额（元）
华瑞超市	¥267,610.40
康佳批发市场	¥7,503,740.00
美佳超市	¥267,128.80
前进超市	¥270,911.80
祥隆批发市场	¥7,652,040.00
总计	¥15,961,431.00

如果想要清除数据透视表中的筛选，再次单击行标签"商家"右下角的下拉按钮，在弹出的下拉列表中选择【从"商家"中清除筛选】选项即可。

6.5 生成数据透视图

扫码看视频

数据透视图与一般图表最大的不同之处在于：一般的图表为静态图表，而数据透视图与数据透视表一样，都是交互式的动态图表。

如果需要更直观地查看和比较数据透视表中的汇总结果，则可利用 Excel 提供的由数据透视表生成数据透视图的功能来实现。

下面以前面根据品名和业务员创建的数据透视表为例，介绍一下创建数据透视图的方法。

---

❶ 打开本实例的原始文件"1月份销售明细账05"，选中数据透视表中的任意一个单元格，然后切换到【数据透视表工具】栏的【分析】选项卡，在【工具】组中单击【数据透视图】按钮。

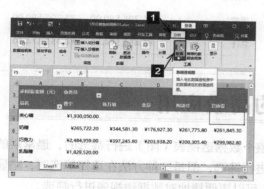

❷ 弹出【插入图表】对话框，在【所有图表】列表中选择一种合适的图表，此处选择【堆积柱形图】选项。

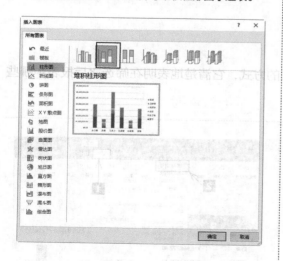

❸ 单击【确定】按钮，Excel 自动创建一个数据透视图。

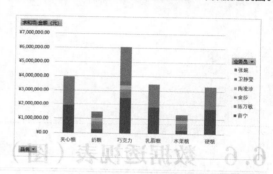

与普通图表相比，数据透视图的灵活性更高。在数据透视图中，数据系列和图例字段都有下拉菜单，可以单击其下拉按钮，然后在弹出的下拉菜单中选择要查看的项，随后透视图就会根据所选的项形成所需的透视图。

❹ 在图例【业务员】下拉列表中取消勾选【全选】复选框，然后勾选【曹宁】复选框。

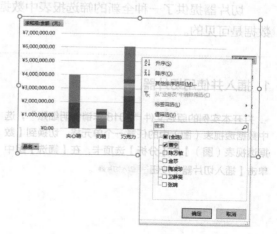

⑤ 单击【确定】按钮，得到的结果如下图所示。

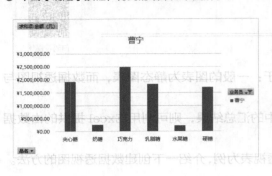

数据透视表与数据透视图是紧密联动的，在改变数据透视图中数据的同时，数据透视表也会随之改变。例如在上面的例子中，操作完成后，数据透视表中就只有业务员"曹宁"的汇总数据了，如下图所示。

求和项:金额（元）	业务员	
品名	曹宁	总计
夹心糖	¥1,930,050.00	¥1,930,050.00
奶糖	¥265,722.20	¥265,722.20
巧克力	¥2,484,959.00	¥2,484,959.00
乳脂糖	¥1,829,520.00	¥1,829,520.00
水果糖	¥236,743.10	¥236,743.10
硬糖	¥1,706,580.00	¥1,706,580.00
总计	¥8,453,574.30	¥8,453,574.30

6.6　数据透视表（图）的高级应用

数据透视表的灵活性很高，但是当需要对整个数据透视表（图）进行筛选时，最常规的做法就是将字段拖曳到筛选区域，通过页字段进行筛选，但是这种方法在选择筛选时，略显麻烦。使用数据透视表的切片器和日程表功能，可以更便捷地对数据透视表进行筛选。

6.6.1　使用切片器筛选

扫码看视频

切片器提供了一种全新的筛选报表中数据的方式，它清楚地表明在筛选之后报表中哪些数据是可见的。

1. 插入并使用切片器

❶ 打开本实例的原始文件"2018年销售明细账"，选中数据透视表（图）中的任意一个单元格，切换到【数据透视表（图）】的【分析】选项卡，在【筛选】组中单击【插入切片器】按钮 插入切片器。

② 弹出【插入切片器】对话框，勾选要进行筛选的字段。

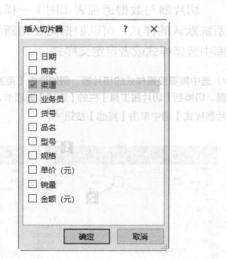

③ 选择完成后单击【确定】按钮，在工作表中插入选定字段的切片器。

④ 单击切片器中的某个项目，就可以选中该项目，数据透视表（图）会随之变化，仅显示选中项目的数据。例如在切片器中选中【超市】选项，数据透视表（图的效果对比如下图所示。

品名	求和项:金额（元）	品名	求和项:金额（元）
夹心糖	¥26,577,000.00	奶糖	¥19,968,322.80
奶糖	¥19,968,322.80	巧克力	¥23,080,128.40
巧克力	¥55,352,508.40	水果糖	¥17,415,327.10
乳脂糖	¥25,487,700.00	总计	¥60,463,778.30
水果糖	¥17,415,327.10		筛选后
硬糖	¥23,981,800.00		
总计	¥168,782,658.30		

筛选前

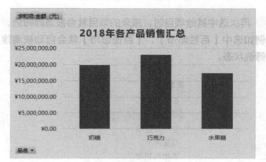

筛选前

（筛选后图）

筛选后

⑤ 如果想要清除筛选，可以直接单击【渠道】切片器右上角的【清除筛选器】按钮。

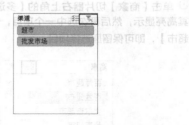

如果切片器中的项目比较多，用户可以选择多个项目进行筛选。

⑥ 按照相同的方法，在工作表中插入一个【商家】的切片器。

⑦ 选中【商家】切片器中的一个项目，例如选择【百佳超市】项目。

⑧ 再次选中其他项目时，原来的项目就会被清除筛选，例如选中【百胜超市】，【百佳超市】就会自动被清除筛选状态。

⑨ 单击【商家】切片器右上角的【多选】按钮 ⌧，使其高亮显示，然后再次选中一个项目，例如选中【多多超市】，即可保留原选择项目。

提示

在使用切片器选择多个项目时，一定要先选中一个项目，再单击【多选】按钮，使其高亮显示，然后再选中其他需要选择的项目。这是因为切片器默认的是选中所有项目，如果直接单击【多选】按钮，使其高亮显示，则在单击某项目时，就不是选中该项目，而是取消勾选该项目了。

2. 设置切片器样式

切片器与数据透视表（图）一样，都有系统默认的样式，可以根据需要重新从样式库中选择样式或者自定义样式。

❶ 选中需要设置样式的切片器，例如选中【商家】切片器，切换到【切片器工具】栏的【选项】选项卡，在【切片器样式】组中单击【其他】按钮 ⩔。

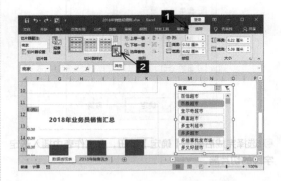

❷ 在弹出的切片器样式库中选择一种合适的样式，例如选择【浅蓝，切片器样式深色 1】选项。

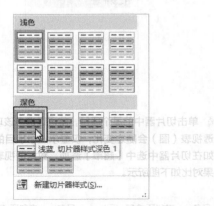

❸ 选择完成后返回工作表，即可看到【商家】切片器已经应用了刚才选中的样式。

④ 如果切片器样式库中没有合适的样式，则可以自定义样式。在打开的样式库中，选择【新建切片器样式】选项。

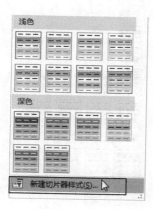

提示

　　　　一般情况下，为了使整体页面美观，在选择切片器样式时，切片器的颜色要尽量与数据透视表（图）的颜色一致，如果样式库中没有与数据透视表（图）的颜色一致的样式，则可以自定义切片器样式。

⑤ 弹出【新建切片器样式】对话框，在【切片器元素】列表框中选择【整个切片器】选项，单击【格式】按钮。

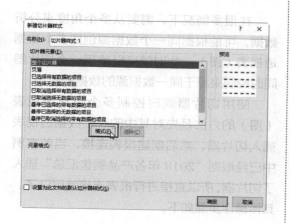

⑥ 打开【格式切片器元素】对话框，切换到【字体】选项卡，在【字体】列表框中选择【微软雅黑】，在【字形】列表框中选择【常规】选项，在【字号】列表框中选择【11】选项，在【颜色】下拉列表中选择【黑色，文字1，淡色25%】选项。

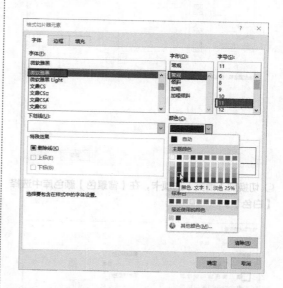

⑦ 切换到【边框】选项卡，在【样式】列表框中选择【细线条】选项，在【颜色】下拉列表中选择【白色，背景1，深色25%】选项。

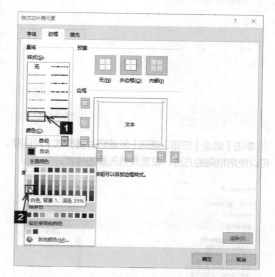

⑧ 在【预置】组中选中【外边框】选项。

⑨ 切换到【填充】选项卡，在【背景色】颜色库中选择【白色】。

⑩ 单击【确定】按钮，返回【新建切片器样式】对话框。可以使用相同的方法，设置其他元素的样式。

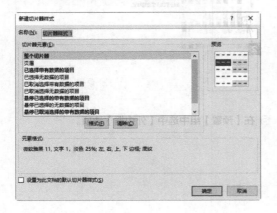

⑪ 单击【确定】按钮，返回工作表，打开切片器样式库，即可看到新创建的样式。

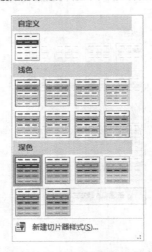

⑫ 单击应用刚创建的样式，切片器的效果如图所示。

3. 一个切片器控制多个数据透视表（图）

在很多情况下，需要从多个角度来分析数据，可能根据同一个数据源创建多个数据透视表（图），此时就可以使用一个切片器同时控制来源于同一数据源的数据透视表。

使用切片器同时控制多个数据透视表（图）的方法是先对其中的一个数据透视表插入切片器，然后创建报表连接，当前案例中已经根据"2018年各产品销售汇总"插入了切片器，所以直接进行报表连接就可以了。具体操作步骤如下。

❶ 选中【渠道】切片器，切换到【切片器工具】栏的【选项】选项卡，在【切片器】组中单击【报表连接】按钮。

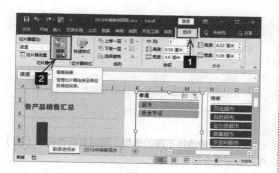

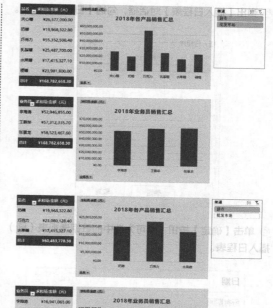

❷ 打开【数据透视表连接（渠道）】对话框，勾选需要连接的几个数据透视表即可。

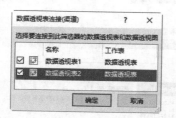

❸ 单击【确定】按钮，返回工作表，即可看到在【渠道】切片器中选择不同的项目时，两个数据透视表（图）会同时变化。

4. 删除切片器

如果不需要切片器，则可以将其删除。删除的方法很简单，直接选中需要删除的切片器，按【Delete】键即可。

6.6.2 使用日程表筛选

扫码看视频

当原始数据中有日期，制作透视表后，用户可以通过插入日程表的方式来快速筛选指定年度、季度、月份的数据。

❶ 打开本实例的原始文件"2018年销售明细账01"，选中数据透视表（图）中的任意一个单元格，切换到【数据透视表（图）】的【分析】选项卡，在【筛选】组中单击【插入日程表】按钮 。

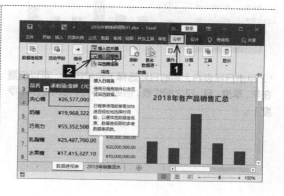

② 弹出【插入日程表】对话框，勾选【日期】复选框。

③ 单击【确定】按钮，即可为选中的数据透视表（图）插入日程表。

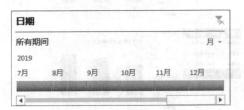

④ 默认情况下，日程表是按月筛选的，单击日程表底端的某个月份，即可选中该月份，数据透视表（图）就会显示该月的数据。

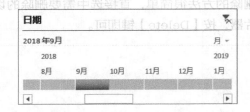

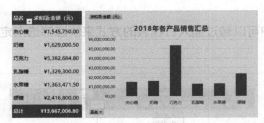

⑤ 单击日程表右上角的日期选择下拉按钮，可以设置在年、季度、月、日之间切换，例如在下拉列表中选择【季度】。

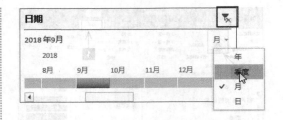

⑥ 在日程表中选择不同的季度，同时数据透视表（图）中的数据也会随季度变化。

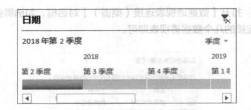

⑦ 日程表与切片器都可以设置报表连接，切换到【日程表工具】栏的【选项】选项卡，在【日程表】组中单击【报表连接】按钮。

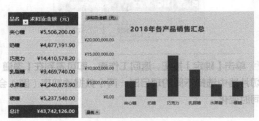

⑧ 打开【数据透视表连接（日期）】对话框，勾选需要连接的数据透视表即可。

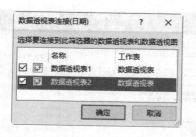

⑨ 单击【确定】按钮，返回工作表，用户即可使用一个日程表同时控制两个数据透视表。

6.7　数据透视表的计算

　　数据透视表虽然是一种汇总报表，但是它也可以直接参与计算。在数据透视表中对数据进行计算的方式主要是使用计算字段和计算项。

　　计算字段是通过对表中现有的字段执行计算后得到的新的字段，即字段与字段之间的计算。例如，右侧的数据表中有字段"实际销售额""目标销售额"，则计算目标差异 = 实际销售额 − 目标销售额。

　　计算项则是在已有的字段中插入新的项，是通过对该字段现有的其他项执行计算后得到的，即同一字段下不同项之间的计算。例如，年份字段有"2018 年"和"2019 年"两个项目，以"2018 年"和"2019 年"作为列时，计算"2018 年"和"2019 年"年的实际销售额差 =2019 年 − 2018 年。

年份	月份	实际销售额	目标销售额
2018年	1月	¥　225,630.00	¥　200,000.00
2018年	2月	¥　186,230.00	¥　180,000.00
2018年	3月	¥　245,620.00	¥　200,000.00
2018年	4月	¥　268,502.00	¥　200,000.00
2018年	5月	¥　248,603.00	¥　200,000.00
2018年	6月	¥　304,823.00	¥　300,000.00
2018年	7月	¥　202,631.00	¥　200,000.00
2018年	8月	¥　220,563.00	¥　200,000.00
2018年	9月	¥　235,061.00	¥　200,000.00
2018年	10月	¥　204,563.00	¥　200,000.00
2018年	11月	¥　458,623.00	¥　400,000.00
2018年	12月	¥　296,321.00	¥　200,000.00
2019年	1月	¥　234,560.00	¥　200,000.00
2019年	2月	¥　176,200.00	¥　180,000.00
2019年	3月	¥　240,630.00	¥　200,000.00
2019年	4月	¥　220,365.00	¥　200,000.00
2019年	5月	¥　262,229.00	¥　200,000.00
2019年	6月	¥　320,161.00	¥　320,000.00

6.7.1 添加计算字段

扫码看视频

❶ 打开本实例的原始文件"销售统计表"，选中数据区域的任意一个单元格，切换到【插入】选项卡，在【表格】组中单击【数据透视表】按钮。

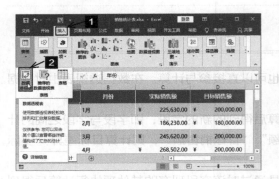

❷ 弹出【创建数据透视表】对话框，此时 Excel 自动选择了整个数据区域，默认选择放置数据透视表的位置为新工作表。

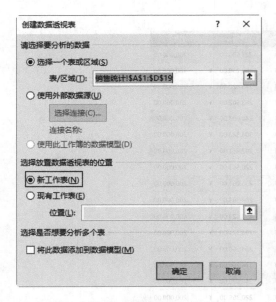

❸ 单击【确定】按钮，在当前工作簿中自动插入一个新的工作表，并创建一个数据透视表的框架。

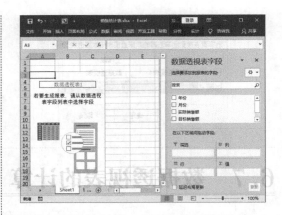

❹ 在【数据透视表字段】任务窗格中的【字段】列表中依次勾选"年份""实际销售额"和"目标销售额"，即可创建一个实际销售额与目标销售额的数据透视表。

❺ 数据透视表创建完成后，即可添加计算字段。切换到【数据透视表工具】栏的【分析】选项卡，在【计算】组中单击【字段、项目和集】按钮，在弹出的下拉列表中选择【计算字段】选项。

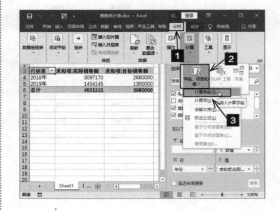

⑥ 弹出【插入计算字段】对话框，在【名称】文本框中输入"差异"，在【公式】文本框中输入公式"= 实际销售额 – 目标销售额"。

⑦ 单击【确定】按钮，返回工作表，即可看到数据透视表中新添加的计算字段。

行标签	求和项:实际销售额	求和项:目标销售额	求和项:差异
2018年	3097170	2680000	¥ 417,170.00
2019年	1454145	1300000	¥ 154,145.00
总计	4551315	3980000	¥ 571,315.00

⑧ 根据前面的方法对数据透视表进行格式化设置，最终效果如下图所示。

年份	求和项:实际销售额	求和项:目标销售额	求和项:差异
2018年	¥ 3,097,170.00	¥ 2,680,000.00	¥ 417,170.00
2019年	¥ 1,454,145.00	¥ 1,300,000.00	¥ 154,145.00
总计	¥ 4,551,315.00	¥ 3,980,000.00	¥ 571,315.00

6.7.2 添加计算项

扫码看视频

❶ 打开本实例的原始文件"销售统计表 01"，选中数据区域的任意一个单元格，切换到【插入】选项卡，在【表格】组中单击【数据透视表】按钮。

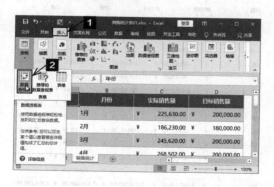

❷ 弹出【创建数据透视表】对话框，此时 Excel 自动选择了整个数据区域，在【选择放置数据透视表的位置】组合框中选中【现有工作表】单选钮，然后将光标移动到【位置】文本框中，切换到工作表【Sheet1】中，选中单元格 A10。

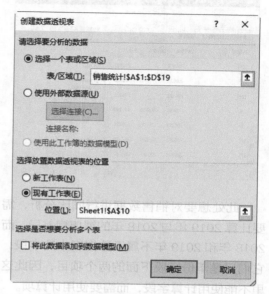

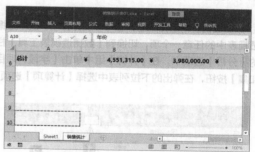

❸ 单击【确定】按钮，工作表 Sheet1 中选定的位置即创建一个数据透视表的框架。

④ 在【数据透视表字段】任务窗格中的【字段】列表中依次将【年份】添加到【列字段】，将【月份】添加到【行字段】，将【实际销售额】添加到【值字段】。

此处想要对销售数据进行同比分析，需要计算 2019 年与 2018 年的销售额差异，而 2018 年和 2019 年不属于数据表中的字段，它们只是年份字段下面的两个项目，因此这里不能使用计算字段，而需要使用计算项。

⑤ 数据透视表创建完成后，即可添加计算项。选中数据透视表中的任意一个项，切换到【数据透视表工具】栏的【分析】选项卡，在【计算】组中单击【字段、项目和集】按钮，在弹出的下拉列表中选择【计算项】选项。

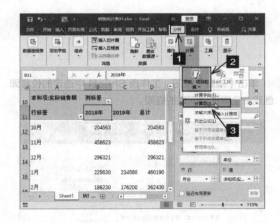

⑥ 弹出【插入计算字段】对话框，在【名称】文本框中输入"差额"，在【公式】文本框中输入公式"= '2019 年' – '2018 年'"。

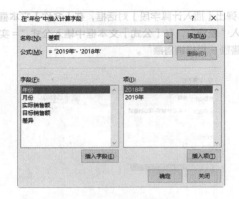

⑦ 单击【确定】按钮，返回工作表，即可看到数据透视表中新添加的计算项。

求和项:实	列标签			
行标签	2018年	2019年	差额	总计
10月	204563		-204563	0
11月	458623		-458623	0
12月	296321		-296321	0
1月	225630	234560	8930	469120
2月	186230	176200	-10030	352400
3月	245620	240630	-4990	481260
4月	268502	220365	-48137	440730
5月	248603	262229	13626	524458
6月	304823	320161	15338	640322
7月	202631		-202631	0
8月	220563		-220563	0
9月	235061		-235061	0
总计	3097170	1454145	-1643025	2908290

⑧ 根据前面的方法对数据透视表进行格式化设置，最终效果如下图所示。

求和项:实际销售额	年份			
月份	2018年	2019年	差额	总计
10月	¥ 204,563.00		¥ -204,563.00	¥
11月	¥ 458,623.00		¥ -458,623.00	¥
12月	¥ 296,321.00		¥ -296,321.00	¥
1月	¥ 225,630.00	¥ 234,560.00	¥ 8,930.00	¥ 469,120.00
2月	¥ 186,230.00	¥ 176,200.00	¥ -10,030.00	¥ 352,400.00
3月	¥ 245,620.00	¥ 240,630.00	¥ -4,990.00	¥ 481,260.00
4月	¥ 268,502.00	¥ 220,365.00	¥ -48,137.00	¥ 440,730.00
5月	¥ 248,603.00	¥ 262,229.00	¥ 13,626.00	¥ 524,458.00
6月	¥ 304,823.00	¥ 320,161.00	¥ 15,338.00	¥ 640,322.00
7月	¥ 202,631.00		¥ -202,631.00	¥
8月	¥ 220,563.00		¥ -220,563.00	¥
9月	¥ 235,061.00		¥ -235,061.00	¥
总计	¥ 3,097,170.00	¥ 1,454,145.00	¥ -1,643,025.00	¥ 2,908,290.00

由于当前数据透视表中的月份是月份字段下的项，默认的排序是将10月~12月排在前面的，但是通常的习惯是按1月~12月的顺序来排，因此需要将10月~12月移动到9月后面。

⑨ 选中数据透视表中10月~12月所在的数据区域A12:E14，将鼠标指针移动到选中区域的下边框上，鼠标指针变为可移动状态。

求和项:实际销售额	年份			
月份	2018年	2019年	差额	总计
10月	¥ 204,563.00		¥ -204,563.00	¥ -
11月	¥ 458,623.00		¥ -458,623.00	¥ -
12月	¥ 296,321.00		¥ -296,321.00	¥ -
1月	¥ 225,630.00	¥ 234,560.00	¥ 8,930.00	¥ 469,120.00
2月	¥ 186,230.00	¥ 176,200.00	¥ -10,030.00	¥ 352,400.00
3月	¥ 245,620.00	¥ 240,630.00	¥ -4,990.00	¥ 481,260.00
4月	¥ 268,502.00	¥ 220,365.00	¥ -48,137.00	¥ 440,730.00
5月	¥ 248,603.00	¥ 262,229.00	¥ 13,626.00	¥ 524,458.00
6月	¥ 304,823.00	¥ 320,161.00	¥ 15,338.00	¥ 640,322.00
7月	¥ 202,631.00		¥ -202,631.00	¥ -
8月	¥ 220,563.00		¥ -220,563.00	¥ -
9月	¥ 235,061.00		¥ -235,061.00	¥ -
总计	¥ 3,097,170.00	¥ 1,454,145.00	¥ -1,643,025.00	¥ 2,908,290.00

⑩ 按住鼠标左键不放，拖曳鼠标指针到9月的下方，释放鼠标左键。

求和项:实际销售额	年份			
月份	2018年	2019年	差额	总计
1月	¥ 225,630.00	¥ 234,560.00	¥ 8,930.00	¥ 469,120.00
2月	¥ 186,230.00	¥ 176,200.00	¥ -10,030.00	¥ 352,400.00
3月	¥ 245,620.00	¥ 240,630.00	¥ -4,990.00	¥ 481,260.00
4月	¥ 268,502.00	¥ 220,365.00	¥ -48,137.00	¥ 440,730.00
5月	¥ 248,603.00	¥ 262,229.00	¥ 13,626.00	¥ 524,458.00
6月	¥ 304,823.00	¥ 320,161.00	¥ 15,338.00	¥ 640,322.00
7月	¥ 202,631.00		¥ -202,631.00	¥ -
8月	¥ 220,563.00		¥ -220,563.00	¥ -
9月	¥ 235,061.00		¥ -235,061.00	¥ -
10月	¥ 204,563.00		¥ -204,563.00	¥ -
11月	¥ 458,623.00		¥ -458,623.00	¥ -
12月	¥ 296,321.00		¥ -296,321.00	¥ -
总计	¥ 3,097,170.00	¥ 1,454,145.00	¥ -1,643,025.00	¥ 2,908,290.00

数据透视表中添加差额计算项后，行总计就是对2018年、2019年和差额3列内容进行合计，没有实际意义，还容易让读者产生混乱，所以可以将其隐藏。

⑪ 切换到【数据透视表工具】栏的【设计】选项卡，在【布局】组中单击【总计】按钮，在弹出的下拉列表中选择【仅对列启用】选项。

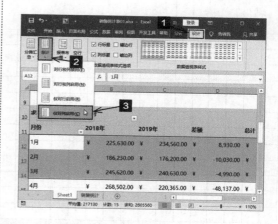

⑫ 将数据透视表中的行合计隐藏。

求和项:实际销售额	年份		
月份	2018年	2019年	差额
1月	¥ 225,630.00	¥ 234,560.00	¥ 8,930.00
2月	¥ 186,230.00	¥ 176,200.00	¥ -10,030.00
3月	¥ 245,620.00	¥ 240,630.00	¥ -4,990.00
4月	¥ 268,502.00	¥ 220,365.00	¥ -48,137.00
5月	¥ 248,603.00	¥ 262,229.00	¥ 13,626.00
6月	¥ 304,823.00	¥ 320,161.00	¥ 15,338.00
7月	¥ 202,631.00		¥ -202,631.00
8月	¥ 220,563.00		¥ -220,563.00
9月	¥ 235,061.00		¥ -235,061.00
10月	¥ 204,563.00		¥ -204,563.00
11月	¥ 458,623.00		¥ -458,623.00
12月	¥ 296,321.00		¥ -296,321.00
总计	¥ 3,097,170.00	¥ 1,454,145.00	¥ -1,643,025.00

第7章
数据分析工具的使用

Excel分析工具库针对统计领域设计了较多的统计分析工具，极大地便利了统计人员的工作。这些工具在其他领域的应用也很广泛。本章介绍如何使用分析工具来处理相关的数据。

要 点 导 航

- 安装分析工具库

- 模拟运算表

- 单变量求解

- 规划求解

- 分析工具库

7.1 安装分析工具库

Excel 中的分析工具库是以插件的形式加载的，因此在使用分析工具库之前，必须先安装该插件。数据分析工具不但包括分析工具库中提供的工具，还包括 Excel 工具菜单中的一些特殊的宏。

安装分析工具库插件的具体操作步骤如下。

❶ 打开任意一个工作簿，单击【文件】按钮，在弹出的界面中单击【选项】按钮。

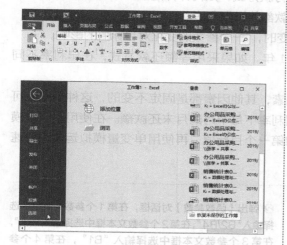

❷ 弹出【Excel 选项】对话框，切换到【加载项】选项卡，单击【转到】按钮。

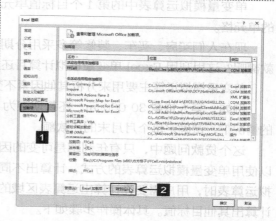

❸ 弹出【加载项】对话框，勾选【分析工具库】复选框和【分析工具库 –VBA】复选框，然后单击【确定】按钮，即可完成【分析工具库】插件的安装。

7.2 模拟运算表

Excel 模拟运算表作为工作表的一个单元格区域，可以显示某个计算公式中一个或多个变量替换成不同值时的结果。

模拟运算表为同时求解某一个运算中所有可能的变化值的组合提供了捷径，并且可以将不同的计算结果同时显示在工作表中，以便对数据进行查找和比较。

模拟运算表分为单变量模拟运算表和双变量模拟运算表两种类型。

7.2.1 单变量模拟运算表

扫码看视频

在单变量模拟运算表中，可以对一个变量输入不同的值，从而查看它对计算结果的影响。单变量模拟运算表中必须包含输入的不同变量值和相应的结果值，并且输入的变量值必须排在一行或者一列上。被排在一行上的称为行引用，被排在一列上的称为列引用。

单变量模拟运算表中的第 1 个目标值单元格中是公式，公式中必须引用输入可变的变量的单元格。

现在人们买房、买车、装修等多采用分期付款方式，如何计算这些分期付款方式的月还款额呢？这里利用 Excel 单变量模拟计算月还款额的操作方法。

单变量模拟运算主要用来分析其他因素不变时，一个参数的变化对目标值的影响。

例如，某人贷款 30 000 元，还款期限为 1 年。如果采用等额还款方式，在年利率不同的情况下，试确定每个月月末的还款额。

这个贷款问题中，只有年利率是可变的因素，其他因素都是固定不变的，这种情况就可以使用单变量模拟运算表的方式，计算出不同利率下每个月的月末还款额。在使用单变量模拟运算表时，用户需要先计算出运算表区域的第一个目标值，再使用单变量模拟运算表快速计算出其他目标值。具体操作步骤如下。

❶ 打开本实例的原始文件"贷款分析表"，选中模拟运算表数据区域中第 1 个目标值单元格 B8，切换到【公式】选项卡，在【函数库】组中单击【财务】函数按钮 财务▼，在弹出的下拉列表中选择【PMT】函数选项。

❷ 弹出【函数参数】对话框，在第 1 个参数文本框中选择输入"B2/B4"，在第 2 个参数文本框中选择输入"B4"，在第 3 个参数文本框中选择输入"B1"，在第 4 个参数文本框中选择输入"0"，在第 5 个参数文本框中选择输入"0"。

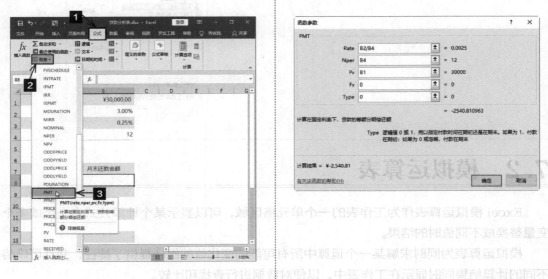

③ 单击【确定】按钮，返回工作表，即可计算出每个月的月末还款额。

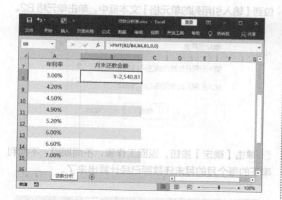

④ 使用模拟运算表计算其他目标值。选中数据区域A8:B15，切换到【数据】选项卡，在【预测】组中单击【模拟分析】按钮，在弹出的下拉列表中选择【模拟运算表】选项。

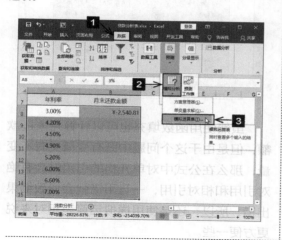

⑤ 弹出【模拟运算表】对话框，将光标定位到【输入引用列的单元格】文本框中，选中单元格 B2。

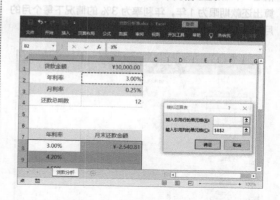

⑥ 单击【确定】按钮，返回工作表，不同利率下的每个月的月末还款额已经计算出来了。

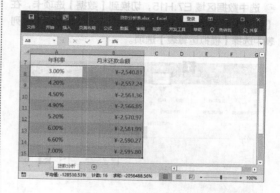

7.2.2 双变量模拟运算表

扫码看视频

　　在双变量模拟运算表中，可以对两个变量输入不同值，从而查看其对计算结果的影响。

　　仍以前面的贷款案例为例，假设贷款金额 30 000 元保持不变，在还款期限和年利率不同的情况下，试确定每个月的月末还款额。

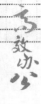

❶ 打开本实例的原始文件"贷款分析表 01"，在单元格 E7 中输入公式 "=PMT(B2/B4,B4,B1,0,0)"，计算出还款期限为 1 年，年利率为 3% 的情况下每个月的月末还款额。

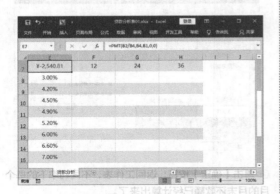

❷ 选中数据区域 E7:H15，切换到【数据】选项卡，在【预测】组中单击【模拟分析】按钮，在弹出的下拉列表中选择【模拟运算表】选项。

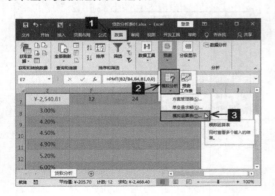

❸ 弹出【模拟运算表】对话框，将光标定位到【输入引用行的单元格】文本框中，单击单元格 B4，将光标定位到【输入引用列的单元格】文本框中，单击单元格 B2。

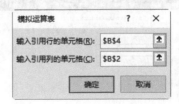

❹ 单击【确定】按钮，返回工作表，不同期限、不同利率下的每个月的月末还款额已经计算出来了。

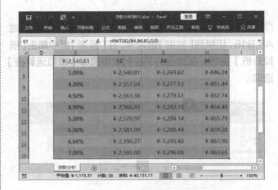

虽然使用函数填充也可以计算月末还款额，但是由于这个问题中既有变量又有不变量，那么在公式中对单元格的引用就会有绝对引用和相对引用，一旦用错就会导致结果出错，所以，还是使用模拟运算表相对来说更方便一些。

7.3　单变量求解

扫码看视频

单变量求解解决的是：假设已知一个公式的目标值，求解其中变量为多少时，才可以得到这个目标值。简单来说，单变量求解就是函数公式的逆运算。

例如，小张贷款 30 000 元，年利率为 4.90%，每个月最多可以拿出 1 800 元还贷款，试确定小张多久可以将贷款还完。

❶ 打开本实例的原始文件"贷款分析表02"，根据需要建立基础数据表，假定还款总期数为12，在单元格 B5 中输入公式"=PMT(B3,B4,B1,0,0)"，计算出还款期限为 12 个月时的最佳还款额。

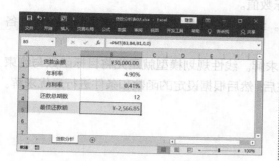

❷ 选中单元格 B5，切换到【数据】选项卡，在【预测】组中单击【模拟分析】按钮，在弹出的下拉列表中选择【单变量求解】选项。

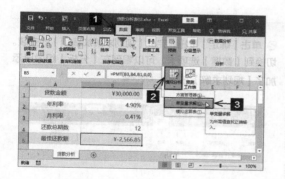

❸ 弹出【单变量求解】对话框，【目标单元格】文本框中的参数自动设置为单元格 B5，在【目标值】文本框中输入"−1800"，在【可变单元格】文本框中选择输入单元格"$B$4"。

❹ 单击【确定】按钮，打开【单变量求解状态】对话框，实时显示当前的求解状态。

❺ 求解完毕，单击【确定】按钮，返回工作表，即可求得月还款额为 1 800 元时的贷款期限。

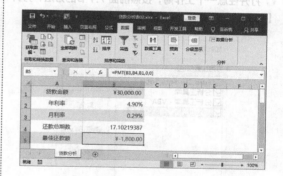

由于目前求得的贷款期数为17.10219387，那么在选择还款期限时应该选择 18，这样月还款额才不会超过 1 800 元且又最接近 1 800 元。

7.4 规划求解

线性规划是运筹学中的一个重要分支，在实际工作中得到了广泛应用，它主要用来解决在一定约束条件下，如何让资源得到最优利用的问题。

7.4.1 线性规划概述

线性规划求解需要建立线性规划模型，一般需要以下 4 个步骤。

（1） 根据实际问题设置决策变量。决策变量就是待确定的未知数，也称变量，就是解决某一问题时可变的因素，通过调整可变因素得到最优结果。

（2） 确定目标函数。目标函数就是将决策数量用数学公式表达出来后，要达到的最大值（MAX）、最小值（MIN）或某个既定目标数值。

（3） 分析各种资源限制，列出约束条件。约束条件就是实现目标时变量所要满足的各项限制，包括变量的非负限制。

（4） 写出整个线性规划模型，并对模型求解。线性规划模型就是先将目标函数与约束条件写在一起，通常目标函数在前，约束条件在后；然后根据设定的函数和条件进行最优求解。

7.4.2 加载规划求解

扫码看视频

在 Excel 中，规划求解功能并不是必选的组件，因此在使用前必须先安装加载该功能。具体操作步骤如下。

❶ 打开任意一个工作簿，按照前面 7.1 节的方法，打开【加载项】对话框，勾选【规划求解加载项】复选框。

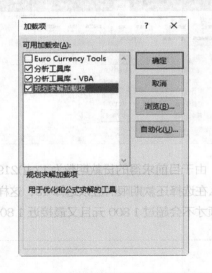

❷ 单击【确定】按钮，完成【规划求解加载项】的安装。切换到【数据】选项卡，可以看到在【分析】组中已添加了【规划求解】按钮 。

7.4.3 实例：建立规划求解模型——人员最优配置方案

扫码看视频

某生产企业的订单增多，现在的产线已经无法满足需求，公司决定在新的年度引进一条新的产线。

目前 4 条产线在同等时间下平均每位员工的单位产量、年平均工资情况如下所示。

产量和工资 产线	产线 1	产线 2	产线 3	产线 4
年平均工资（万元）	3.6	3.8	4	4.5
平均单位产量	1	1.15	1.23	1.5

根据产线设备的运行状况，目前每条产线最少需要 75 名员工，最多不得超过 180 名员工；根据公司的成本核算，4 条产线员工的年工资总额不得超过 2 000 万元，总人数不超过 500 名。目前状况下，应该如何分配，才能使产线员工达到最优配置呢？

（1）设定决策变量。当前案例是对员工进行分配，很显然变量就是 4 条产线的员工人数。假设 4 条产线的员工人数为 a、b、c、d。

（2）确定目标函数。当前案例的最终目标是人员分配最优，作为生产企业，产量才是关键，所以人员分配最优的言外之意就是产量达到最大值，因此当前案例的目标就是最大产量。假设最大产量为 m，目标函数：

$$MAX \, m = a + 1.15b + 1.23c + 1.5d$$

（3）列出约束条件。

根据每条产线最少需要 75 名员工，最多不超过 180 名员工，得到约束条件函数：

$a \geqslant 75$

$b \geqslant 75$

$c \geqslant 75$

$d \geqslant 75$

$a \leqslant 180$

$b \leqslant 180$

$c \leqslant 180$

$d \leqslant 180$

根据 4 条产线员工的年工资总额不得超过 2 000 万元，得到约束条件函数：

$3.6a + 3.8b + 4c + 4.5d \leqslant 2000$

根据总人数不超过 500 名，得到约束条件函数：

$a + b + c + d \leqslant 500$

因为变量是员工人数，所以必须为整数，得到约束条件：

a、b、c、d 为整数

（4）写出整个线性规划模型，并对模型求解。

① 建立模型结构。根据前面的目标函数和约束条件建立如下模型结构。

② 编辑公式。B18:E18 数据区域表示变量所在区域，F16 表示变量最优结果下的最大产量，F4:F13 数据区域表示变量最优结果下的条件函数结果。

❶ 选中单元格 F3，切换到【公式】选项卡，在【函数库】组中单击【数学和三角函数】按钮，在弹出的下拉列表中选择【SUMPRODUCT】函数选项。

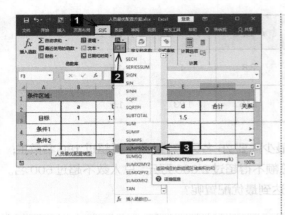

❷ 弹出【函数参数】对话框，在第 1 个参数文本框中选择输入单元格区域"$B$18:$E$18"，在第 2 个参数文本框中选择输入单元格区域"B3:E3"。

❸ 单击【确定】按钮，返回工作表，即可看到乘积求和结果，即目标函数结果。

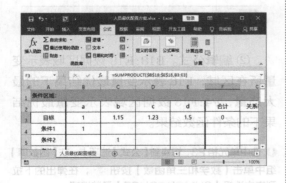

❹ 将单元格 F3 中的公式向下填充至单元格区域 F4:F13。

❺ 在单元格 F18 中输入公式"=F3"。

❻ 参数设置。切换到【数据】选项卡，在【分析】组中单击【规划求解】按钮 [?, 规划求解]。

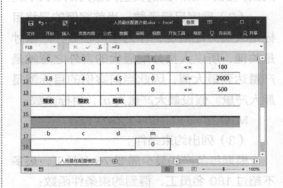

⑦ 弹出【规划求解参数】对话框，将光标定位到【设置目标】文本框中，单击单元格 F3，选中【最大值】单选钮，然后将光标定位到【通过更改可变单元格】文本框中，选择变量所在的单元格区域 B18:E18，单击【添加】按钮。

⑧ 弹出【添加约束】对话框，将光标定位到【单元格引用】文本框中，单击单元格 F4，在【关系符号】下拉列表中选择【>=】选项，将光标定位到【约束】文本框中，单击单元格 H4。

⑨ 单击【添加】按钮，弹出一个新的【添加约束】对话框，用户可以按照相同的方法添加条件 2~10，添加完成后，在新的【添加约束】对话框中，将光标定位到【单元格引用】文本框中，选中单元格区域 B18:E18，在【关系符号】下拉列表中选择【int】选项，【约束】文本框中自动填充"整数"。

⑩ 单击【确定】按钮，返回【规划求解参数】对话框，在【遵守约束】文本框中即可看到添加的所有约束条件，在【选择求解方法】下拉列表中选择【单纯线性规划】。

⑪ 单击【求解】按钮，弹出【规划求解结果】对话框，如下图所示。

⑫ 单击【确定】按钮，即可看到求解结果，如下图所示。

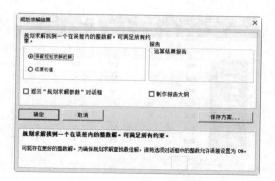

	a	b	c	d	合计	关系符号	限额
目标	1	1.15	1.23	1.5	626.31		
条件1	1				75	>=	75
条件2		1			78	>=	75
条件3			1		157	>=	75
条件4				1	179	>=	75
条件5	1				75	<=	180
条件6		1			78	<=	180
条件7			1		157	<=	180
条件8				1	179	<=	180
条件9	3.6	3.8	4	4.5	1999.9	<=	2000
条件10	1	1	1	1	489	<=	500
条件11	整数	整数	整数	整数			

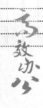
7.5 分析工具库

"分析工具库"实际上是一个外部宏（程序）模块，其包含了多种使用频率较高的分析工具，如方差分析工具、相关系数分析工具等。

7.5.1 方差分析

扫码看视频

方差分析可以分析一个或多个因素在不同情况下对事物的影响，其使用方法比较简单，下面以一个具体实例来讲解一下单因素方差分析。

某公司要招聘一个设计师，为了客观地对应聘者做出评估，让5位面试官对应聘者的综合能力进行打分，满分为10分，面试官在对应聘者进行评分时，不能显示面试官的姓名。面试分为初试和复试，所以面试官需要进行两次评分。评分结果出来后，需要对5位面试官的评分是否存在显著性差异进行分析，其具体步骤如下。

❶ 打开本实例的原始文件"面试评分"，单击【新工作表】按钮，在"面试评分"工作表的后面添加一个新的工作表。

❷ 将新插入的工作表重命名为"面试平均分"，在"面试评分"工作表中选中单元格区域A2:A13，按【Ctrl】+【C】组合键进行复制。

❸ 切换到新工作表"面试平均分"，选中单元格A1，按【Ctrl】+【V】组合键进行粘贴。

❹ 切换到【数据】选项卡，在【数据工具】组中单击【删除重复值】按钮。

⑤ 弹出【删除重复值】对话框，单击【确定】按钮。

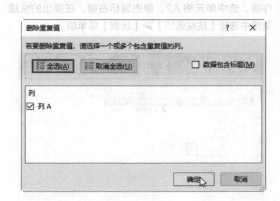

⑥ 弹出【Microsoft Excel】提示框，提示用户发现了6个重复值，已将其删除；保留了6个唯一值。

⑦ 单击【确定】按钮，返回工作表，即可看到重复值已经被删除，效果如图所示。

⑧ 选中单元格区域A1:A6，按【Ctrl】+【C】组合键进行复制。然后选中单元格B1，单击鼠标右键，在弹出的快捷菜单中选择【粘贴选项】➤【转置】菜单项。

⑨ 单元格区域A1:A6中的内容已转置粘贴在单元格区域B1:G1中。选中工作表中的A列，单击鼠标右键，在弹出的快捷菜单中选择【删除】菜单项，即可将A列删除。

删除效果如下图所示。

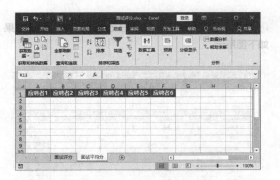

⑩ 切换到【面试评分】工作表，选中数据区域中的任意一个单元格，切换到【数据】选项卡，在【排序和筛选】组中单击【筛选】按钮。

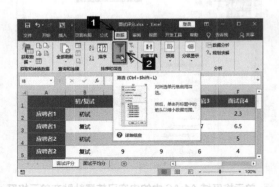

⑪ 各标题字段的右侧出现一个下拉按钮，进入筛选状态，单击【初／复试】字段右侧的下拉按钮，取消勾选【全选】复选框，勾选【初试】复选框。

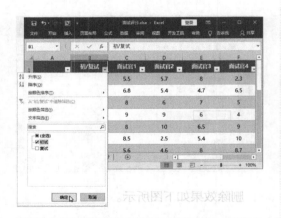

⑫ 单击【确定】按钮，返回 Excel 工作表，筛选效果如下图所示。

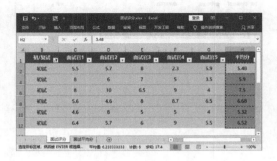

⑬ 选中筛选出的初试平均分，切换到"面试平均分"工作表，选中单元格 A2，单击鼠标右键，在弹出的快捷菜单中选择【粘贴选项】▶【转置】菜单项。

⑭ 按照相同的方法，将复试成绩转置粘贴到工作表"面试平均分"的单元格区域 C3:F3 中，然后将数据区域格式化，效果如下图所示。

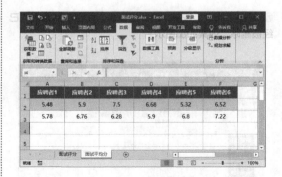

⑮ 启动方差分析。选中工作表"面试平均分"中的任意一个单元格，切换到【数据】选项卡，在【分析】组中单击【数据分析】按钮 数据分析 。

⑯ 弹出【数据分析】对话框，在【分析工具】列表框中选中【方差分析：单因素方差分析】选项。

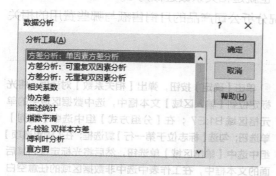

⑰ 单击【确定】按钮，弹出【方差分析：单因素方差分析】对话框，将光标定位到【输入区域】文本框中，选中面试平均分所在的数据区域 A1:F3；由于当前数据表中的每一列数据为一个应聘者的初试和复试的成绩，可以看成是一个组，所以在【分组方式】组中选中【列】单选钮；数据区域的第一行为应聘者编号，勾选【标志位于第一行】复选框，这样可以显示列标题；在【输出选项】组中选中【输出区域】单选钮，然后将光标定位到其后面的文本框中，在工作表中选中非数据区域的任意空白单元格，例如选中单元格 A6。

⑱ 单击【确定】按钮，返回工作表，即可查看分析结果，如下图所示。

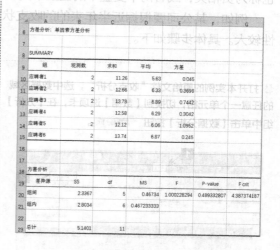

方差分析结果分为以下两部分。

（1）第一部分是总括部分，这里主要查看【方差】值的大小，值越小，越稳定。从分析结果中可以看出，面试官在给应聘者5评分时最不稳定，方差值为 1.0952，说明这位应聘者初试、复试的成绩有较大的波动。为了客观起见，可以重新让面试官给应聘者 5 加试一次，重新进行评定。

（2）第二部分是方差分析部分，这里需要特别关注的是 P 值的大小，P 值越小，代表区域越大。如果 P 值小于 0.05，就需要继续深入分析；如果 P 值大于 0.05，说明所有组别的评分都没有太大差别，不用再进行深入的分析和比较。当前分析结果中 P 值为 0.489332807，大于 0.05，说明面试官对应聘者进行评定时，不存在显著的差异，其评分结果比较客观。

7.5.2 相关系数

扫码看视频

相关系数是描述两个测量值变量之间的离散程度的指标。使用相关分析工具来检验每对测量值变量，确定两个测量值变量的变化是否相关，即一个变量的较大值是否与另一个变量的较大值相关，也称为正相关；或者一个变量的较小值是否与另一个变量的较大值相关联，也称为负相关；或者两个变量中的值互不关联，也就是相关系数近似为0。

例如，某公司要根据近半年来的的收支状况分析公司产品的月销售额与哪些费用的相关性较大。具体步骤如下。

❶ 打开本实例的原始文件"收支分析"，选中数据区域的任意一个单元格，切换到【数据】选项卡，在【分析】组中单击【数据分析】按钮 数据分析 。

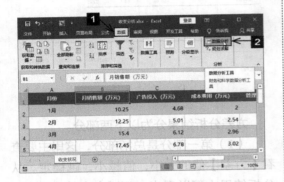

❷ 弹出【数据分析】对话框，在【分析工具】列表框中选中【相关系数】选项。

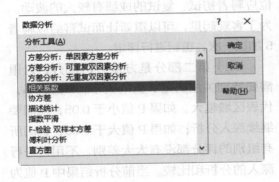

❸ 单击【确定】按钮，弹出【相关系数】对话框，将光标定位到【输入区域】文本框中，选中数据区域中的单元格区域 B1:E7；在【分组方式】组中选中【逐列】单选钮；勾选【标志位于第一行】复选框；在【输出选项】组中选中【输出区域】单选钮，然后将光标定位到其后面的文本框中，在工作表中选中非数据区域的任意空白单元格，例如选中单元格 A9。

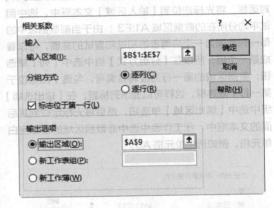

❹ 单击【确定】按钮，返回工作表，即可查看分析结果，如下图所示。

	月销售额（万元）	广告投入（万元）	成本费用（万元）	管理费用（万元）
月销售额（万元）	1			
广告投入（万元）	0.995705973	1		
成本费用（万元）	0.95596103	0.945477229	1	
管理费用（万元）	-0.131963348	-0.140746806	0.031260623	1

依据上图，就可以根据相关系数分析结果了。例如该公司的月销售额与广告投入的相关系数为 0.995705973，接近于1，属于高度正相关。成本费用与月销售额及广告投入的相关系数分别为 0.95596103、0.945477229，也接近于1，属于高度正相关。而管理费用与月销售额、广告投入及成本费用的相关系数分别为 –0.131963348、–0.140746806、0.031260623，都比较接近于0，说明管理费用与月销售额、广告投入和成本费用的相关性不大。

由以上分析，可以得出月销售额受广告投入与成本费用的影响较大。

7.5.3 协方差

扫码看视频

协方差工具可以分析变量因素对结果的影响，它与相关系数工具的使用方法类似，结果也很类似。两者的相同点都是研究变量对结果的影响；不同点是取值范围不同，相关系数结果的取值范围是 −1~1，而协方差则没有限定的取值范围。

下面以 7.5.2 小节的案例为例，使用协方差分析月销售额受哪些费用的影响较大，具体操作步骤如下。

❶ 打开本实例的原始文件"收支分析 01"，选中数据区域的任意一个单元格，切换到【数据】选项卡，在【分析】组中单击【数据分析】按钮 📊 数据分析 。

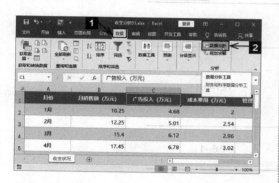

❷ 弹出【数据分析】对话框，在【分析工具】列表框中选中【协方差】选项。

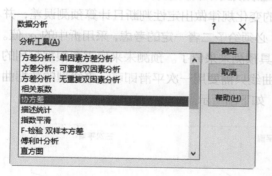

❸ 单击【确定】按钮，弹出【协方差】对话框，将光标定位到【输入区域】文本框中，选中数据区域中的单元格区域 B1:E7；在【分组方式】组中选中【逐列】单选钮；勾选【标志位于第一行】复选框；在【输出选项】组中选中【输出区域】单选钮，然后将光标定位到其后面的文本框中，在工作表中选中非数据区域的任意空白单元格，例如选中单元格 A9。

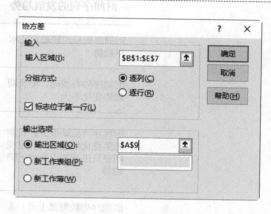

❹ 单击【确定】按钮，返回工作表，即可查看分析结果，如下图所示。

	月销售额（万元）	广告投入（万元）	成本费用（万元）	管理费用（万元）
月销售额（万元）	17.00972222			
广告投入（万元）	5.758583333	1.9664		
成本费用（万元）	2.394944444	0.805366667	0.368988889	
管理费用（万元）	-0.040444444	-0.014666667	0.001411111	0.005522222

协方差结果分析方法与相关系数结果的分析方法类似，协方差结果正数越大或负数越小时，都需要引起注意。在上图的结果中，月销售额与广告投入的正数最大，说明两者呈正相关关系，广告投入越大，月销售额就越大。

7.5.4 指数平滑

扫码看视频

指数平滑法的计算中，关键是平滑系数 α 的取值大小，但 α 的取值又容易受主观影响，因此合理确定 α 的取值方法十分重要。一般来说，如果数据波动较大，α 值应取大一些，可以增加近期数据对预测结果的影响；如果数据波动较小，α 值应取小一些。在对平滑系数 α 进行取值时，可以参考下表。

时间序列的发展趋势	平滑系数 α
时间序列呈现较稳定的水平趋势	0.05~0.20
时间序列有波动，但长期趋势变化不大	0.1~0.4
时间序列波动很大，长期趋势变化幅度较大，呈现明显且迅速的上升或下降趋势	0.5~0.8
时间序列数据是上升（或下降）的发展趋势	0.6~1

根据具体时间序列情况，参照经验判断法来大致确定额定的取值范围；然后取几个 α 值进行试算，比较不同 α 值下的预测标准误差，选取预测标准误差最小的 α。

在实际应用中，预测者应结合对预测对象的变化规律做出定性判断且计算预测误差，并要考虑到预测灵敏度和预测精度是相互矛盾的，必须给予二者一定的考虑，采用折中的 α 值。

确定 α 值后，用户就可以使用指数平滑工具预测未来值了。预测未来值需要根据数列的趋势线条来选择平滑次数。对于无规律的数据曲线只需要用一次平滑即可，直线型的数据曲线要用二次平滑，二次曲线数据要用三次平滑，如下图所示。

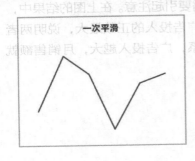
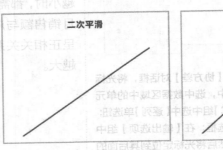
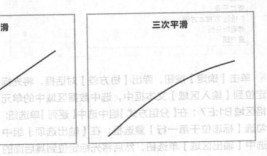

在确定平滑次数，并使用平滑工具进行计算后，接下来就可以使用公式计算未来时间段的值了。具体公式如下。

（1）一次指数平滑：

$$S_t^1 = \alpha \times X_{t-1} + (1-\alpha) \times S_{t-1}^1$$

（2）二次指数平滑：

$$S_t^2 = \alpha \times S_t^1 + (1-\alpha) \times S_{t-1}^2$$

（3）三次指数平滑：

$$S_t^3 = \alpha \times S_t^2 + (1-\alpha) \times S_{t-1}^3$$

S_t 为本期（t 期）的平滑值 S；X_{t-1} 为上期的实际值；S_{t-1} 为上期的平滑值。

下面以一个具体实例来看一下指数平滑的具体应用。已知某企业 2012~2018 年的销售数量，现预测其 2019 年的销量。

❶ 判断平滑系数。打开本实例的原始文件"2019 年销量预测"，可以看到销量数据波动不大，整体趋势又是上升的，初步判断平滑系数的取值范围为 0.1~0.4。

年份	销量（件）
2010年	5245
2011年	6255
2012年	4540
2013年	4240
2014年	6354
2015年	5264
2016年	5640
2017年	5720
2018年	5240
2019年	

❷ 试算平滑系数。确定了平滑系数的取值范围后，选择范围内的值进行试算，看哪个预测趋势与实际值趋势最接近，这里选择 $\alpha=0.1$、$\alpha=0.2$、$\alpha=0.3$、$\alpha=0.4$ 进行试算。

α=0.1	标准误差	α=0.2	标准误差1	α=0.3	标准误差2	α=0.4	标准误差3

❸ 先计算 $\alpha=0.1$。切换到【数据】选项卡，在【分析】组中单击【数据分析】按钮 数据分析 。

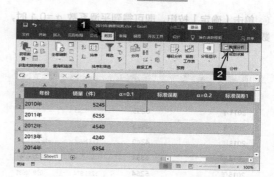

❹ 弹出【数据分析】对话框，在【分析工具】列表框中选中【指数平滑】选项。

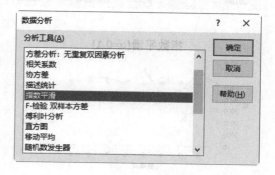

⑤ 单击【确定】按钮，弹出【指数平滑】对话框。将光标定位到【输入区域】文本框中，选中数据区域中的单元格区域 B2:B10；根据公式"阻尼系数 =1- 平滑系数"，在【阻尼系数】文本框中输入"0.9"；将光标定位到【输出区域】文本框中，在工作表中选中单元格 C2，勾选【图表输出】和【标准误差】复选框。

⑥ 单击【确定】按钮，即可得到平滑系数 α =0.1 时，数据的预测值及图表。

	A	B	C	D
1	年份	销量（件）	α=0.1	标准误差
2	2010年	5245	#N/A	#N/A
3	2011年	6255	5245	#N/A
4	2012年	4540	5346	#N/A
5	2013年	4240	5265.4	#N/A
6	2014年	6354	5162.86	952.3971791
7	2015年	5264	5281.974	1019.78685
8	2016年	5640	5280.1766	907.4842008
9	2017年	5720	5316.15894	718.4730205
10	2018年	5240	5356.543048	312.4545544

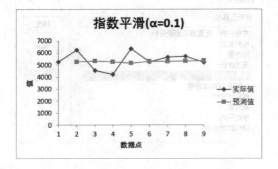

⑦ 按照相同的方法分别对 α =0.2、α =0.3、α =0.4 进行试算。试算结果和图表如下图所示。

E	F	G	H	I	J
α=0.2	标准误差1	α=0.3	标准误差2	α=0.4	标准误差3
#N/A	#N/A	#N/A	#N/A	#N/A	#N/A
5245	#N/A	5245	#N/A	5245	#N/A
5447	#N/A	5548	#N/A	5649	#N/A
5265.6	#N/A	5245.6	#N/A	5205.4	#N/A
5060.48	982.2770078	4943.92	1007.868272	4819.24	1029.883191
5319.184	1087.458559	5366.944	1156.953034	5433.144	1227.105866
5308.1472	953.6062472	5336.0608	1001.690976	5365.4864	1051.363418
5374.51776	771.6574251	5427.24256	834.9255677	5475.29184	905.4383224
5443.614208	278.4058985	5515.069792	250.7877078	5573.175104	233.7017279

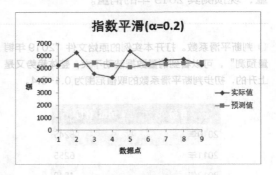

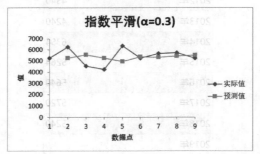

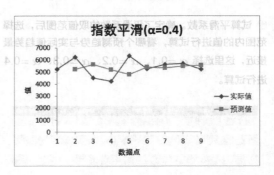

❸ 确定平滑系数。对比表中 4 个取值情况下的预测值可以看出：平滑系数 $\alpha=0.4$ 时，标准误差最小，因此选择平滑系数 $\alpha=0.4$。

❾ 判断是否需要进行二次、三次指数平滑。由于 4 个取值下的图表中的趋势线都是无规律的，因此不需要进行二次、三次指数平滑计算。

❿ 选择公式计算 2019 年的销量。根据前面的计算与判断，这里选择一次指数平滑公式计算，平滑系数为 0.4，在单元格 B11 中输入公式 "=0.4*B10+(1−0.4)*I10"，按【Enter】键完成输入，得到结果 5 439.905062，该数值就是 2019 年的销量预测值。

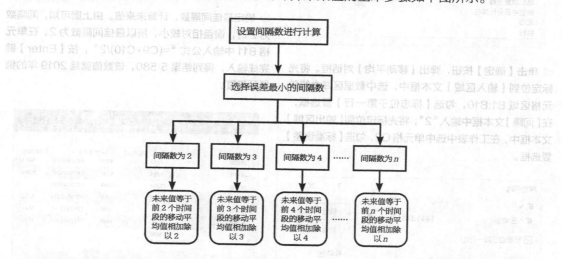

7.5.5　移动平均

扫码看视频

移动平均分析工具与指数平滑分析工具一样，也是计算未来值的一种工具，它是基于特定的过去某段时期中变量的平均值对未来值进行预测，以反映长期趋势。使用此工具可以预测销售量、库存或者其他趋势。使用移动平均计算未来值的基本步骤如下图所示。

下面以 7.5.4 小节的案例为例，使用移动平均分析工具对 2019 年的销量进行预测分析，具体操作步骤如下。

❶ 设置间隔数进行计算。打开本实例的原始文件"2019年销量预测01"，例如计算间隔数为2时的移动平均值，切换到【数据】选项卡，在【分析】组中单击【数据分析】按钮 数据分析。

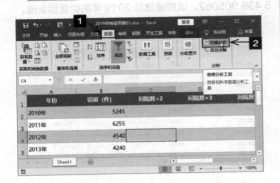

❷ 弹出【数据分析】对话框，在【分析工具】列表框中选中【移动平均】选项。

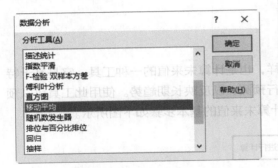

❸ 单击【确定】按钮，弹出【移动平均】对话框。将光标定位到【输入区域】文本框中，选中数据区域中的单元格区域 B1:B10，勾选【标志位于第一行】复选框，在【间隔】文本框中输入"2"；将光标定位到【输出区域】文本框中，在工作表中选中单元格 C2，勾选【标准误差】复选框。

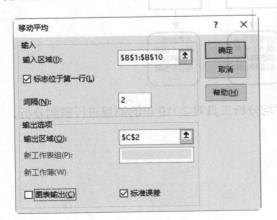

❹ 单击【确定】按钮，即可得到间隔数为2时数据的预测值及标准误差。

年份	销量（件）	列1	列2
2010年	5245	#N/A	#N/A
2011年	6255	5750	#N/A
2012年	4540	5397.5	703.6800587
2013年	4240	4390	615.5510742
2014年	6354	5297	754.9003245
2015年	5264	5809	840.9143833
2016年	5640	5452	407.6573316
2017年	5720	5680	135.9117361
2018年	5240	5480	172.0465053
2019年			

❺ 按照相同的方法计算得到间隔数为3时数据的预测值及图表，并对应修改列标题的名称。

年份	销量（件）	间隔数为2	标准误差	间隔数为3	标准误差2
2010年	5245	#N/A	#N/A	#N/A	#N/A
2011年	6255	5750	#N/A	#N/A	#N/A
2012年	4540	5397.5	703.6800587	5346.666667	#N/A
2013年	4240	4390	615.5510742	5011.666667	#N/A
2014年	6354	5297	754.9003245	5044.666667	993.4006129
2015年	5264	5809	840.9143833	5286	877.5547888
2016年	5640	5452	407.6573316	5752.666667	758.8437598
2017年	5720	5680	135.9117361	5541.333333	122.6098902
2018年	5240	5480	172.0465053	5533.333333	208.6943539
2019年					

❻ 确定最佳间隔数，计算未来值。由上图可知，间隔数为2时，误差相对较小，所以最佳间隔数为2。在单元格 B11 中输入公式"=(C9+C10)/2"，按【Enter】键完成输入，得到结果 5 580，该数值就是 2019 年的销量预测值。

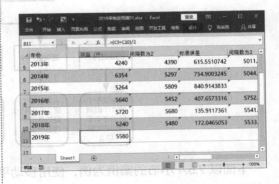

第8章
生产决策数据的处理

在企业的生产管理过程中，通常会涉及如何对现有的生产要素进行有效组合，以满足市场对产品需求的问题。在生产管理的过程中，自然会涉及产品的生产过程以及产品的质量检验过程。从原料的加工到成品的形成过程中，如何将现有的生产要素组合起来使效率最大化等一些决策问题是企业通常会遇到的问题。

要 点 导 航

- 生产成本分析

- 产品最优组合决策分析

8.1 生产成本分析

企业要追求经济效益，就必须对成本进行分析控制，本节介绍成本分析的主要流程及成本分析的几种基本方法。

8.1.1 知识点

在进行生产成本分析时，通常会涉及 Excel 2019 中的一些重要功能及数据处理分析的方法，具体知识点如下。

1. 公式的应用

公式在生产决策中的应用是比较广泛的，立足已知数据，通过公式可以快速准确地计算出未知数据。例如，根据单价、产量、变动成本和固定成本计算利润。

2. 盈亏平衡点

盈亏平衡点通常是指全部销售收入等于全部成本时的产量，计算公式如下。

$$盈亏平衡点 = 固定费用 \div (产品单价 - 变动成本)$$

在生产决策中，决策者可以根据盈亏平衡点判断企业能否盈利：当销售收入高于盈亏平衡点时企业盈利；反之，企业就亏损。

3. IF 函数的应用

IF 函数作为一个判断函数，可以帮助决策者根据数据大小轻松做出选择或决策。

4. 单变量求解的应用

单变量求解是模拟单一因素对目标的影响，它是计划人员、决策人员常用的一种分析工具。在实际生产中，单变量求解常用于计算盈亏平衡点和保本量本利分析，例如计算单位变动成本为多少时，才可以达到预期利润。

8.1.2 成本分析的流程

成本分析是企业管理活动中永恒的主体，成本分析的直接目的是降低成本，增加利润，从而提升企业的核心竞争力。

成本分析的过程并不是漫无目的，而是要遵循一定的流程，即明确目标、确定对象、收集数据、分析结果、优化决策。具体的流程如下图所示。

明确目标	确定对象	收集数据	分析结果	优化决策
降低成本 为决策提供信息支持 为业绩评价提供依据	全面分析：分析与成本相关的所有项目 重点分析：针对某一费用进行专项分析	收集数据要及时、完整、准确 若数据不准确，将会导致决策失误	选用正确的分析方法，且要符合企业性质 分析结果无论好坏，都应给出分析结论	分析的价值体现 让分析人员给出优化和改进意见，因为他们对整个流程最了解，他们的意见是整个

8.1.3 实例：设备生产能力优化决策分析

扫码看视频

作为生产企业，要想实现利益最大化，必须保证产销平衡。如果企业有足够的设备生产能力，就可以尽可能地增加产量，以提高企业的经济效益。但前提是产量的增加不能超越企业产品在竞争条件下有望达到的最大销售量，否则将会造成产品积压。如果企业目前设备生产能力不足，产品的最大产量小于市场销售量，那就需要创建一个盈亏分析的基本模型，运用公式分析出生产计划的最优量。

例 某公司是生产 A 产品的一家生产企业，A 产品的单位售价为 6 000 元，单位变动成本为 3 500 元，公司的月固定成本为 15 万元，月市场销售量预计为 200 件，但是目前该产品每月的最大产量为 100 件，若要扩大生产量到 130 件，月固定成本将增加 5 万元。在这种情况下，公司是否可以通过扩大生产来进一步提高经济效益呢？具体的分析步骤如下。

❶ 打开本实例的原始文件"设备生产能力优化决策分析"，即可看到根据已知数据与盈亏分析理论构建的一个生产决策模型表格，如下图所示。

A	B	C	D
1	目前产品生产模型		
2	市场最大销量	目前最大产量	固定成本
3	200	100	150000
4	市场单价	单位变动成本	总利润
5	6000	3500	
6	扩大生产后的产品生产模型		
7	增加产量	增加固定成本	保本产量的盈亏平衡点
8	30	50000	
9	总产量	总固定成本	总利润
10			
11	决策结果		
12			

❷ 计算原生产模式下的总利润。总利润 =（市场单价 − 单位变动成本）× 目前最大产量 − 固定成本。在单元格 D5 中输入计算总利润的公式"=(B5−C5)*C3−D3"。

❸ 按【Enter】键完成输入，即可得到原生产模式下可以获得的总利润为 100 000 元。

❹ 计算扩大生产后的总产量和总固定成本。总产量 = 目前最大产量 + 增加产量，总固定成本 = 固定成本 + 增加固定成本。在单元格 B10 中输入公式"=C3+B8"，得到总产量为 130；在单元格 C10 输入公式"=D3+C8"，得到总固定成本为 200 000 元。

❺ 计算扩大生产后保本产量的盈亏平衡点。盈亏平衡点 = 总固定成本 ÷（市场单价 − 单位变动成本），在单元格 D8 中输入公式"=C10/(B5−C5)"，得到产量为 80。

❻ 计算扩大生产后的总利润。扩大生产后，若总产量仍然小于目前市场的最大销量，则总利润 =（市场单价 − 单位变动成本）× 总产量 − 总固定成本；若总产量大于目前市场的最大销量，则总利润 =（市场单价 − 单位变动成本）× 市场最大产量 − 总固定成本。在单元格 D10 中输入公式"=IF(B10<B3,B10*(B5−C5)−C10,B3*(B5−C5)−C10)"，按【Enter】键即可得到扩大生产模后可以获得的总利润为 125 000 元。

❼ 计算决策结果。如果扩大生产后的盈利平衡点大于总产量，或者扩大生产后的总利润小于等于扩大生产前的总利润，则不增加产量；反之则增加产量。计算决策结果 B12 的公式为"=IF(OR(D8>B10,D10<=D5),"不增加产量","增加产量")"，由此可知目前情况下可以增加产量。

8.1.4 实例：量本利分析

扫码看视频

在企业生产中，如果由于原材料及人力资本的变化导致产品的单位变动成本增加，最终导致企业利润降低或出现亏损，且扩大生产会使亏损加剧，那么此时，企业就应该从内部找原因，考虑降低单位变动成本或固定成本，以提高企业的利润。但是单位变动成本或固定成本应该降低到什么程度，才可以保证一定的利润呢？这时，企业就可以通多单变量求解来进行量本利分析。

以 8.1.3 小节中生产企业的案例为例，假设 A 产品的单位变动成本变成了 4 500 元，扩大生产前的利润将变为 0，扩大生产后利润为 –5 000 元，即亏损。决策结果如下图所示。

目前产品生产模型		
市场最大销量	目前最大产量	固定成本
200	100	150000
市场单价	单位变动成本	总利润
6000	4500	0
扩大生产后的产品生产模型		
增加产量	增加固定成本	保本产量的盈亏平衡点
30	50000	133.3333333
总产量	总固定成本	总利润
130	200000	-5000
决策结果		
不增加产量		

由上图可以看出，该企业目前不能盲目扩大生产，因为扩大生产会使企业亏损更大。但是维持现状的话，企业也是不盈利的。企业要正常运转，就必须有一定的利润，假设企业要保持 50 000 元的利润，那应该将单位变动成本或固定成本降低到什么程度呢？具体操作步骤如下。

1. 降低单位变动成本

❶ 打开本实例的原始文件"量本利分析"，选中单元格 H5，切换到【数据】选项卡，在【预测】组中单击【模拟分析】按钮，在弹出的下拉列表中选择【单变量求解】选项。

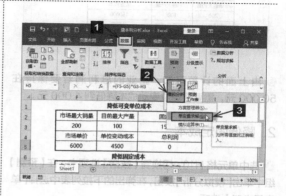

❷ 弹出【单变量求解】对话框，【目标单元格】文本框中的参数自动设置为单元格 H5，在【目标值】文本框中输入"50000"，在【可变单元格】文本框中选择输入单元格"$G$5"。

❸ 单击【确定】按钮，打开【单变量求解状态】对话框，实时显示当前的求解状态。

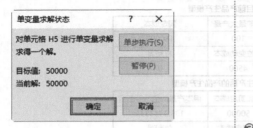

❹ 求解完毕，单击【确定】按钮，返回工作表，即可求得总利润为 50 000 元时的单位变动成本。

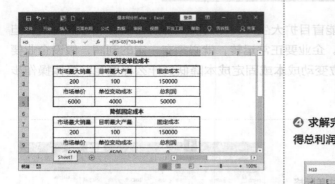

❺ 由上面的计算可知，企业的总利润若要保持在 50 000 元，需要将单位变动成本降低到 4 000 元。

2. 降低固定成本

❶ 选中单元格 H10，切换到【数据】选项卡，在【预测】组中单击【模拟分析】按钮，在弹出的下拉列表中选择【单变量求解】选项。

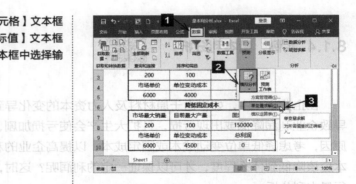

❷ 弹出【单变量求解】对话框，【目标单元格】文本框中的参数自动设置为单元格 H10，在【目标值】文本框中输入"50000"，在【可变单元格】文本框中选择输入单元格"$H$8"。

❸ 单击【确定】按钮，打开【单变量求解状态】对话框，实时显示当前的求解状态。

❹ 求解完毕，单击【确定】按钮，返回工作表，即可求得总利润为 50 000 元时的固定成本。

❺ 由上面的计算可知，企业的总利润若要保持在 50 000 元，需要将固定成本降低到 100 000 元。

8.2　产品最优组合决策分析

多元化生产是现代企业的一种发展战略，它已经成为企业增强市场竞争力的重要手段。企业进行多元化生产，就必然会面临多种资源的组合使用问题，那么企业在生产过程中如何协调各种资源，使企业利润最大化，就成了多元化生产中最关键的环节。

8.2.1　知识点：规划求解

规划求解常用于解决实际生产中有多个变量和多种条件影响目标值的决策分析。

多元化生产面临的是多种要素对目标值的影响，所以使用规划求解来分析各种资源的分配方式最合适不过了。

8.2.2　决策分析的步骤

进行决策分析使用的主要分析工具就是规划求解，在借助规划求解进行决策分析的过程中，我们可以通过以下步骤进行操作。

创建数学公式	创建约束条件	将条件转换为Excel	使用规划求解
将需要解决的问题具体化。 列出数学方程式。	也可以针对多个变量。 限制条件可以针对单个变量，确定各变量的限制条件。	根据约束条件定义约束公式。 选定一个单元格定义目标函数，将已知数据输入对应单元格中，	单击求解按钮，即可对模型求解。 可变单元格及约束条件输入对话框，打开规划求解对话框，将目标函数、

8.2.3　实例：利润最大化

扫码看视频

本小节以一个具体实例来讲解如何在 Excel 工作表中使用规划求解宏来解决经济价值最优的生产决策问题，也就是生产的最优化安排问题。通常这类问题是关于产品的混合生产以取得最大化收益的问题。

例 有一家大型的轿车生产公司，该公司主要生产两类轿车：一类是四门轿车，另一类是双门轿车。已知每辆四门轿车可获利润 50 000 元，而每辆双门轿车可获利 30 000 元。公司每个月的生产能力为 50 000 小时，装配一辆四门轿车需 12 小时，而装配一辆双门轿车需 8 小时。公司每月最多可以生产 16 000 扇车门，试确定生产四门轿车和双门轿车各为多少辆时公司获利最大。解决该问题的具体操作步骤如下。

（1）设定决策变量。当前案例的问题是要确定生产四门轿车和双门轿车各为多少辆，因此变量就是四门轿车和双门轿车的数量，假设四门轿车的数量为 x，双门轿车的数量为 y。

（2）确定目标函数。当前案例的最终目标是公司获利最大，假设公司获利为 z，那么目标函数就是：

$$MAXz=50000x+30000y$$

（3）列出约束条件。

根据公司每个月的生产能力为 50 000 小时，装配一辆四门轿车需 12 小时，而装配一辆双门轿车需 8 小时，得到约束条件函数：

$$12x+8y \leqslant 50000$$

根据公司每月最多可以生产 16 000 扇车门，得到约束条件函数：

$$4x+2y \leqslant 16000$$

因为变量是轿车的数量，所以必须为整数，得到约束条件：

x，y 为整数

（4）写出整个线性规划模型，并对模型求解。

① 建立模型结构。根据前面的目标函数和约束条件建立如下模型结构。

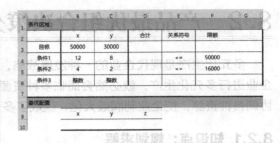

② 编辑公式。B10:C10 数据区域表示变量所在区域，D10 表示变量最优结果下的最大利润，D4:D5 数据区域表示变量最优结果下的条件函数结果。

❶ 选中单元格 D3，切换到【公式】选项卡，在【函数库】组中单击【数学和三角函数】按钮，在弹出的下拉表中选择【SUMPRODUCT】函数选项。

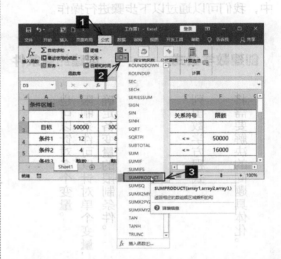

❷ 弹出【函数参数】对话框，在第 1 个参数文本框中选择输入单元格区域"$B$10:$C$10"，在第 2 个参数文本框中选择输入单元格区域"B3:C3"。

❸ 单击【确定】按钮，返回工作表，即可看到乘积求和结果，即目标函数结果。

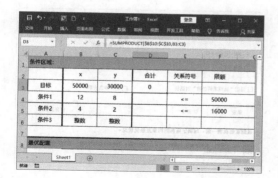

❹ 将单元格 D3 中的公式向下填充至单元格区域 D4:D5。

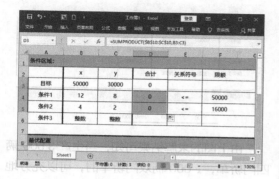

❺ 在单元格 D10 中输入公式 "=D3"。

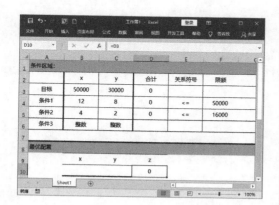

❻ 参数设置。切换到【数据】选项卡，在【分析】组中单击【规划求解】按钮。

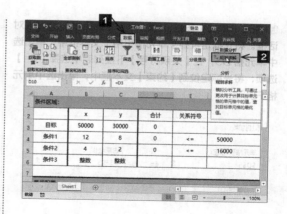

❼ 弹出【规划求解参数】对话框，将光标定位到【设置目标】文本框中，单击选择单元格 D3，选中【最大值】单选钮，然后将光标定位到【通过更改可变单元格】文本框中，选择变量所在的单元格区域 B10:C10。

❽ 单击【添加】按钮，弹出【添加约束】对话框。将光标定位到【单元格引用】文本框中，单击选中单元格 D4；在【关系符号】下拉列表中选择【<=】选项；将光标定位到【约束】文本框中，单击选中单元格 F4。

⑨ 单击【添加】按钮，弹出一个新的【添加约束】对话框。将光标定位到【单元格引用】文本框中，单击选中单元格 D5；在【关系符号】下拉列表中选择【<=】选项；将光标定位到【约束】文本框中，单击选中单元格 F5。

⑫ 单击【求解】按钮，弹出【规划求解结果】对话框，如下图所示。

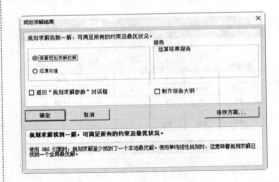

⑩ 单击【添加】按钮，弹出一个新的【添加约束】对话框，将光标定位到【单元格引用】文本框中，选中单元格区域 B10:C10；在【关系符号】下拉列表中选择【int】选项；【约束】文本框中自动填充"整数"。

⑬ 单击【确定】按钮，即可看到求解结果，如下图所示。

	A	B	C	D	E	F	G
1	条件区域:						
2		x	y	合计	关系符号	限额	
3	目标	50000	30000	205000000			
4	条件1	12	8	50000	<=	50000	
5	条件2	4	2	16000	<=	16000	
6	条件3	整数	整数				
7							
8	最优配置						
9		x	y	z			
10		3500	1000	205000000			

由上图的求解结果可知，当生产 3 500 辆四门轿车，1 000 辆双门轿车时，可以充分地利用生产资源且收益最大，为 205 000 000 元。

⑪ 单击【确定】按钮，返回【规划求解参数】对话框，在【遵守约束】文本框中即可看到添加的所有约束条件，在【选择求解方法】下拉列表中选择【单纯线性规划】。

8.2.4 实例：成本最小化

扫码看视频

上一小节介绍了如何利用规划求解工具求解企业获益最大时的生产安排。本小节介绍如何利用规划求解工具求解生产投资成本最小。

例　某食品厂生产 A、B、C 3 种食品，每种食品由甲、乙、丙、丁 4 种原料构成，每种原料的成本分别是每千克 8 元、6 元、7 元、8 元。每千克不同原料所能提供的各种食品用量分配如下表所示。

食品名称	原材料			
	甲	乙	丙	丁
食品 A	1	2	1	3
食品 B	5	4	3	6
食品 C	2	1	4	2

食品厂要求每天生产食品 A 和食品 B 至少 120kg 但不超过 500kg、生产食品 C 至少 160kg 但不超过 600kg，3 种食品的利润之和不少于 5 000 元，食品 A 的利润为每千克 5 元，食品 B 的利润为每千克 5.5 元，食品 C 的利润为每千克 6 元，要求计算各种食品的产量，实现既能满足生产的需要，又能使总成本最少。解决该问题的具体操作步骤如下。

（1）设定决策变量。当前案例的问题是要确定各种食品的产量，因此变量就是各种食品的产量，假设食品 A、B、C 的产量分别为 x、y、z。

（2）确定目标函数。当前案例的最终目标是总成本最少，假设总成本为 t，甲、乙、丙、丁 4 种原料的成本分别为 t_1、t_2、t_3、t_4。根据已知条件，得到各种原材料的成本为：

$t_1=(x/8+5y/8+2z/8)\times8$

$t_2=(2x/7+4y/7+z/7)\times6$

$t_3=(x/8+3y/8+4z/8)\times7$

$t_4=(3x/11+6y/11+2z/11)\times8$

那么总成本的目标函数就是：

$\text{MIN}t=t_1+t_2+t_3+t_4$

（3）列出约束条件。根据每天生产食品 A 和食品 B 至少 120kg 但不超过 500kg、生产食品 C 至少 160kg 但不超过 600kg，得到约束条件函数：

$120\leqslant x\leqslant500$

$120\leqslant y\leqslant500$

$160\leqslant z\leqslant600$

根据 3 种食品的利润之和不少于 5 000 元，得到约束条件函数：

$5x+5.5y+6z\geqslant5000$

（4）写出整个线性规划模型，并对模型求解。

① 建立模型结构。根据前面的目标函数和约束条件建立如下模型结构。

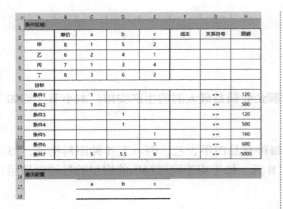

② 编辑公式。C18:E18 数据区域表示变量所在区域，B7 表示变量最优结果下的最小成本，F8:F14 数据区域表示变量最优结果下的条件函数结果。

❶ 打开本实例的原始文件"成本最小化"，设置目标函数。选中单元格 F3，切换到【公式】选项卡，在【函数库】组中单击【数学和三角函数】按钮 🔟▾，在弹出的下拉列表中选择【SUMPRODUCT】函数选项。

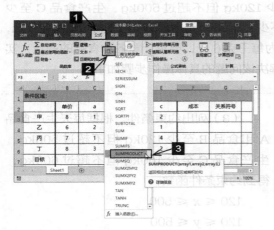

❷ 弹出【函数参数】对话框，在第 1 个参数文本框中选择输入单元格区域 "C3:E3"，在第 2 个参数文本框中选择输入单元格区域 "$C$18:$E$18"。

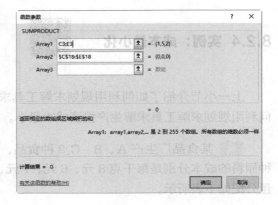

❸ 单击【确定】按钮，返回工作表，即可在编辑栏中看到输入的函数公式。在编辑栏中单击鼠标左键，使公式进入编辑状态，通过键盘输入 "/"。再次单击【数学和三角函数】按钮 🔟▾，在弹出的下拉列表中选择【SUM】函数选项。

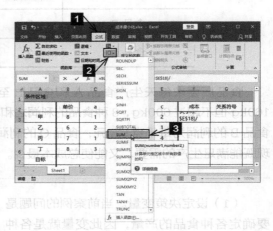

❹ 弹出【函数参数】对话框，在第 1 个参数文本框中选择输入单元格区域 "C3:E3"。

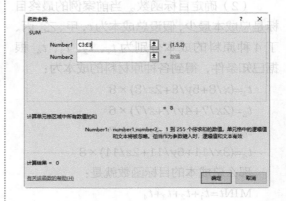

⑤ 单击【确定】按钮，返回工作表，即可在编辑栏中看到输入的函数公式。在编辑栏中单击鼠标左键，使公式进入编辑状态，输入"*B3"。

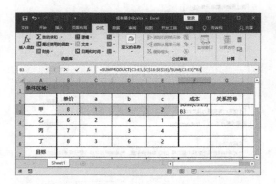

⑥ 按【Enter】键完成输入，效果如图所示。

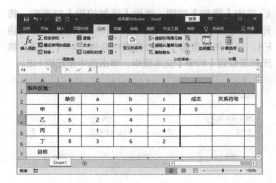

⑦ 将单元格 F3 中的公式填充到单元格区域 F4:F6 中。

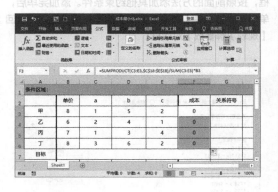

⑧ 计算完各种原材料的成本后，就可以计算总成本了。在单元格 B7 中输入公式"=F3+F4+F5+F6"，按【Enter】键完成输入。

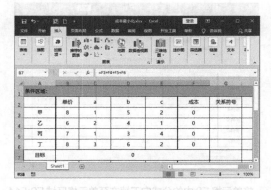

⑨ 计算条件值。选中单元格 F8，切换到【公式】选项卡，在【函数库】组中单击【数学和三角函数】按钮，在弹出的下拉列表中选择【SUMPRODUCT】函数选项。

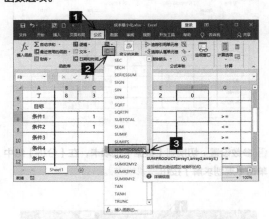

⑩ 弹出【函数参数】对话框，在第 1 个参数文本框中选择输入单元格区域"C8:E8"，在第 2 个参数文本框中选择输入单元格区域"$C$18:$E$18"。

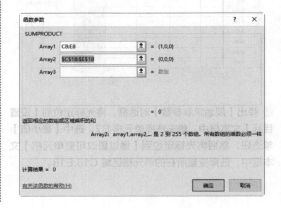

⑪ 单击【确定】按钮，返回工作表，即可看到求和得到的条件值。

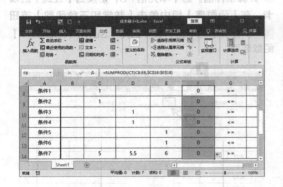

⑫ 将单元格 F8 中的公式向下填充至单元格区域 F9:F14。

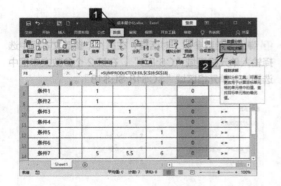

⑬ 参数设置。切换到【数据】选项卡，在【分析】组中单击【规划求解】按钮 ?₂ 规划求解 。

⑭ 弹出【规划求解参数】对话框。将光标定位到【设置目标】文本框中，单击选择单元格 B7，选中【最小值】单选钮；然后将光标定位到【通过更改可变单元格】文本框中，选择变量所在的单元格区域 C18:E18。

⑮ 单击【添加】按钮，弹出【添加约束】对话框。将光标定位到【单元格引用】文本框中，单击选中单元格 F8；在【关系符号】下拉列表中选择【>=】选项；将光标定位到【约束】文本框中，单击选中单元格 H8。

⑯ 单击【添加】按钮，弹出一个新的【添加约束】对话框，按照前面的方法添加其他约束条件。添加完毕后，单击【添加条件】对话框右上角的【关闭】按钮，返回【规划求解参数】对话框。

⓱ 在【遵守约束】文本框中即可看到添加的所有约束条件，在【选择求解方法】下拉列表中选择【单纯线性规划】。

⓲ 单击【求解】按钮，弹出【规划求解结果】对话框，如下图所示。

⓳ 单击【确定】按钮，即可看到求解结果，如下图所示。

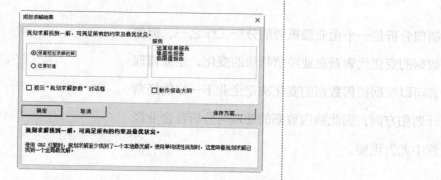

由上图的求解结果可知，当每天生产500kg 食品 A、120kg 食品 B、307kg 食品C 时，既可以达到生产需求，又可以使生产成本最小。

第9章
销售数据的处理

销售分析是一个企业最重要的分析工作之一，销售数据的变化代表着企业经营趋势的变化，企业管理者可以根据销售数据的变化决定企业下一步的经营计划和方向，因此销售数据的处理与分析在企业经营中尤为重要。

要 点 导 航

- 公司销售发展趋势分析
- 公司销售相关分析
- 公司结构分析
- 门店的客流量分析

9.1 公司销售发展趋势分析

对销售额做趋势分析，可以从过去的数据走势分析预测出未来数据的趋势。需要注意的是，趋势分析所用的数据一定要是前期实际发生的数据。

9.1.1 知识点

对公司销售发展情况进行分析，通常会涉及 Excel 2019 中的一些重要功能及数据处理分析的方法，具体知识点如下。

1. 趋势分析

趋势分析是通过将两期或多期连续数据按相同指标或比例进行同比或环比分析，得出它们的增减变动方向、变动数额和变动幅度，进而得出数据变化趋势的一种分析方法。

2. 趋势分析的影响因素

对数据进行趋势分析就是要从众多看似无规律、杂乱的数据中去发现规律，总结经验。在现实销售过程中，由于销售会受到很多因素的影响，销售额看起来是不断变化的，好像没有什么规律可循。但是经过分析，就可以看出影响销售额变化的因素中，有的是长期影响销售额的，有的只是短期内影响销售额。通常情况下，我们可以将这些因素分为以下 4 种。

● **长期趋势**

长期趋势是影响趋势分析的主要因素。长期趋势是指某一现象在很长时间内持续向某一固定方向发展变化的状态。例如，随着国民收入的不断增长，公司的销售额在较长时间内也是一种逐步增长的状态。

● **季节变动**

季节变动是一种自然现象，在一年之内，季节的变动会使某些社会经济现象发生规律性的变化。例如公司销售中的"销售旺季"和"销售淡季"。

● **循环变动**

循环变动是指社会经济活动以若干年为一个周期发生的盛衰起伏交替的波动。循环变动需要先从时间数列中剔除长期趋势和季节变动，再消除不规则变动，其剩余结果才是循环变动。循环变动的变动周期一般在一年以上。

● **不规则变动**

不规则变动，顾名思义，就是一种没有规则的、随机的变动，一般指由于意外的自然或社会的偶然因素引起的无周期的波动。

3. 同比和环比

同比主要是为了消除季节变动的影响，将本期数据与上年同期数据对比得到一个相对数据。例如将上年 1 月的销售额与今年 1 月的销售额进行对比。

$$同比增速 = \frac{本期发展水平 - 上年同期发展水平}{上年同期发展水平} \times 100\%$$

环比是指本期数据与前一时期数据的对比，它可以体现出数据逐期的发展速度。例如将今年 2 月的销售额与今年 1 月的销售额进行对比。

$$环比增速 = \frac{本期发展水平 - 上期发展水平}{上期发展水平} \times 100\%$$

4. 发展速度

发展速度是反映社会经济发展程度的相对指标，它是现象的报告期水平与基期水平之商，说明报告期水平已经发展到基期水平的百分之几或若干倍。发展速度是人们在日常社会经济工作中经常用来表示某一时期内某动态指标发展变化状况的动态相对数。把对比的两个时期的发展水平抽象成为一个比例数，来表示某一事物在这段对比时期内发展变化的方向和程度，进而分析研究事物发展变化的规律。其以某一时期（报告期）水平同以前时期（基期）水平对比而得，通常用百分率或倍数表示。其计算公式如下。

$$发展速度 = \frac{报告期水平}{基期水平} \times 100\%$$

大多数情况下，发展速度用百分率表示。当发展速度大于 100% 时，说明发展水平呈上升状态；当发展速度小于 100% 时，说明发展水平呈下降状态。

但是如果报告期水平很高，基期水平很低，则更适合使用倍数来表示发展速度。

发展速度分为环比发展速度和定基发展速度。环比发展速度也称逐期发展速度，是报告期水平与前一期水平之比，用于说明报告期水平相对于前一期水平的发展程度；定基发展速度则是报告期水平与某一固定时期水平（通常为最初水平或者特定时期水平）之比，用于说明报告期水平相对于该固定时期水平的发展程度，表明现象在较长时期内总的发展速度，也可以称为总速度。

5. 平均发展速度

平均发展速度反映现象在一定时期内逐期发展变化的一般程度，这个指标在国民经济管理和统计分析中有广泛的应用，是编制和检查计划的重要依据。

由于平均发展速度是一定时期内各期环比发展速度的动态平均指标，各时期对比的基础不同，所以不能采用一般算数平均数的计算方法。目前计算平均发展速度通常采用几何平均法，计算公式如下。

$$平均发展速度 = \sqrt[n]{第\,1\,期发展速度 \times 第\,2\,期发展速度 \times \cdots \times 第\,n\,期发展速度}$$

平均发展速度大于 100%，说明现象的发展水平呈上升趋势；平均发展速度小于 100%，说明现象的发展水平呈下降趋势。

6. POWER 函数

POWER 函数的功能：返回数字乘幂的计算结果。其语法格式为。

POWER(number,power)

其中，参数 number 表示底数，参数 power 表示指数。两个参数可以是任意实数，当参数 power 的值为小数或分数时，表示计算的是开方；当参数 number 取值小于 0 且参数 power 为小数或分数时，POWER 函数将返回 #NUM! 错误值。

计算内容	底数	指数	Excel 公式	结果
9^2	9	2	=POWER(9,2)	81
$\sqrt{9}$	9	1/2	=POWER(9,1/2)	3

7. 增长速度

增长速度是报告期比基期的增长量与基期水平之比，是用来说明事物增长快慢程度的动态相对数。计算公式如下。

$$增长速度 = \frac{增长量}{基期水平} = \frac{报告期水平 - 基期水平}{基期水平}$$

增长速度除了可以使用增长量来计算外，还可以根据发展速度进行计算，计算公式如下。

$$增长速度 = 发展速度 - 100\%$$

增长速度可以是正数，也可以是负数。正数表示增长，负数表示降低。

9.1.2 实例：计算销售额的同比增速

扫码看视频

公司对近 3 年的销售额数据进行了统计，现在要查看销售额的变化趋势以制定下一步的发展规划。由于公司的某些产品受季节变化影响比较大，例如空调、冰箱等，因此可以选用同比分析的方法，以消除季节变化对销售额的影响。具体操作步骤如下。

❶ 打开本实例的原始文件"2017~2019 年销售统计表"，切换到"2018 年同比增速"工作表中，在单元格 B2 中输入同比增长速度的计算公式"=('2018 年销售统计 '!B2-'2017 年销售统计 !!B2)/'2017 年销售统计 !!B2*100%"。

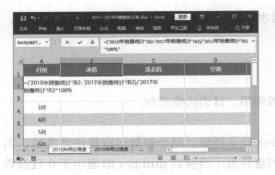

② 按【Enter】键完成输入，即可得到 2018 年 1 月冰箱销售额的同比增速。可以通过快速填充的方式，将单元格 B2 中的公式不带格式地填充到工作表的其他数据区域。

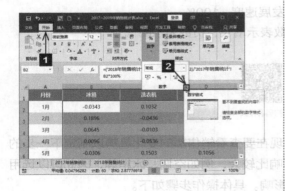

③ 同比增速是两期销售额差值相对上期销售额的对比，使用百分比形式显示，更容易看出对比的差异。选中单元格区域 B2:F13，切换到【开始】选项卡，单击【数字】组右下角的【对话框启动器】按钮 □ 。

④ 弹出【设置单元格格式】对话框，系统自动切换到【数字】选项卡，在【分类】列表框中选择【百分比】选项，小数位数保持 2 位不变。

⑤ 单击【确定】按钮，返回工作表，效果如下图所示。正数代表增长，负数代表下降。

⑥ 按照相同的方法计算 2019 年销售额的同比增长速度。

9.1.3 实例：计算销售额的环比增速

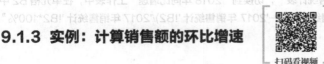
扫码看视频

本小节计算 2019 年与 2018 年相比各月的销售环比增速。计算环比增速的方法与计算同比增速的方法类似，只是计算公式有变化。

在计算当年 2~12 月的环比增速时只需要参照当年销售统计表中的销售额数据即可，而计算 1 月的环比增速则还需要参照上一年销售统计表中 12 月的销售额数据，这样在定义公式的时候不仅麻烦，而且容易出错。可以先将 2017~2019 年这 3 年的销售额数据集中汇总到一个工作表中，然后再计算各月的环比增速，如下图所示。

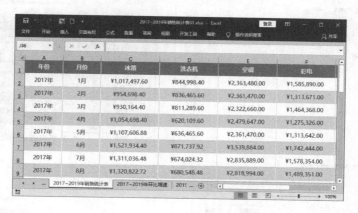

具体操作步骤如下。

❶ 打开本实例的原始文件"2017~2019 年销售统计表 01"，切换到"2017~2019 年环比增速"工作表，在单元格 C3 中输入环比增长速度的计算公式"=('2017~2019 年销售统计表 '!C3-'2017~2019 年销售统计表 '!C2)/'2017~2019 年销售统计表 '!C2*100%"。

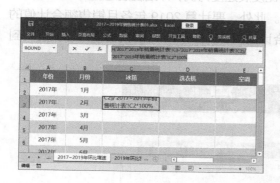

❷ 按【Enter】键完成输入，即可得到 2017 年 2 月冰箱销售额的环比增长速度。可以通过快速填充的方式，将单元格 C3 中的公式不带格式地填充到工作表的其他数据区域。

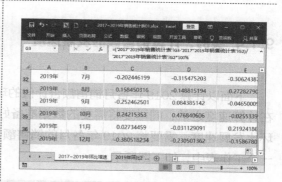

❸ 与同比增速一样，环比增速可以使用百分比形式来展示。选中单元格区域 C3:G37，切换到【开始】选项卡，单击【数字】组右下角的【对话框启动器】按钮 。

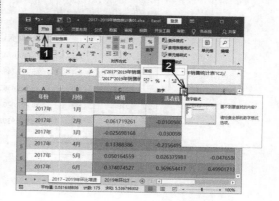

④ 弹出【设置单元格格式】对话框，系统自动切换到【数字】选项卡，在【分类】列表框中选择【百分比】选项，小数位数保持2位不变。

⑤ 单击【确定】按钮，返回工作表，效果如下图所示。正数代表增长，负数代表下降。

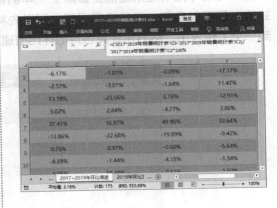

9.1.4 实例：计算销售额的发展速度

扫码看视频

下面以计算2019年各月销售额合计值的环比发展速度为例，介绍发展速度的计算方法。在计算速度之前，同样要将需要的数据准备好。此处，要计算2019年各月销售额合计值的环比发展速度，需要将2019年各月的销售额合计值和2018年12月的销售额合计值复制到一个工作表中，如下图所示。

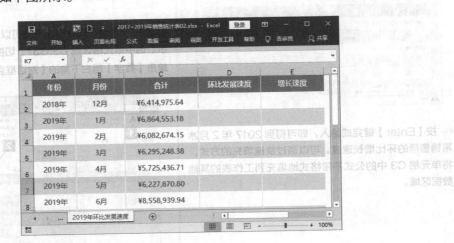

❶ 打开本实例的原始文件"2017~2019年销售统计表02"，切换到"2019年环比发展速度"工作表，在单元格D3中输入环比发展速度的计算公式"=C3/C2*100%"。

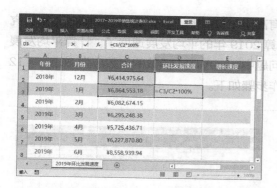

❷ 按【Enter】键完成输入，即可得到2019年1月销售额合计值的发展速度。可以通过快速填充的方式，将单元格D3中的公式不带格式地填充到单元格区域D4:D14中。

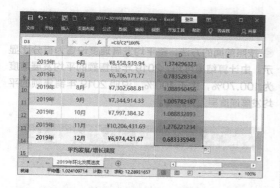

❸ 因为发展速度一般使用百分比形式来展示，所以还需要设置单元格区域D3:D14的单元格格式。选中单元格区域D3:D14，切换到【开始】选项卡，单击【数字】组右下角的【对话框启动器】按钮 。

❹ 弹出【设置单元格格式】对话框，系统自动切换到【数字】选项卡，在【分类】列表框中选择【百分比】选项，小数位数保持2位不变。

❺ 单击【确定】按钮，返回工作表，效果如下图所示。大于100%代表增长，小于100%代表下降。

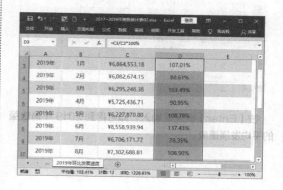

9.1.5 实例：计算销售额的平均发展速度

扫码看视频

　　2019 年销售额的环比发展速度的数据中既有高于 100% 的，也有低于 100% 的，那么究竟 2019 年的总的发展速度如何呢？这就需要计算 2019 年的平均发展速度了。计算平均发展速度需要 POWER 函数的帮助。显然，在这个问题中，POWER 函数的底数应为 2019 年 12 个月发展速度的乘积，指数应为 1/12，具体操作步骤如下。

❶ 打开本实例的原始文件 "2017~2019 年销售统计表03"，切换到 "2019 年环比发展速度" 工作表，在单元格 D15 中输入平均发展速度的计算公式 "=POWER(D3* D4*D5*D6*D7*D8*D9*D10*D11*D12*D13*D14,1/12)"。

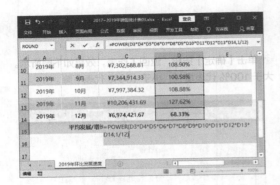

❷ 按【Enter】键完成输入，即可得到 2019 年销售额的平均发展速度。

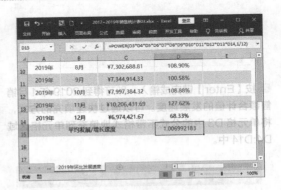

❸ 按照前面的方法，将平均发展速度设置为百分比显示。由计算结果可知，2019 年销售额的平均发展速度为 100.70%，大于 100%，说明 2019 年销售额的平均发展速度呈上升趋势。

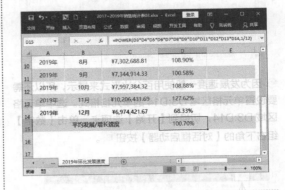

9.1.6 实例：计算销售额的增长速度

扫码看视频

　　前面已经计算出了 2019 年销售额的增长速度，因此在计算增长速度时，我们只需要用这个增长速度减去 100% 即可。具体操作步骤如下。

❶ 打开本实例的原始文件"2017~2019 年销售统计表04"，切换到"2019 年环比发展速度"工作表，在单元格 E3 中输入计算公式"=D3-100%"。

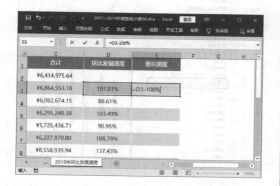

❷ 按【Enter】键完成输入，即可得到 2019 年 1 月销售额的增长速度。

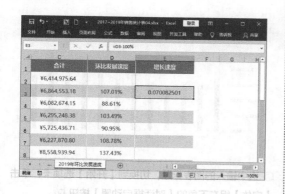

❸ 按照前面的方法，将单元格 E3 中的公式不带格式地填充到单元格区域 E4:E14 中，并将其设置为百分比格式显示。

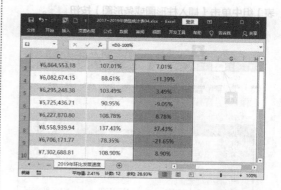

❹ 平均增长速度与增长速度的计算方式一样，直接使用平均发展速度减去 100% 即可。

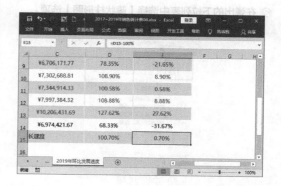

9.1.7　实例：制作分析图表

扫码看视频

对于销售额发展趋势分析，前面几个小节主要从同比、环比、发展速度、增长速度等方面进行了数据的处理与分析。从这些数据中，可以很容易地看出销售额是增长还是下降，但是在这么多的数据中，很难一眼看出销售数据的发展趋势，因此，在对销售数据进行分析时，还需要通过图表来直观地表现其发展趋势。

1. 同比分析图表

前面介绍了如何计算同比增速，以通过数字的形式表现一年内各月销售额的变化情况。为了让企业管理者更清晰地看出各月销售额的变化情况，可以制作一份销售额图表。对于同比分析，使用柱形图可以清晰地展示数据之间的差异。具体操作步骤如下。

❶ 打开本实例的原始文件"2017~2019 年销售统计表
05"，切换到"2019 年销售统计"工作表，选中单元
格区域 A1:A13 和 F1:F13，切换到【插入】选项卡，在【图
表】组中单击【插入柱形图或条形图】按钮。

❷ 在弹出的下拉列表中选择【簇状柱形图】选项。

❸ 在工作表中插入一个簇状柱形图。

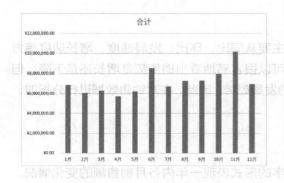

❹ 对插入的柱形图进行简单美化。设置图表中文字的字
体。选中图表，切换到【开始】选项卡，在【字体】组
中的【字体】下拉列表中选择【微软雅黑】选项。

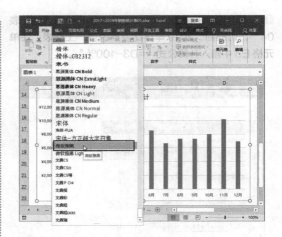

❺ 设置图表标题。删除图表标题中的"合计"，输入新
的标题"2019 年销售统计图表"。

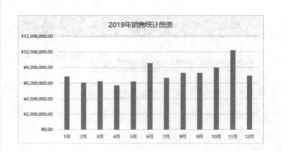

❻ 选中输入的图表标题，切换到【开始】选项卡，单击
【字体】组右下角的【对话框启动器】按钮。

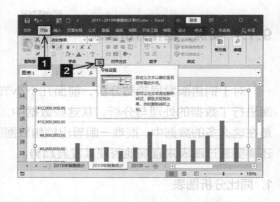

❼ 弹出【字体】对话框，切换到【字体】选项卡，在【字
体样式】下拉列表中选择【加粗】选项。

③ 切换到【字符间距】选项卡，在【间距】下拉列表中选择【加宽】选项，在其后面的【度量值】微调框中输入【1】磅。

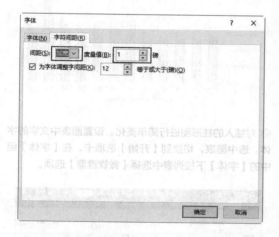

⑨ 设置完毕，单击【确定】按钮，返回图表。在数据系列上单击鼠标右键，在弹出的快捷菜单中选择【设置数据系列格式】菜单项。

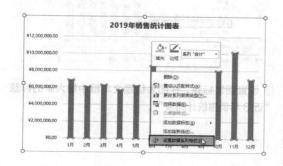

⑩ 弹出【设置数据系列格式】任务窗格，单击【系列选项】按钮 **▮▮▮**，将【系列选项】组中的【间隙宽度】调整为【120%】。12

⑪ 单击【填充与线条】按钮 **⬧**，然后单击【填充颜色】按钮 **⬧ ▾**，在弹出的颜色库中选择一种与表格颜色同系列的颜色，例如选择【金色，个性色4，淡色40%】选项。

⑫ 设置完毕，单击【关闭】按钮，关闭【设置数据系列格式】任务窗格，图表的最终效果如下图所示。

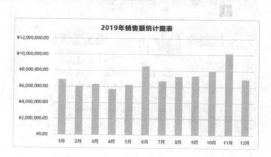

通过图表，可以清晰地看出相邻月份销售额的增长情况，例如可以一眼看出 11 月的销售额高于 10 月的销售额，12 月的销售额低于 11 月的销售额，这可能是受"双 11"大型促销活动的影响，使 11 月的销售额较其他月份偏高。

2. 环比分析图表

环比分析与同比分析一样，都是需要对比销售额的大小，所以依然适合使用簇状柱形图来展示数据。需要注意的是，环比分析对比的是不同年份相同月份之间的销售额，所以数据源的格式应该是以月份为行标题，年份为列标题。具体操作步骤如下。

❶ 切换到"2017~2019 年销售统计表"工作表，根据图表对源数据的要求，制作如下图所示的数据源。

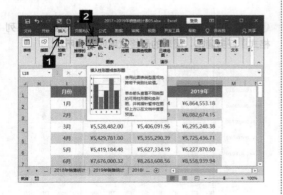

❷ 选中数据源区域中的任意一个单元格，切换到【插入】选项卡，在【图表】组中单击【插入柱形图或条形图】按钮 。

❸ 在弹出的下拉列表中选择【簇状柱形图】选项。

❹ 在工作表中插入一个簇状柱形图。

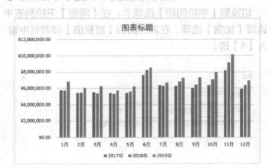

❺ 对插入的柱形图进行简单美化。设置图表中文字的字体。选中图表，切换到【开始】选项卡，在【字体】组中的【字体】下拉列表中选择【微软雅黑】选项。

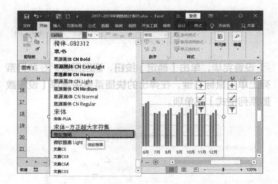

❻ 设置图表标题。在图表标题文本框中输入新的标题"近 3 年销售统计图表"。

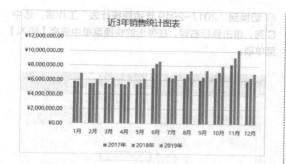

⑦ 选中输入的图表标题，切换到【开始】选项卡，单击【字体】组右下角的【对话框启动器】按钮。

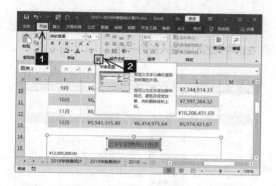

⑧ 弹出【字体】对话框，切换到【字体】选项卡，在【字体样式】下拉列表中选择【加粗】选项。

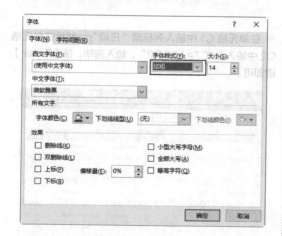

⑨ 切换到【字符间距】选项卡，在【间距】下拉列表中选择【加宽】选项，在【度量值】微调框中输入【1】磅。

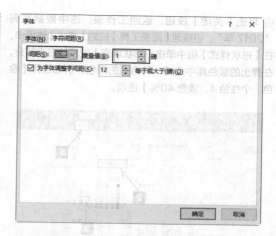

⑩ 设置完毕，单击【确定】按钮，返回图表。在数据系列上单击鼠标右键，在弹出的快捷菜单中选择【设置数据系列格式】菜单项。

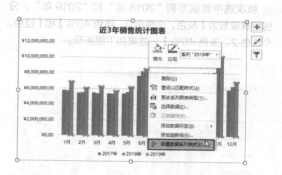

⑪ 弹出【设置数据系列格式】任务窗格，单击【系列选项】按钮，将【系列选项】组中的【间隙宽度】调整为【100%】。

⑫ 单击【关闭】按钮，返回工作表，选中数据系列"2017年"，切换到【图表工具】栏的【格式】选项卡，在【形状样式】组中单击【形状填充】按钮的右半部分，在弹出的颜色库中选择一种合适的颜色，例如选择【金色，个性色4，淡色40%】选项。

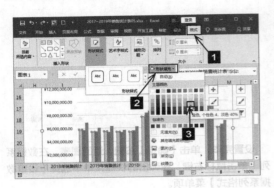

⑬ 依次选中数据系列"2018年"和"2019年"，分别将其设置为【灰色，个性色3，淡色40%】和【橙色，个性色2，淡色40%】，效果如下图所示。

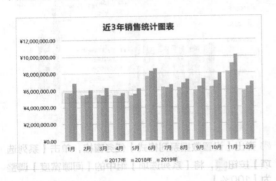

3. 销售走势图表

环比分析与同比分析的图表都是为了展示某个时间点的数据变化，所以选用了柱形图。如果要查看某个时间段内的销售走势，再使用柱形图就不合适了，而要使用折线图，折线图是趋势分析中最常用的一种图表。

在制作近3年的销售走势图表时，横坐标轴应该是日期且日期应该是包含年和月的，所以需要先将源数据表的年和日合并到一列。具体操作步骤如下。

❶ 切换到"2017~2019年销售统计表"工作表，选中C列，单击鼠标右键，在弹出的快捷菜单中选择【插入】菜单项。

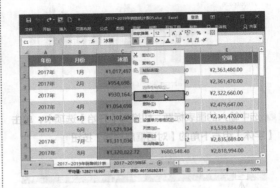

❷ 在选中列的前面插入新的一列。

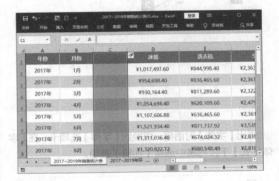

❸ 在单元格C1中输入列标题"日期"，然后在单元格C2中输入公式"=A2&B2"，输入完毕，按【Enter】键即可。

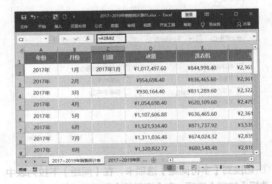

❹ 将单元格C2中的公式不带格式地填充到单元格区域C3:C37中。

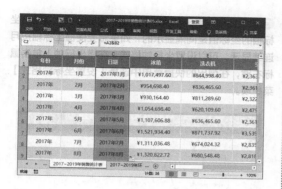

⑤ 选中单元格区域 C1:C37 和 H1:H37，切换到【插入】选项卡，在【图表】组中单击【插入折线图或面积图】按钮 。

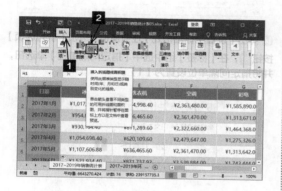

⑥ 在弹出的下拉列表中选择【带数据标记的折线图】选项。

⑦ 在工作表中插入一个带数据标记的折线图。

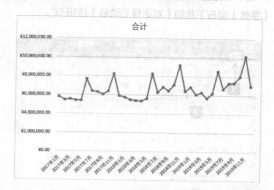

⑧ 对插入的折线图进行简单美化。设置图表中文字的字体。选中图表，切换到【开始】选项卡，在【字体】组中的【字体】下拉列表中选择【微软雅黑】选项。

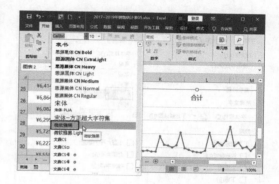

⑨ 设置图表标题。删除图表标题中的"合计"，在输入新的标题"2017~2019 年销售走势图"。

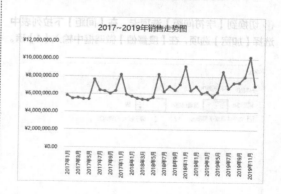

⑩ 选中输入的图表标题，切换到【开始】选项卡，单击
【字体】组右下角的【对话框启动器】按钮 。

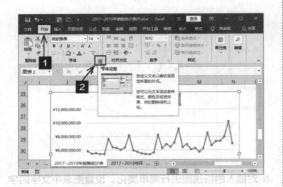

⑪ 弹出【字体】对话框，切换到【字体】选项卡，在【字
体样式】下拉列表中选择【加粗】选项。

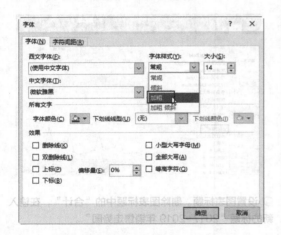

⑫ 切换到【字符间距】选项卡，在【间距】下拉列表中
选择【加宽】选项，在【度量值】微调框中输入【1】磅。

⑬ 设置完毕，单击【确定】按钮，返回图表。目前横坐
标轴的坐标值是间隔显示的，如果想要使横坐标轴按月
连续显示，可以设置坐标轴格式。在横坐标轴上单击鼠
标右键，在弹出的快捷菜单中选择【设置坐标轴格式】
菜单项。

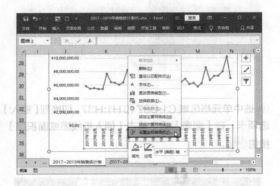

⑭ 弹出【设置坐标轴格式】任务窗格，单击【系列选项】
按钮 ，在【标签】组中选中【指定间隔单位】单选钮，
并将指定间隔单位设置为【1】。

⑮ 设置完毕，在图表中单击数据系列，【设置坐标轴格式】
任务窗格自动切换成【设置数据系列】任务窗格。单击【填
充与线条】按钮 ，然后单击【填充颜色】按钮，在弹
出的颜色库中选择一种与表格颜色同系列的颜色，例如
选择【金色，个性色 4，淡色 40%】选项。

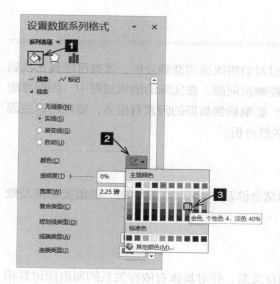

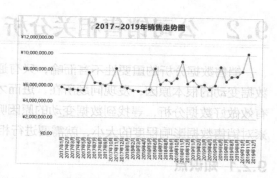

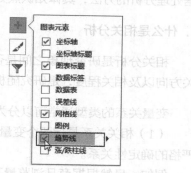

⓰ 单击【标记】选项，在【填充】组中单击【填充颜色】按钮 ◌▾，在弹出的颜色库中选择一种合适的颜色，例如选择【深红】选项，在【边框】组中选中【无线条】单选钮。

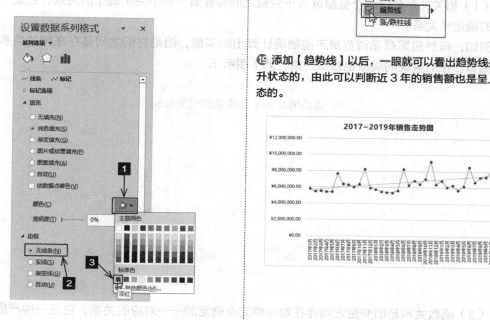

⓱ 设置完毕，单击【关闭】按钮关闭任务窗格。从折线图中可以看出，每个月的销售额波动较大，从中不太容易看出长期的变动趋势，此时，可以为折线图添加一条趋势线，以便查看长期变化趋势。

⓲ 选中图表，单击图表右上角的【图表元素】按钮 ，在弹出的下拉列表中勾选【趋势线】复选框。

⓳ 添加【趋势线】以后，一眼就可以看出趋势线是呈上升状态的，由此可以判断近 3 年的销售额也是呈上升状态的。

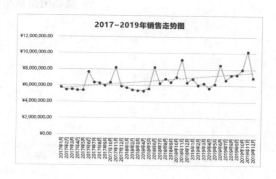

9.2　公司销售相关分析

销售数据分析的重要性不言而喻，只有通过对销售数据的准确分析，才有可能真正找到数据变动的根本原因，发现问题所在，进而才能解决问题。在实际的销售过程中，如何才能有效做好数据分析，寻找到数据变动的原因呢？影响销售数据的因素有很多，要判断这些因素对销售数据影响程度的大小，就需要进行相关性分析。

9.2.1　知识点

判断众多因素对销售数据的影响程度，通常会涉及 Excel 2019 中的一些重要功能及数据处理分析的方法，具体知识点如下。

1. 什么是相关分析

相关分析是研究现象之间是否存在某种依存关系，并对具体有依存关系的现象探讨其相关方向以及相关程度，是研究随机变量之间相关关系的一种统计方法。

变量关系的类型通常可以分为两类：相关关系和函数关系。

（1）相关关系是指两个变量或若干变量之间存在着一种不完全确定的关系，它是一种非严格的确定性关系。

例如，虽然根据商品浏览量不能精确计算出购买量，但是它们之间是存在相关关系的，浏览量多，相对来说购买量也会多一些。如下图所示。

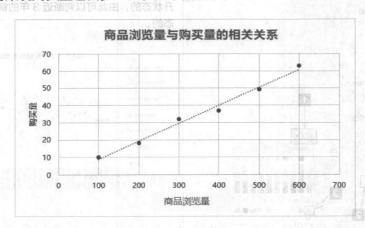

（2）函数关系是指变量之间存在着一种完全确定的一一对应的关系，它是一种严格的确定性关系。

例如，商品的销售额会随着销售数量的增加而增加，且可以根据销售数量准确计算出销售额，那么销量和销售额之间就存在着一个确定关系：销售额 = 单价 × 销量，如下图所示。

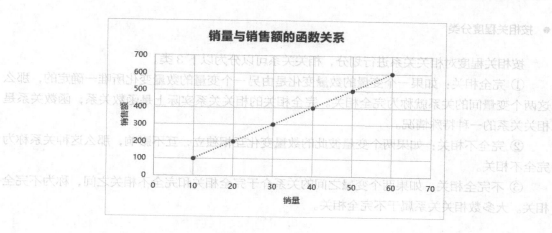

2. 相关分析的分类

根据不同的分类方法，现象之间的相关关系可分为很多种类。通常可以按相关程度、相关方向、相关形式和变量数目等进行分类。

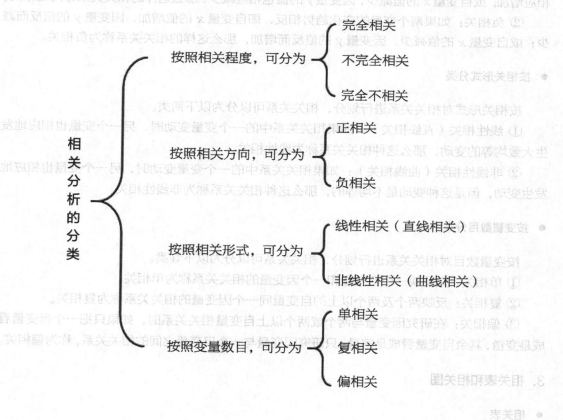

● 按相关程度分类

按相关程度对相关关系进行划分，相关关系可以分为以下 3 类。

① 完全相关：如果一个变量的数量变化是由另一个变量的数量变化所唯一确定的，那么这两个变量间的关系就称为完全相关。完全相关的相关关系实际上是函数关系，函数关系是相关关系的一种特殊情况。

② 完全不相关：如果两个变量彼此的数量变化互相独立，互不影响，那么这种关系称为完全不相关。

③ 不完全相关：如果两个变量之间的关系介于完全相关和完全不相关之间，称为不完全相关。大多数相关关系属于不完全相关。

● 按相关方向分类

按相关方向对相关关系进行划分，相关关系可以分为以下两类。

① 正相关：如果两个变量之间的变化方向一致，即自变量 x 的值增加，因变量 y 的值也相应增加；或自变量 x 的值减少，因变量 y 的值也相应减少，那么这样的相关关系称为正相关。

② 负相关：如果两个变量的变化趋势相反，即自变量 x 的值增加，因变量 y 的值反而减少；或自变量 x 的值减少，因变量 y 的值反而增加，那么这样的相关关系称为负相关。

● 按相关形式分类

按相关形式对相关关系进行划分，相关关系可以分为以下两类。

① 线性相关（直线相关）：如果相关关系中的一个变量变动时，另一个变量也相应地发生大致均等的变动，那么这种相关关系称为线性相关。

② 非线性相关（曲线相关）：如果相关关系中的一个变量变动时，另一个变量也相应地发生变动，但是这种变动是不均等的，那么这种相关关系称为非线性相关。

● 按变量数目分类

按变量数目对相关关系进行划分，相关关系可以分为以下 3 类。

① 单相关：只反映一个自变量和一个因变量的相关关系称为单相关。

② 复相关：反映两个及两个以上的自变量同一个因变量的相关关系称为复相关。

③ 偏相关：在研究因变量与两个或两个以上自变量相关关系时，如果只把一个自变量看成是变量，其余自变量看成是常量，只研究因变量与一个自变量之间的相关关系，称为偏相关。

3. 相关表和相关图

● 相关表

相关表是一种显示变量之间相关关系的统计表。通常将两个变量的对应值平行排列，且其中某一变量按其取值大小顺序排列，便可得到相关表。

对因变量和自变量进行相关分析时，需要研究的是其相互依存的关系，那么就需要通过实际调查取得一系列成对（因变量和自变量）的数值资料，将其作为相关分析的原始数据。根据资料是否分组，相关表可分为简单相关表和分组相关表。

① 简单相关表是资料未经分组的相关表，它是把因素标志值按照从小到大的顺序并配合结果标志值一一对应而平行排列起来的统计表。

② 分组相关表是指将原始资料进行分组而形成的相关表。分组相关表又可以分为单变量分组相关表和双变量分组相关表。

单变量分组相关表是对自变量分组并计算次数，而对应的因变量不分组，只计算其平均值。

双变量分组相关表是对自变量和因变量都进行分组而形成的相关表。

下面通过一个具体的例子来了解一下这几种表。

例如，为研究商品浏览人数和实际购买人数的关系，假设通过 3 天的调查得到的原始资料如下。

浏览人数	180	260	350	180	260	350	180	260	350
购买人数	52	60	64	53	62	65	52	61	64

根据上述原始资料，把自变量按照从小到大的顺序排列，即可得到如下简单相关表。

浏览人数	180	180	180	260	260	260	350	350	350
购买人数	52	53	52	60	62	61	64	65	64

根据上述原始资料，把自变量分组并计算次数，对因变量求平均值，即可得到如下单变量分组相关表。

浏览人数	调查天数	平均购买人数
180	3	52.5
260	3	61
350	3	64.3

● 相关图

相关图是用来反映两个变量之间相关关系的图，又称散布图。通俗点说，相关图就是根据相关表中的数据绘制出的散点图。利用相关图可以表现出各种相关关系。

下图所示的两个散点图是完全相关的散点图，左图为完全正相关散点图，其因变量的值会随自变量值的增加而增加，且成线性关系；右图为完全负相关散点图，其因变量的值会随自变量值的增加而减少，且成线性关系。

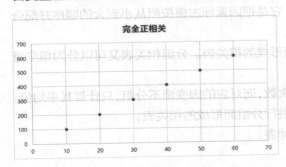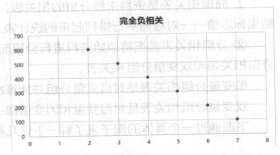

下图所示的两个散点图是不完全相关的散点图，左图为不完全正相关散点图，右图为不完全负相关散点图。

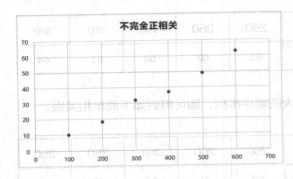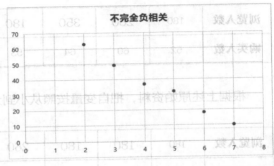

4. 相关系数

相关系数是用以反映变量之间相关关系密切程度的统计指标。

相关表和相关图可反映两个变量之间的相互关系及其相关方向，但无法确切地表明两个变量之间相关的程度。这时，我们就可以使用相关系数来表明两个变量之间相关的程度。

在 Excel 中通常可以使用两种方法计算相关系数：一种是函数法，一种是使用数据分析工具库中的"相关系数"进行计算。

5. CORREL 函数

CORREL 函数的功能是返回两个单元格区域之间的相关系数。其语法格式如下。

CORREL(array1,array2)

参数 array1 和 array2 代表的是单元格区域。

9.2.2 实例：计算直通车与销售额的相关程度

扫码看视频

随着信息化时代的发展，网上销售已经成为一种时尚。在网上销售的过程中，平台直通车可以说是众多竞争手段中效果最明显的一种。平台直通车对销售额的影响到底有多大呢？我们可以通过相关系数来计算。

例　某网店为了提高销售额，在平台开通了半个月的直通车。开通直通车的时间内，销售额的变化如下表所示。

	A	B	C	D
1	月份	直通车费用	销售额	站外推广费用
2	2019/6/1	¥4,028.30	¥11,054.50	¥1,298.60
3	2019/6/2	¥4,086.30	¥10,631.90	¥1,337.70
4	2019/6/3	¥4,106.20	¥10,724.10	¥1,332.90
5	2019/6/4	¥4,108.30	¥10,849.20	¥1,348.20
6	2019/6/5	¥4,189.20	¥10,893.20	¥1,406.20
7	2019/6/6	¥4,203.60	¥11,040.50	¥1,394.00
8	2019/6/7	¥4,305.40	¥11,114.20	¥1,466.00
9	2019/6/8	¥4,423.50	¥12,365.70	¥1,389.00
10	2019/6/9	¥4,456.50	¥11,425.40	¥1,503.00
11	2019/6/10	¥4,486.20	¥11,561.30	¥1,406.00
12	2019/6/11	¥4,523.20	¥11,562.30	¥1,523.00
13	2019/6/12	¥4,556.20	¥11,863.20	¥1,436.00
14	2019/6/13	¥4,682.30	¥12,386.20	¥1,389.00
15	2019/6/14	¥4,786.20	¥12,462.30	¥1,435.00
16	2019/6/15	¥5,023.20	¥12,536.20	¥1,506.00

1. CORREL 函数法

使用 CORREL 函数计算相关系数的具体操作步骤如下。

❶ 打开本实例的原始文件"广告投入对销售额的影响"，选中单元格 B18，切换到【公式】选项卡，在【函数库】组中单击【其他函数】按钮 ，在弹出的下拉列表中选择【统计】➤【CORREL】函数选项。

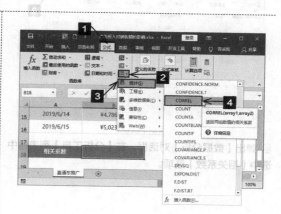

❷ 弹出【函数参数】对话框，在第 1 个参数文本框中选择输入单元格区域"B2:B16"，在第 2 个参数文本框中选择输入单元格区域"C2:C16"。

❸ 单击【确定】按钮，返回工作表，即可得到相关系数。

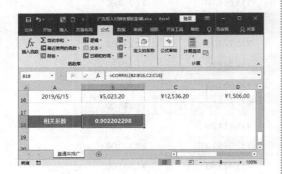

2. 数据分析工具库

❶ 选中数据区域的任意一个单元格，切换到【数据】选项卡，在【分析】组中单击【数据分析】按钮 ▣ 数据分析 。

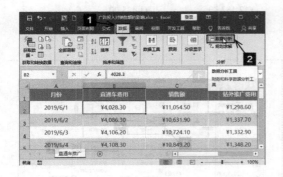

❷ 弹出【数据分析】对话框，在【分析工具】列表框中选中【相关系数】选项。

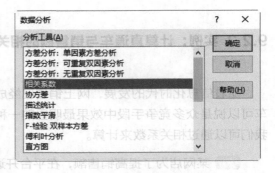

❸ 单击【确定】按钮，弹出【相关系数】对话框。将光标定位到【输入区域】文本框中，选中数据区域中的单元格区域 B1:C16；在【分组方式】组中选中【逐列】单选钮；勾选【标志位于第一行】复选框；在【输出选项】组中，选中【输出区域】单选钮，然后将光标定位到其后面的文本框中，在工作表中单击选中非数据区域的任意空白单元格，例如选中单元格 A20。

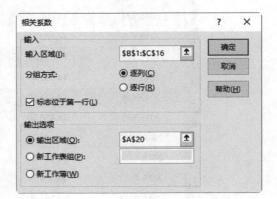

❹ 单击【确定】按钮，返回工作表，即可查看分析结果，如下图所示。

	销售额	直通车费用
销售额	1	
直通车费用	0.902202298	1

从上图所示的结果可以看到，使用数据分析工具库得到的相关系数与使用 CORREL 函数得到的相关系数是相同的。这里我们计算出的相关系数为 0.902202298，接近于 1，属于高度正相关。

用户在使用相关系数判断变量的相关性时，可以参照下表。

相关系数 r	相关关系
$r>0$	两变量为正相关
$r<0$	两变量为负相关
$|r|=1$	两变量为完全线性相关，即函数关系
$|r|>0.95$	两变量存在显著性相关
$|r|>0.8$	两变量间存在高度相关
$0.5 \leq |r|<0.8$	两变量间存在中度相关
$0.3 \leq |r|<0.5$	两变量间存在低度相关
$|r|<0.3$	两变量不相关
$r=0$	两变量之间无线性相关关系

9.2.3 实例：直通车与销售额相关性分析——散点图

扫码看视频

上一小节我们在对网店销售额与直通车推广费用相关性进行分析时，通过相关指数表示两类数据的相关程度。为了更直观地表示两类数据的相关程度，可以使用散点图。具体操作步骤如下。

❶ 打开本实例的原始文件"广告投入对销售额的影响01"，选中单元格区域 B1:C16，切换到【插入】选项卡，在【图表】组中单击【插入散点图或气泡图】按钮 。

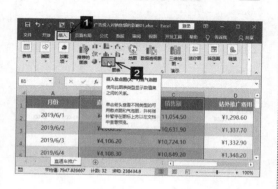

❷ 在弹出的下拉列表中选择【散点图】选项。

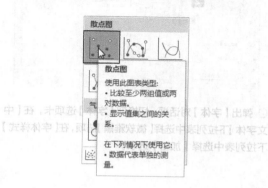

③ 在工作表中插入一个散点图。

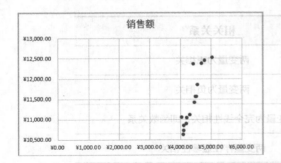

④ 为了提高图的可读性，可以对其进行简单设置。在图表标题文本框中输入新的标题"直通车与销售额相关性分析"。

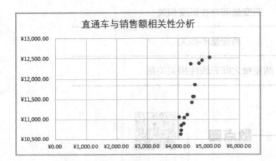

⑤ 选中图表标题，切换到【开始】选项卡，单击【字体】组右下角的【对话框启动器】按钮 。

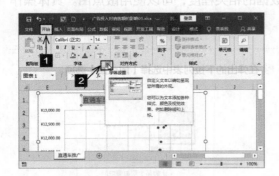

⑥ 弹出【字体】对话框，切换到【字体】选项卡，在【中文字体】下拉列表中选择【微软雅黑】选项，在【字体样式】下拉列表中选择【加粗】选项。

⑦ 切换到【字符间距】选项卡，在【间距】下拉列表中选择【加宽】选项，在【度量值】微调框中输入【1】磅。

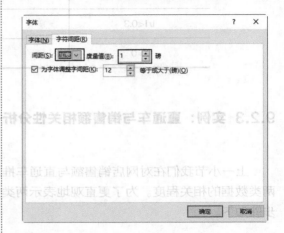

⑧ 设置完毕，单击【确定】按钮，返回图表，即可看到图表标题的设置效果。

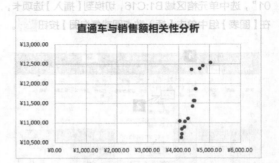

⑨ 散点图表示的是因变量随自变量而变的大致趋势，因此两个坐标轴的数值没必要一定从 0 开始，在对直通车与销售额进行相关分析时，为了使变化趋势看起来更明显，可以将 x 轴最小值设置为 4 000。选中 x 轴，单击鼠标右键，在弹出的快捷菜单中选择【设置坐标轴格式】菜单项。

⑩ 弹出【设置坐标轴格式】任务窗格，在【坐标轴选项】组中将【边界】的【最小值】设置为【4000】。

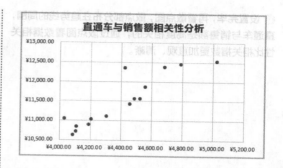

⑪ 为了看得更清楚，可以在散点图上添加趋势线，单击图表右侧的【图表元素】按钮 ✛，在弹出的下拉列表中勾选【趋势线】复选框。

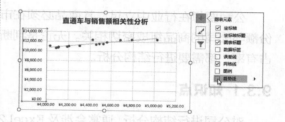

⑫ 添加趋势线后 y 轴的最小值变成了 0，导致散点图的趋势感弱了不少，可以按照前面的方法，将 y 轴的最小值设置为【10000】。

　　此时散点图的趋势看起来就比较明显了。通过看散点分布，可以看到相关的点几乎呈直线上升，这就是高度相关的典型分布。

⑯ 设置完毕，再看散点图，散点都分布在趋势线的周围，直通车与销售额是高度相关的，通过散点图看数据相关性比相关指数更加直观、清晰。

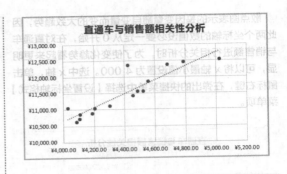

9.3 公司结构分析

公司要想在行业中立足，其商品必须在市场上占有一定的份额。公司的商品在市场中的份额与公司的商品组成密切相关。无论是判断商品对公司的贡献值还是公司商品在市场上的占有率，都需要进行结构分析。

9.3.1 知识点

对公司进行结构分析，通常会涉及 Excel 2019 中的一些重要功能及数据处理分析的方法，具体知识点如下。

1. 什么是结构分析

结构分析法是在统计分组的基础上，计算各组成部分所占的比重，进而分析某一总体现象的内部结构特征、总体的性质、总体内部结构依时间推移而表现出的变化规律性的统计方法。

例如，下图所示为 2019 年 8 月某公司的销售额数据表。

商品分类	销售额	比重
总销售额	¥7,302,688.81	100.00%
冰箱	¥1,833,025.41	25.10%
洗衣机	¥731,423.07	10.02%
空调	¥3,251,128.25	44.52%
彩电	¥1,487,112.09	20.36%

从上图中的工作表中可以看出，8 月的销售总额为 7 302 688.81，这就是结构分析中的总体。其中冰箱的销售额为 1 833 025.41，洗衣机的销售额为 731 423.07，空调的销售额为 3 251 128.25，彩电的销售额为 1 478 112.09，那么冰箱、洗衣机、空调、彩电就是总体的内部结构。

2. 结构相对指标

结构相对指标指以总体内部一部分与总体对比所得到的相对数，一般用百分数或系数表示。其计算公式如下。

$$结构相对指标 = \frac{总体中某一部分的值}{总体值} \times 100\%$$

注：总体中各部分的结构相对指标相加，其结果应为100%。

3. 饼图

在结构分析中，使用饼图可以更直观地表达各部分的结构相对指标。

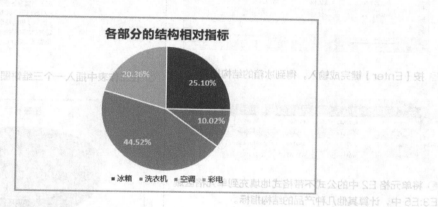

9.3.2 实例：公司份额结构分析

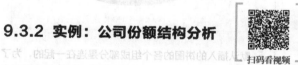

作为一个家电销售公司，公司的产品在市场上的占有率决定了公司的市场地位。公司在拓展市场的时候，市场份额是一个重要的参考指标。下面以一个具体实例来分析公司市场份额。下图所示是某公司4个主产品的销售额与本市同类产品销售额的统计数据。

	市场销售总额（万元）	本公司（万元）	其他公司（万元）	结构指标
冰箱	32,039.40	1,719.65	30,319.75	
洗衣机	22,618.14	1,134.06	21,484.08	
空调	61,277.76	3,503.40	57,774.36	
彩电	46,831.86	2,281.55	44,550.31	

下面根据这些数据来计算 2019 年该公司各类产品在全市市场上占有的份额。具体操作步骤如下。

❶ 打开本实例的原始文件"公司所占份额分析"，在单元格 E2 中输入计算结构指标的公式"=C2/B2"。

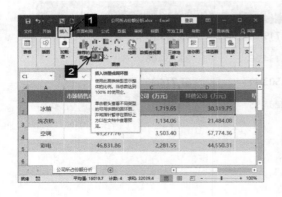

❷ 按【Enter】键完成输入，得到冰箱的结构指标。

	A	市场销售额（万元）	本公司（万元）	其他公司（万元）	结构指标
1	冰箱	32,039.40	1,719.65	30,319.75	5.37%
2	洗衣机	22,618.14	1,134.06	21,484.08	
3	空调	61,277.76	3,503.40	57,774.36	
4	彩电	46,831.86	2,281.55	44,550.31	

❸ 将单元格 E2 中的公式不带格式地填充到单元格区域 E3:E5 中，计算其他几种产品的结构指标。

	A	市场销售额（万元）	本公司（万元）	其他公司（万元）	结构指标
1	冰箱	32,039.40	1,719.65	30,319.75	5.37%
2	洗衣机	22,618.14	1,134.06	21,484.08	5.01%
3	空调	61,277.76	3,503.40	57,774.36	5.72%
4	彩电	46,831.86	2,281.55	44,550.31	4.87%

❹ 为了更直观地显示公司各类产品的销售额在全市销售额总量中所占的比重，可以使用饼图来展示。选中单元格区域 C1:D2，切换到【插入】选项卡，在【图表】组中单击【插入饼图或圆环图】按钮。

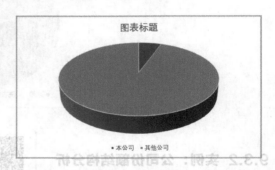

❺ 在弹出的下拉列表中选择【三维饼图】选项。

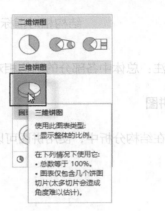

❻ 在工作表中插入一个三维饼图。

❼ 默认插入的饼图的各个组成部分是连在一起的，为了突出显示公司冰箱销售额所占的份额，可将其从饼图中分离出来。单击"本公司"数据系列，在弹出的快捷菜单中选择【设置数据系列格式】菜单项。

❽ 弹出【设置数据系列格式】任务窗格，在【系列选项】组中，将【饼图分离】设置为【10%】。

⑨ 本公司数据系列与饼图分离，效果如下图所示。

⑩ 由于饼图默认第一扇区的开始位置在上方，所以该公司份额部分在上方，感觉不太突出。为了使该公司份额部分突出显示，可以适当调整饼图第一扇区的开始位置。在【设置数据点格式】任务窗格的【系列选项】组中，将【第一扇区开始角度】设置为【145°】。

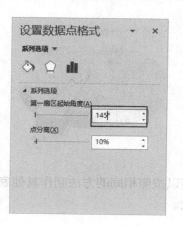

⑪ 该公司份额部分已经移动到了饼图的右下方，明显感觉突出了。

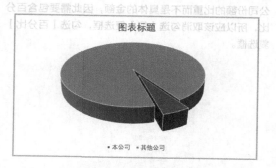

⑫ 从图表中无法一眼看出该公司份额的比重，还需为饼图的数据系列添加数据标签。选中图表的两个数据系列，单击鼠标右键，在弹出的快捷菜单中选择【添加数据标签】菜单项。

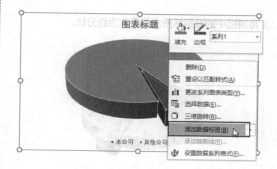

⑬ 在数据系列上添加数据标签。默认插入的数据标签是数据系列的值，此处要的是比重，需要更改数据标签。在数据标签上单击鼠标右键，在弹出的快捷菜单中选择【设置数据标签格式】菜单项。

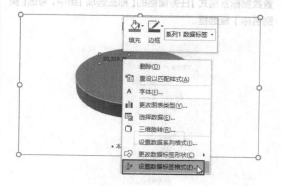

⓮ 弹出【设置数据标签格式】任务窗格，在【标签选项】组中，选择标签包含的内容。由于此处需要查看的是该公司份额的比重而不是具体的金额，因此需要包含百分比，所以应该取消勾选【值】复选框，勾选【百分比】复选框。

⓯ 将饼图中的数据标签由值更改为百分比。

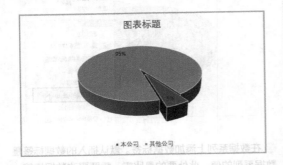

⓰ 在当前图表中，看到数据系列的比重为 5% 时，需要根据颜色看一下图例才能知道是该公司份额的比重，为了查看方便，可以在数据标签中添加系列名称。在【设置数据标签格式】任务窗格的【标签选项】组中，勾选【类别名称】复选框。

⓱ 将类别名称和百分比同时显示在数据标签中。选中图例，按【Delete】键将其删除。

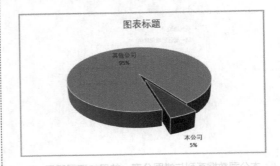

⓲ 图表中默认的图表标题不能表达图表的内容，需要将其更改为可以表达图表内容的标题，例如当前图表表现的是冰箱的份额占比，可以将图表标题更改为"冰箱的份额占比"，并设置其字体格式。

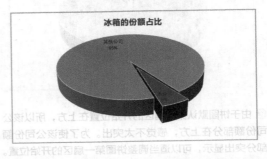

⓳ 图表的结构基本调整完成，可以再对图表的颜色进行适当调整美化，使图表与工作表的整体更加契合。

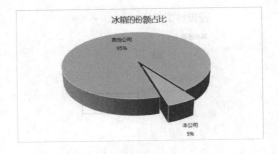

可以按照相同的方法制作其他家电的份额占比。

9.3.3 实例：分析各类商品的贡献率

扫码看视频

上一小节通过实际案例介绍了如何通过结构分析计算公司所占份额，这个案例是将公司数据与外部数据进行对比分析，接下来介绍如何通过结构分析对公司的内部数据进行分析，例如分析公司各类产品对公司利润的贡献率。

要分析各类商品对公司利润的贡献率，就必须知道每类商品获取的利润；而要计算利润，只需要知道公司的主营业务收入及主营业务成本就可以了，如下表所示。

商品分类	主营业务收入（万元）	主营业务成本（万元）
冰箱	1,719.65	1,529.36
洗衣机	1,134.06	983.50
空调	3,503.40	2,879.50
彩电	2,281.55	2,096.30
合计	8,638.66	7,488.66

有了主营业务收入和主营业务成本之后，就可以计算每类商品的毛利，进而就可以计算出每类商品的毛利率以及贡献率。具体操作步骤如下。

❶ 打开本实例的原始文件"各类商品的贡献率"，毛利 ＝ 主营业务收入 － 主营业务成本，在单元格 D2 中输入公式"＝B2－C2"。

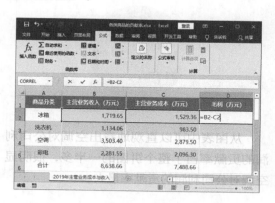

❷ 按【Enter】键完成输入，得到冰箱的毛利。

❸ 将单元格 D2 中的公式不带格式地填充到单元格区域 D3:D5 中，计算其他几种商品的毛利。

商品分类	主营业务收入（万元）	主营业务成本（万元）	毛利（万元）
冰箱	1,719.65	1,529.36	190.29
洗衣机	1,134.06	983.50	150.56
空调	3,503.40	2,879.50	623.90
彩电	2,281.55	2,096.30	185.25
合计	8,638.66	7,488.66	1,150.00

❹ 毛利率 ＝ 毛利 ÷ 主营业务收入。在单元格 E2 中输入公式"＝D2/B2"。

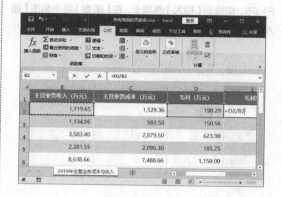

⑤ 按【Enter】键完成输入，将单元格 E2 中的公式不带格式地填充到单元格区域 E3:E6 中，得到各类商品的毛利率以及总的毛利率。

C	D	E
主营业务成本（万元）	毛利（万元）	毛利率
1,529.36	190.29	11.07%
983.50	150.56	13.28%
2,879.50	623.90	17.81%
2,096.30	185.25	8.12%
7,488.66	1,150.00	13.31%

⑥ 贡献率＝各类商品的毛利÷毛利总额。在单元格 F2 中输入公式"=D2/$D$6"。

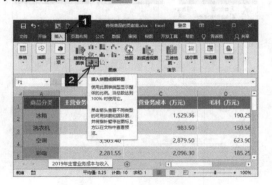

⑦ 按【Enter】键完成输入，将单元格 F2 中的公式不带格式地填充到单元格区域 F3:F5 中，即可得到各类商品的对公司利润的贡献率。

商品分类	主营业务收入（万元）	主营业务成本（万元）	毛利	毛利率	贡献率
冰箱	1,719.65	1,529.36	190.29	11.07%	16.55%
洗衣机	1,134.06	983.50	150.56	13.28%	13.09%
空调	3,503.40	2,879.50	623.90	17.81%	54.25%
彩电	2,281.55	2,096.30	185.25	8.12%	16.11%
合计	8,638.66	7,488.66	1,150.00	13.31%	

⑧ 为了更直观地看到各类产品贡献率的分析结果，可以根据贡献率创建一个饼图图表。选中数据区域 A1:A5 和 F1:F5，切换到【插入】选项卡，在【图表】组中单击【插入饼图或圆环图】按钮。

⑨ 在弹出的下拉列表中选择【饼图】选项。

⑩ 在工作表中插入一个饼图。

⑪ 按照前面的方法对饼图进行美化设置，最终效果如下图所示。

从图表中可以直观地看出空调对公司利润的贡献率占了整个饼图的一半多，很明显空调对公司利润的贡献率最大。

9.4　门店的客流量分析

客流量与销售额正相关，客流量大，销售额也会大，所以了解清楚哪个时间段是门店的客流高峰期非常有必要。因为知道了门店的客流高峰期，就可以合理安排门店的销售人员以及开展促销活动的时间。

9.4.1　知识点

对公司进行客流量分析，通常会涉及 Excel 中的一些重要功能及数据处理分析的方法，具体知识点如下。

1. 描述分析

描述性分析是指根据调查所得的大量数据进行初步的整理和归纳，找出这些数据的内在规律，主要包括数据的频数分析、集中趋势分析、离散程度分析等。

门店的客流高峰期分析实际上是对销售流水中各个时间段出现的订单数进行分析，查看哪个时间段的客流量最大，这就属于描述分析中的频数分析。

2. 删除重复值

删除重复值就是删除表格中重复的内容。【删除重复值】功能位于 Excel【数据】选项卡中的【数据工具】组中。在分析门店客流量的过程中，可以使用该功能删除销售流水表中重复的订单编号。

3. 数据透视表

数据透视表也是 Excel 中非常实用的功能之一，它主要用于快速汇总数据。在客流量分析中，可以使用数据透视表按照时间段快速对订单数进行汇总计数。

4. 折线图

折线图可以显示随时间（根据常用比例设置）变化的连续数据，因此非常适用于显示在相等时间间隔下数据的趋势。在客流量分析中，使用折线图可以直观地看出哪个时间段是客流高峰期。

9.4.2　实例：确定客流高峰期的时间段

扫码看视频

要分析哪个时间段是客流量高峰期，首先要知道每个时间段的客流量。时间段可以通过通过门店的销售明细表中的成交时间得出，客流量可以根据订单编号获得。

1. 删除重复订单编号

从下面的销售流水表中可以看到订单编号存在重复的现象，这是因为同一客户可能购买了多个商品，但是只产生一个订单编号。

	A	B	C	D	E	F	G	H
1	商品条码	商品名称	规格	单价	数量	金额	成交时间	订单编号
2	69359***37963	彩电	55寸	2599	1	2599	2019-06-01 08:45	20190601NO.0012750
3	69112***15692	冰箱	303升	2799	1	2799	2019-06-01 09:25	20190601NO.0012751
4	69202***36141	洗衣机	7.5公斤	1099	1	1099	2019-06-01 09:56	20190601NO.0012752
5	69203***48152	空调	1.5匹	2699	2	5398	2019-06-01 09:56	20190601NO.0012752
6	69308***49623	彩电	43寸	1799	1	1799	2019-06-01 10:16	20190601NO.0012753
7	69112***15692	冰箱	303升	2799	1	2799	2019-06-01 10:16	20190601NO.0012753
8	69202***36141	洗衣机	7.5公斤	1099	1	1099	2019-06-01 10:36	20190601NO.0012754
9	69203***48152	空调	1.5匹	2699	1	2699	2019-06-01 10:58	20190601NO.0012755
10	69308***49623	彩电	43寸	1799	1	1799	2019-06-01 10:58	20190601NO.0012755
11	69112***15692	冰箱	303升	2799	1	2799	2019-06-01 11:25	20190601NO.0012756
12	69112***15692	冰箱	303升	2799	1	2799	2019-06-01 12:56	20190601NO.0012757
13	69145***89362	冰箱	528升	3699	1	3699	2019-06-01 13:16	20190601NO.0012758
14	69359***37963	彩电	55寸	2599	1	2599	2019-06-01 13:56	20190601NO.0012759

显然，要计算客流量的话，应当计算不重复的订单编号的个数，所以在统计各个时间段的订单数量时，需要先删除重复的订单编号。

要删除重复的订单编号势必就会破坏原来的数据结构，所以最好在删除重复值之前先将数据复制出来，然后再进行删除。例如在分析门店客流量时，用到的数据是订单时间和订单编号，可以先创建一个新的工作表，将订单时间和订单编号两列复制到新的工作表中，然后再删除重复的订单编号。具体操作步骤如下。

❶ 打开本实例的原始文件"门店客流量调查"，单击工作表标签右侧的【新工作表】按钮➕。

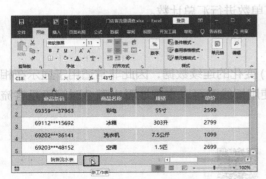

❷ 在原工作表的右侧插入一个新的工作表，将其重命名为"客流量调查"。

❸ 将"销售流水表"中的订单时间和订单编号数据复制粘贴到"客流量调查"工作表中。

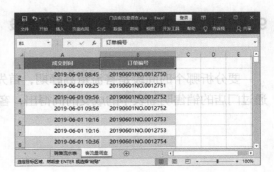

④ 选中"客流量调查"工作表中数据区域的任意一个单元格，切换到【数据】选项卡，在【数据工具】组中单击【删除重复值】选项。

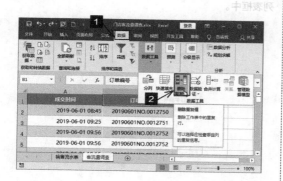

⑤ 弹出【删除重复值】对话框，勾选【数据包含标题】复选框，然后取消勾选【成交时间】复选框。

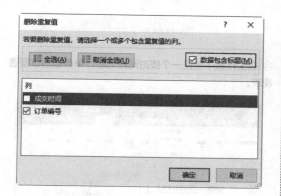

⑥ 设置完毕，单击【确定】按钮，弹出【Microsoft Excel】提示框，提示用户发现了 14 个重复值，已将其删除；保留了 113 个唯一值。

⑦ 单击【确定】按钮，返回工作表，即可看到重复的订单编号已经被删除了。

2. 汇总各时间段的订单量

订单编号去除重复值后的计数代表的就是客流量。前面已经将重复值删除了，此处只需要将各时间段内的订单数量进行汇总即可。具体操作步骤如下。

❶ 选中"客流量调查"工作表中数据区域的的任意一个单元格，切换到【插入】选项卡，在【表格】组中单击【数据透视表】按钮。

❷ 弹出【创建数据透视表】对话框，系统会自动选中"客流量调查"工作表中的所有数据区域作为要分析的数据。在【选择放置数据透视表的位置】组中选中【现有工作表】选项，将光标定位到【位置】文本框中，然后选中"客流量调查"工作表中的任意一个空白单元格，此处选中单元格 D1。

❸ 设置完毕，单击【确定】按钮，在"客流量调查"工作表中创建一个数据透视表的框架。

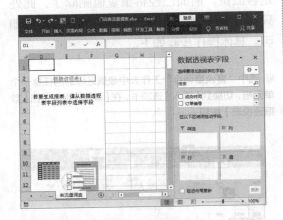

❹ 在【数据透视表字段】任务窗格中的【选择要添加到报表的字段】列表中，将【成交时间】字段拖曳到【行】字段列表框中，用户可以看到字段"成交时间"自动分解为3个字段：日、小时、成交时间。

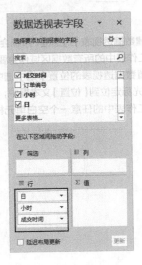

❺ 此处需要的只是"小时"，可以在【选择要添加到报表的字段】列表中取消勾选【日】和【成交时间】字段前面的复选框，然后将【订单编号】拖曳到【值】字段列表框中。

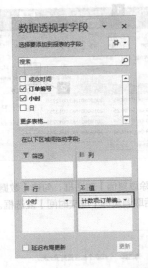

❻ 在工作表中创建一个按时间段汇总订单数量的数据透视表。

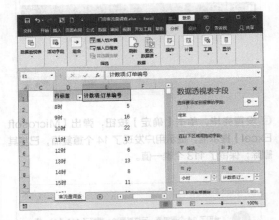

❼ 为了使数据透视表更好地表现数据，可以对其进行适当美化。更改报表布局，选中数据透视表中的任意一个单元格，切换到【数据透视表工具】栏的【设计】选项卡，在【布局】组中单击【报表布局】按钮，在弹出的下拉列表中选择【以表格形式显示】选项。

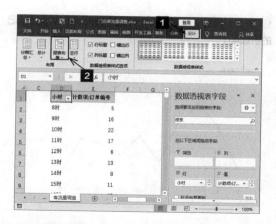

⑧ 设置数据透视表的样式。在【数据透视表样式组】中单击【其他】按钮。

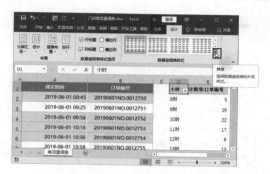

⑨ 打开数据透视表样式库，从中选择一个与数据源表颜色一致的样式，例如选择【浅蓝，数据透视表样式中等深浅13】选项。

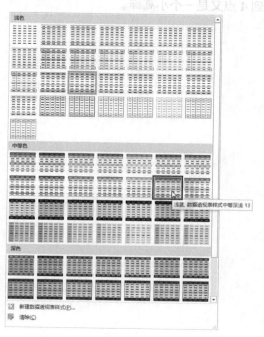

⑩ 可以看到应用样式后，数据透视表的数据区域由于没有框线，所以不好区分数据，可以在【数据透视表样式选项】组中勾选【镶边行】复选框。

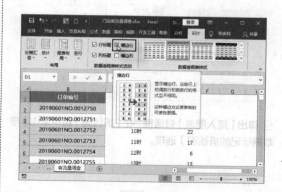

⑪ 为数据透视表添加行框线，效果如下图所示。

小时 ▼	计数项:订单编号
8时	5
9时	16
10时	22
11时	17
12时	6
13时	13
14时	8
15时	11
16时	12
17时	3
总计	113

3. 折线图——清晰展示客流量

从数据透视表中的数据可以看出上午10点到11点是客流高峰期，为了更直观地看出客流量的变化趋势，可以为其绘制一个折线图。

❶ 选中"客流量调查"工作表中数据区域的任意一个单元格，切换到【插入】选项卡，在【表格】组中单击【数据透视图】按钮的上半部分。

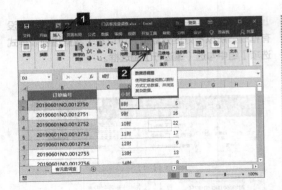

② 弹出【插入图表】对话框，在【折线图】组中单击【带数据标记的折线图】选项。

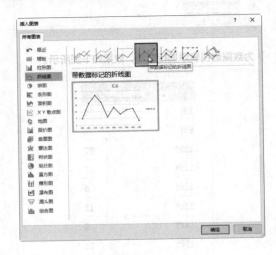

③ 单击【确定】按钮，在工作表中创建一个带数据标记的折线图。

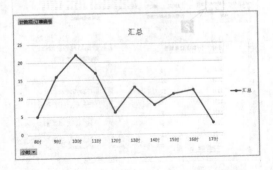

④ 为了提高图表的可读性，可以对图表的标题等进行适当美化。

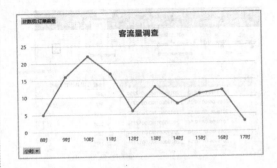

从折线图中可以清晰看出上午 9 点到 11 点这个时间段的客流量是最大的，下午 3 点到 4 点又是一个小高峰。

第10章
人力资源数据的处理

人力资源作为企业的导向标，在企业发展过程中有着举足轻重的作用。对于企业来说，人力资源规划的重点在于对企业当前的人力资源信息进行收集、统计与分析，并以数据分析结果为支撑。只有这样，才能制订出更有利于企业发展的人力资源方案。

要 点 导 航

- 在职人员结构分析
- 分析人员流动情况

10.1 在职人员结构分析

在对人力资源进行规划时，首先需要对企业人力资源结构进行分析，如分析在职人员的性别分布、年龄分布、学历分布等，充分了解企业人力资源的现状。

10.1.1 知识点

对在职人员进行结构分析通常会涉及 Excel 2019 中的一些重要功能及数据处理的方法，具体知识点如下。

1. 自动筛选

自动筛选功能可以说是 Excel 中一个比较简单易学的提取数据的工具，用户只需要根据条件逐个筛选数据。

2. COUNTIFS 函数

COUNTIFS 函数是 Excel 中的一个统计函数，主要用来计算多个区域中满足给定条件的单元格的个数，给定条件既可以是单个，也可以是多个。

3. 数据透视表

数据透视表可以进行某些计算，如求和与计数等；也可以动态地改变它们的版面布置，以便按照不同方式分析数据；还可以重新安排行号、列标和页字段。每一次改变版面布置时，数据透视表会立即按照新的布置重新计算数据。另外，如果原始数据发生更改，则数据透视表也可以更新。

10.1.2 实例：统计在职人员结构信息

扫码看视频

在分析人员结构时，我们主要可以从部门、性别、学历、年龄等角度进行分析。但是，员工信息表中往往不仅包含了在职员工的信息，也包含了离职员工的信息，因此我们在对人员结构进行分析前，需要先统计出在职人员的信息。

部门	员工人数	性别		学历					年龄			
		男	女	博士研究生	硕士研究生	大学本科	大学专科	大专以下	21-30	31-40	41-50	51-60
财务部	6	2	4	0	0	5	1	0	1	3	1	1
采购部	9	6	3	0	1	7	1	0	2	3	2	2
行政部	9	3	6	0	1	2	2	4	3	2	4	0
技术部	10	8	2	0	4	6	0	0	3	4	3	0
品管部	7	4	3	0	2	4	1	0	2	3	1	1
人事部	5	2	3	0	2	3	0	0	2	3	0	0
生产部	223	89	134	0	2	12	135	74	27	70	101	25
销售部	13	3	10	0	2	8	3	0	2	3	5	3
总经办	4	1	3	2	2	0	0	0	0	0	4	0
合计	286	118	168	2	16	47	143	78	42	91	121	32

在 Excel 中，通常使用的统计在职人员信息的方法有筛选法、函数法和数据透视表法。HR 可以根据实际情况来选择合适的方法。

1. 筛选法

使用筛选法对在职人员信息进行统计时，需要先将在职人员信息的结构做好，然后一一筛选、查看其人数。

❶ 打开本实例的原始文件"员工信息表"，切换到"员工基本信息表"工作表，选中数据区域的任意一个单元格，切换到【数据】选项卡，在【排序和筛选】组中单击【筛选】按钮，各标题字段的右侧随即出现一个下拉按钮，进入筛选状态。

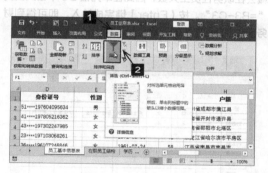

❷ 单击标题字段【是否在职】右侧的下拉按钮，从弹出的筛选列表中取消勾选【否】复选框。

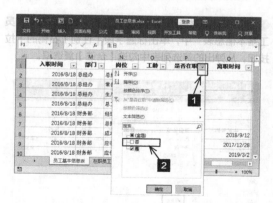

❸ 单击【确定】按钮，返回 Excel 工作表，筛选效果如下图所示。

❹ 单击标题字段【部门】右侧的下拉按钮，从弹出的筛选列表中取消勾选【全选】复选框，然后勾选【财务部】复选框。

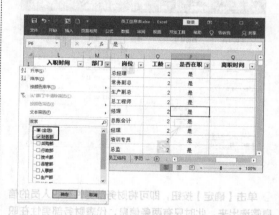

❺ 单击【确定】按钮，即可将财务部在职人员的信息筛选出来，选中【财务部】列中筛选出的单元格，在工作簿的下方即可显示【计数：6】，这就代表财务部的在职人员数量为6。

⑥ 切换到"在职员工结构"表中，在代表财务部员工人数的单元格 B3 中输入"6"。

⑦ 切换到"员工基本信息表"中，单击标题字段【性别】右侧的下拉按钮，从弹出的筛选列表中取消勾选【女】复选框。

⑧ 单击【确定】按钮，即可将财务部男性在职人员的信息筛选出来，此时只有两条信息，代表财务部男性在职人员只有两人。

⑨ 切换到"在职员工结构"表中，在代表财务部男性员工人数的单元格 C3 中输入"2"。

⑩ 显然财务部在职女性员工的人数等于在职员工人数减去在职男性员工人数，因此在单元格 D3 中输入公式"=B3-C3"。按【Enter】键完成输入，即可得到财务部在职女性员工的人数。

⑪ 接下来计算财务部不同学历员工的人数。切换到"员工基本信息表"中，单击标题字段【性别】右侧的下拉按钮，从弹出的筛选列表中勾选【全选】复选框。

⑫ 单击【确定】按钮，将所有财务部的员工显示出来。然后单击标题字段【学历】右侧的下拉按钮，用户可以看到财务部员工的学历只有大学本科和大学专科，从弹出的筛选列表中取消勾选【大学专科】复选框。

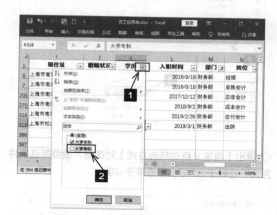

⑬ 单击【确定】按钮，即可将财务部大学本科学历员工的信息筛选出来，【学历】列中筛选出了部分单元格，在工作簿的下方即可显示【计数：5】，这就代表财务部现有大学本科学历的员工人数为5。

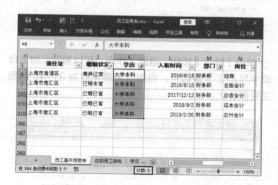

⑭ 切换到"在职员工结构"表中，在代表财务部大学本科员工人数的单元格 G3 中输入"5"。

⑮ 因为财务部员工的学历除了大学本科就是大学专科，所以大学专科的人数就很容易计算了。在单元格 H3 中输入公式"=B3-G3"。按【Enter】键完成输入，即可得到财务部大学专科学历的人数。

⑯ 接下来计算财务部各个年龄段员工的人数。切换到"员工基本信息表"中，单击标题字段【学历】右侧的下拉按钮，从弹出的筛选列表中勾选【全选】复选框。

⑰ 单击【确定】按钮，将所有财务部的员工显示出来。然后单击标题字段【年龄】右侧的下拉按钮，在弹出的下拉列表中选择【数字筛选】▶【介于】菜单项。

⑱ 弹出【自定义自动筛选方式】对话框，设置筛选条件为"大于或等于21"与"小于或等于30"。

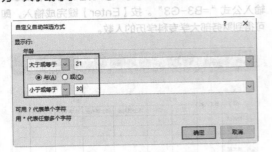

⑲ 单击【确定】按钮，返回工作表，可以看到此时工作表中只显示了1条信息，说明财务部年龄为21~30的员工只有1人。

⑳ 切换到"在职员工结构"表中，在单元格 J3 中输入"1"。

㉑ 再次切换到"员工基本信息表"中，单击字段【年龄】右侧的下拉按钮，在弹出的下拉列表中选择【数字筛选】➤【介于】菜单项。

㉒ 弹出【自定义自动筛选方式】对话框，设置筛选条件为大于或等于31与小于或等于40。

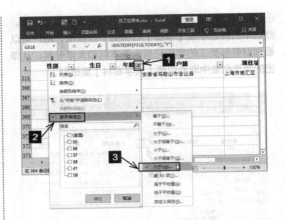

㉓ 弹出【自定义自动筛选方式】对话框，设置筛选条件为大于或等于31与小于或等于40。

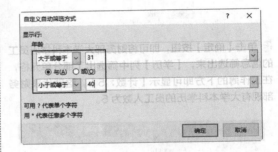

㉓ 单击【确定】按钮，返回工作表，可以看到此时工作表中显示了3条信息，说明财务部年龄为31~40的员工只有3人。

㉔ 切换到"在职员工结构"表中，在单元格 K3 中输入"3"。

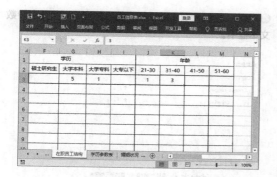

㉕ 可以按照相同的方法统计财务部其他年龄段员工的人数。

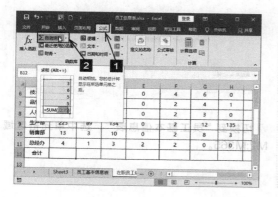

㉖ 可以按照相同的方法统计其他部门的人员结构情况。

部门	员工人数	性别		学历				年龄			
		男	女	博士研究生	硕士研究生	大学本科	大学专科	大专以下	21-30	31-40	41-50	51-60
财务部	6						5	1		1	
采购部	9	6	3			1	7	1		2	2
行政部	9	3	6			2	2	2	3	2	1
技术部	10	8	2			4	6		3	4	1
品管部	7	4	3			4	1		3	2	2
人事部	5	2	3			2	3		2	1	
生产部	223	89	134			2	12	135	74	27	70	101	25
销售部	13	3	10			2	8	3		5	
总经办	4	1	3			2			2	2	

㉗ 计算不同结构下的在职员工人数。选中单元格 B12，切换到【公式】选项卡，在【函数库】组中单击【自动求和】按钮 ∑ 自动求和 ・ 的左半部分。

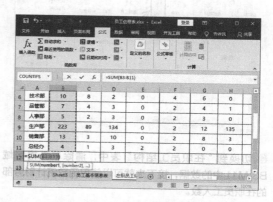

㉘ 在单元格 B12 中自动填充一个求和公式 "=SUM(B3:B11)"。

![Excel界面，显示=SUM(B3:B11)公式]

8	技术部	10	8	2	0	4	6	0
7	品管部	7	4	3	0	4	1	
8	人事部	5	2	3	0	2	3	0
9	生产部	223	89	134	0	2	12	135
10	销售部	13	3	10	0	2	8	3
11	总经办	4	1	3	0	2	0	0
12	合计	=SUM(B3:B11)

㉙ 按【Enter】键完成输入，然后将单元格 B12 中的公式填充到单元格区域 C12:M12 中。

部门	员工人数	性别		学历					年龄			
		男	女	博士研究生	硕士研究生	大学本科	大学专科	大专以下	21-30	31-40	41-50	51-60
财务部	6						5	1		1	
采购部	9	6	3	0	1	7	1	0	1	2	2
行政部	9	3	6	0	2	2	2	3	2	2
技术部	10	8	2	0	4	6	0	3	4	4
品管部	7	4	3	0	4	1	0	3	2	2
人事部	5	2	3	0	2	3	0	2	1	1
生产部	223	89	134	0	2	12	135	74	27	70	101	25
销售部	13	3	10	0	2	8	3	5	
总经办	4	1	3	0	2	0	0	2	2	
合计	286	118	168	2	16	47	143	78	42	91	121	32

2. 函数法

使用筛选法统计在职人员的结构的优点是 "要什么取什么"，不需要过多的思考；缺点是提取出的数据需要手工填写，在填写的过程中容易出错。为了避免填写错误，可以使用函数法来统计各部门的人员结构情况。

使用函数法对在职人员信息进行统计时，需要用到 COUNTIFS 函数。具体操作步骤如下。

① 切换到"员工基本信息表"中，切换到【数据】选项卡，在【排序和筛选】组中单击【筛选】按钮，使该工作表中的数据退出筛选状态。

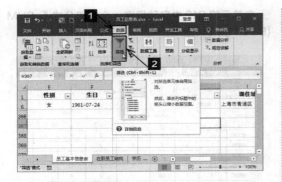

② 切换到"在职员工结构"表中，清除单元格区域 B3:M11 中的数据，接下来就可以使用函数统计财务部的在职员工人数。

提示

在使用函数统计财务部的在职员工人数之前，首先要清楚这个问题的条件和统计区域。这个问题中包含两个条件（1）在职；（2）财务部。这两个条件对应的统计区域显然是员工基本信息表中的 P2:P365 和 M2:M365。

③ 选中单元格 B3，切换到【公式】选项卡，在【函数库】组中单击【其他函数】按钮 ⬛ ▾，在弹出的下拉列表中选择【统计】▶【COUNTIFS】函数选项。

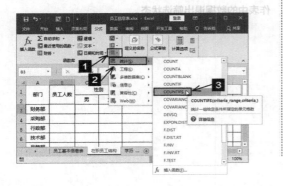

④ 弹出【函数参数】对话框，将光标定位到第 1 个参数文本框中。

⑤ 切换到"员工基本信息表"，选中单元格区域 P2:P365。

⑥ 返回【函数参数】对话框，在第 2 个参数文本框中输入 ""是""，然后将光标定位到第 3 个参数文本框中。

⑦ 切换到"员工基本信息表"，选中单元格区域 M2:M365。

⑩ 两个条件对应的统计区域是相对固定的，所以可以将其设置为绝对应用。方法是选中这两个参数文本框中的单元格区域，按【F4】键，即可将其设置为绝对引用。

⑧ 返回【函数参数】对话框，将光标定位到第 4 个参数文本框中。

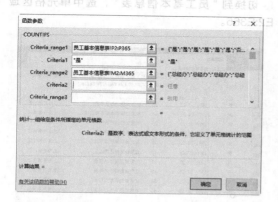

⑪ 设置完毕，单击【确定】按钮，即可看到统计出的财务部在职员工的人数。

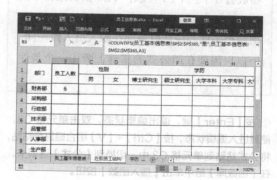

⑨ 切换到"在职员工结构"表中，选中单元格 A3。

⑫ 将单元格 B3 中的公式向下填充到单元格区域 B4:B11 中，即可得到其他部门在职员工的人数。

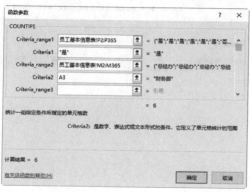

⑬ 接下来计算各部门不同性别员工的人数。双击单元格 B3，使其进入编辑状态，在编辑栏中选中 B3 中的公式，并按【Ctrl】+【C】组合键进行复制。

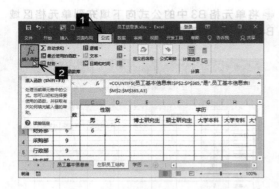

提示

计算财务部门不同性别员工的人数时，参数有 3 个：（1）在职；（2）财务部；（3）男（或女）。统计财务部不同性别员工人数时，前两个条件与统计财务部在职人员人数一样，所以只需要在原公式的基础上增加一个条件即可。

⑭ 按【Enter】键，退出编辑状态，双击单元格 C3，使其进入编辑状态，按【Ctrl】+【V】组合键进行粘贴，将公式粘贴到单元格 C3 中。切换到【公式】选项卡，在【函数库】组中单击【插入函数】按钮。

⑮ 弹出【函数参数】对话框，在最后 1 个参数文本框中单击，即可弹出一个新的参数文本框，将光标定位到新的参数文本框中。

⑯ 切换到"员工基本信息表"，选中单元格区域 E2:E365。

⑰ 返回【函数参数】对话框，将光标定位到第 6 个参数文本框中。

⑱ 切换到"在职员工结构"表中，选中单元格 C2。

⑲ 将新输入的条件及对应的统计区域设置成绝对引用（可参照第 317 页⑩所介绍的方法）。

⑳ 将单元格 C3 中的公式填充到单元格区域 C4:C11 中，即可统计出其他部门男性在职员工的人数。

3. 数据透视表法

对于较为简单、有规律且比较整齐的数据区域，使用数据透视表来进行统计比数组统计法更方便，具体操作步骤如下。

①切换至"员工基本信息表"工作表，选中数据区域中的任意一个单元格，切换到【插入】选项卡中，在其中单击由【数据透视表】按钮。

㉑ 计算财务部女性在职员工人数时，只需将单元格 C3 中的公式的最后一个参数 $C$2，更改为 $D$2 即可。

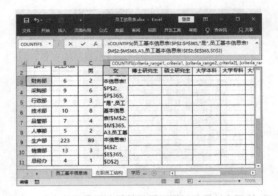

㉒ 将单元格 D3 中的公式填充到单元格区域 D4:D11 中，即可统计出其他部门女性在职员工的人数。

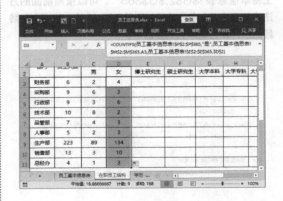

㉓ 统计财务部门不同学历的在职员工人数时，只需要将第 3 个条件统计区域更改为"员工基本信息表 !$K$2: $K$365"，将条件更改为对应的"E2""F2""G2""H2" "I2" 即可。

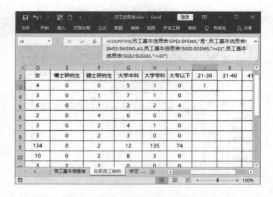

将单元格区域 E3:I3 中的公式填充到单元格区域 E4:I11 中，即可统计出其他部门不同学历的在职员工人数。

接下来计算各部门不同年龄段在职员工的人数。由于年龄段都是一个区间，相当于两个条件，例如 21~30 岁，条件就应该是"">=21""和""<=30""，条件区域为""员工基本信息表 !$G$2:$G$365""。可以按照前面的方法将单元格 B3 中公式复制到单元格 J3 中，这两个年龄段的条件和区域添加到参数中。

设置完毕，即可得到财务部年龄为 21~30 岁的在职员工人数。

按照相同的方法计算财务部其他年龄段在职员工的人数。

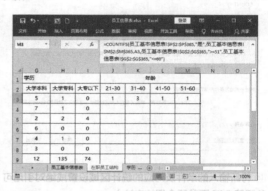

选中单元格区域 J3:M3，然后将其中的公式填充到下面的单元格区域中。

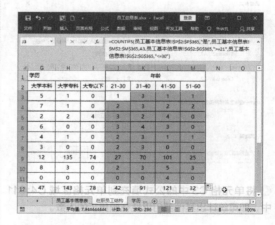

3. 数据透视表法

对于数据统计，有时使用数据透视表要比函数更快捷方便。具体操作步骤如下。

❶ 切换到"员工基本信息表"工作表，选中数据区域的任意一个单元格，切换到【插入】选项卡，在【表格】组中单击【数据透视表】按钮。

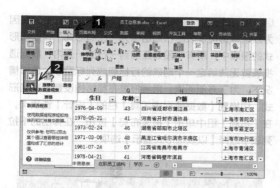

❷ 弹出【创建数据透视表】对话框，此时 Excel 自动选择了整个数据区域，默认选择放置数据透视表的位置为新工作表。

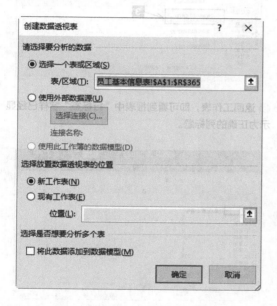

❸ 单击【确定】按钮，就会在当前工作簿中自动插入一个新的工作表，并创建一个数据透视表的框架。

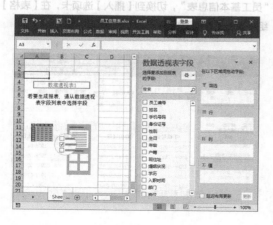

❹ 一般情况下，创建数据透视表后，系统会自动打开【数据透视表字段】任务窗格，在【字段】列表框中选择【部门】字段，按住鼠标左键不放，将其拖动到【行】列表框中，然后在【字段】列表框中选择【员工编号】字段，按住鼠标左键不放，将其拖动到【值】列表框中。

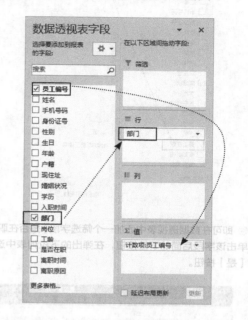

即可统计出各部门的员工人数。

❺ 这里统计出的数据是员工基本信息表中所有员工人数，而需要的是在职人员的数据，所以还需要添加一个筛选项。在【字段】列表框中选择【是否在职】字段，按住鼠标左键不放，将其拖动到【筛选】列表框中。

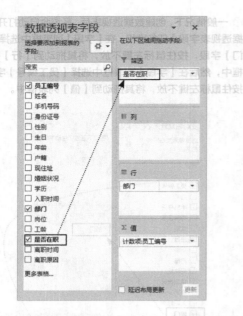

⑥ 即可在数据透视表中添加一个筛选字段【是否在职】。单击该字段后面的下拉按钮，在弹出的下拉列表中选择【是】按钮。

⑦ 单击【确定】按钮，即可在数据透视表中得到各部门在职员工的人数。

⑧ 可以看到列标题中有"行标签"这样的字样，这是因为默认数据透视表的布局结构为"压缩形式"，压缩形式的报表中，所有字段被压缩到一行或一列内，数据透视表就无法给定一个明确的行标题或列标题了。通常情况下，为了方便阅读，常将报表布局结构设置为表格形式。切换到【数据透视表工具】栏的【设计】选项卡，在【布局】组中单击【报表布局】按钮，在弹出的下拉列表中选择【以表格形式显示】选项。

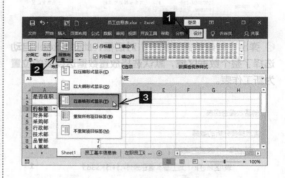

⑨ 返回工作表，即可看到报表中"行标签"字样已经显示为正确的列标题。

⑩ 接下来统计财务部不同性别在职员工的人数。切换到"员工基本信息表"，切换到【插入】选项卡，在【表格】组中单击【数据透视表】按钮。

⓫ 弹出【创建数据透视表】对话框，在默认选择放置数据透视表的位置组中选中【现有工作表】单选钮，然后将光标定位到【位置】文本框中。

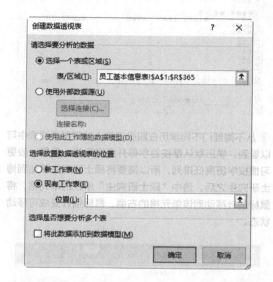

⓬ 切换到"Sheet1"工作表，选中单元格 E1，即可将数据透视表的位置设置为"Sheet1!$E$1"。

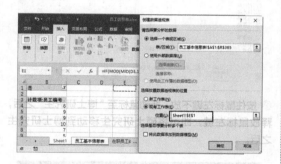

⓭ 单击【确定】按钮，就会在 Sheet1 工作表中创建一个新的数据透视表的框架。

⓮ 在【字段】列表框中，将【部门】字段拖动到【行】列表框中，将【性别】字段拖动到【列】列表框中，将【员工编号】字段拖曳到【值】列表框中，将【是否在职】字段拖动到【筛选】列表框中。

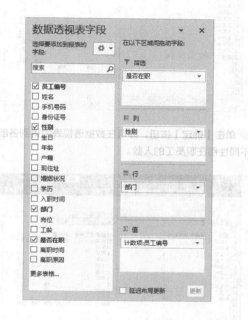

即可统计出各部门不同性别员工的人数。

⓯ 单击筛选字段【是否在职】后面的下拉按钮，在弹出的下拉列表中选择【是】按钮。

⑯ 单击【确定】按钮，即可在数据透视表中得到各部门不同性别在职员工的人数。

⑰ 按照前面的方法将数据透视表的布局样式更改为表格形式显示。

⑱ 按照相同的方法统计不同部门、不同学历在职员工的人数。

⑲ 从不同部门不同学历在职员工的人数数据透视表中可以看到，学历默认是按首字母升序排列的，但是一般更习惯按学历高低排列，所以需要将硕士研究生移动到博士研究生之后。选中"硕士研究生"所在的单元格，将鼠标指针移动到该单元格的右侧，鼠标指针变成可移动状态。

⑳ 按住鼠标左键不放，拖动鼠标至"博士研究生"之后，释放鼠标左键，即可将硕士研究生移动到博士研究生之后。

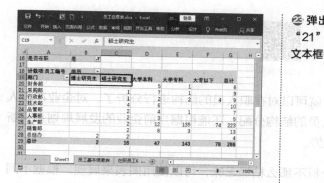

21 按照相同的方法统计不同部门不同年龄段在职员工的人数。

22 数据透视表中默认是按具体年龄，而不是年龄段统计的，所以需要根据实际需求划分年龄段。选中数据透视表中年龄所在的单元格，单击鼠标右键，在弹出的快捷菜单中选择【组合】菜单项。

23 弹出【组合】对话框，在【起始于】文本框中输入"21"，在【终止于】文本框中输入"60"，在【步长】文本框中输入"10"。

24 设置完毕，单击【确定】按钮，返回数据透视表，即可看到不同部门在职员工已经按不同年龄段进行人数统计汇总。

10.1.3 实例：分析在职人员结构

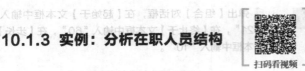

扫码看视频

统计完在职人员的结构数据之后，就可以对在职人员的结构进行分析了。对企业在职人员结构进行分析，不仅可以了解企业人员的结构分配，还能根据当前企业的发展规划来判断当前的人员结构是否符合企业的发展形势。

在分析在职人员结构时，为了使分析不那么枯燥乏味，可以使用图表来展现。根据不同的分析需求，需要创建不同的分析图表。在分析过程中，大体可以将这些分析图表分成两类：简单图表和多级联动图表。

（1）简单图表是指图表中只包含一个数据维度，可以用来查看不同人员结构的人数和所占的比例。

（2）多级联动图表是指图表中包含多个数据维度，可以用来分析各部门员工的性别分布情况、学历分布情况等。

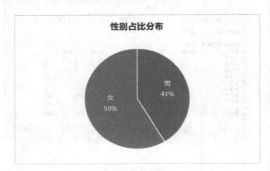

简单饼图

多级联动饼图

1. 简单图表

简单图表在分析人员结构时比较常用，使用简单图表对在职人员进行分析，主要可以从以下几个方面进行。

（1）分析各部门的人数。其目的是分析现在各部门的人员配比是否能满足企业正常发展的需要。

（2）分析员工的性别占比。其目的是判断企业员工性别占比是否符合企业定位。

（3）分析员工学历分布情况。其目的是判断企业现有的员工的学历分布情况是否有利于公司取得最大经济效益。

（4）分析员工年龄分布情况。其目的是了解公司员工的年龄分布情况，确定员工年龄层次是否合理，是否趋向于老龄化。

❶ 分析各部门人数。打开本实例的原始文件"员工信息表01"，切换到【在职员工结构】工作表，选中单元格区域 A3:B13，切换到【插入】选项卡，在【图表】组中单击【插入柱形图或条形图】按钮 ▮ ▮ ▾ 。

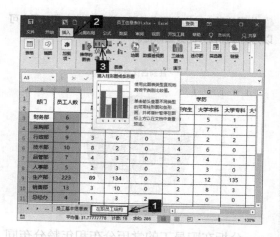

② 在弹出的下拉列表中选择【簇状柱形图】选项。

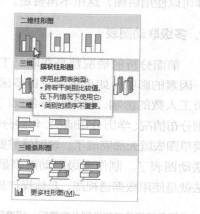

③ 在工作表中插入一个簇状柱形图。

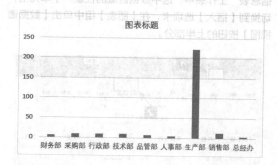

④ 图表的基本框架创建完成后，为了使图表更容易阅读，可以对图表进行适当美化，并将图表标题更改为"各部门员工人数"。

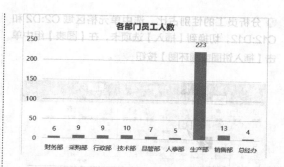

⑤ 从图表中可以清楚地看出，生产部的在职员工人数是最多的。为了便于读者对此信息加强记忆，可以为生产部数据系列更改一下填充颜色。双击选中生产部所在的数据系列，切换到【图表工具】栏的【格式】选项卡，在【形状样式】组中单击【形状填充】按钮右侧的下拉按钮，在弹出的下拉列表中选择一种合适的颜色，例如选择【橙色，个性色2】。

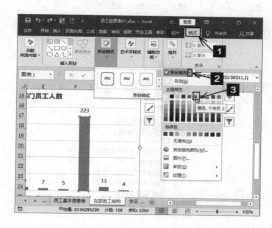

⑥ 这样在图表中，在职员工人数最多的生产部就被突出显示出来了。

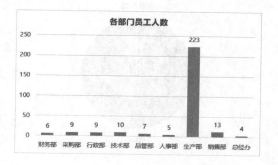

⑦ 分析员工的性别占比。选中单元格区域 C2:D2 和 C12:D12，切换到【插入】选项卡，在【图表】组中单击【插入饼图或圆环图】按钮 🥧 。

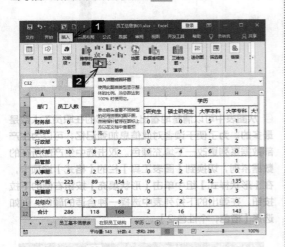

⑧ 在弹出的下拉列表中选择【饼图】选项。

⑨ 在工作表中插入一个饼图。

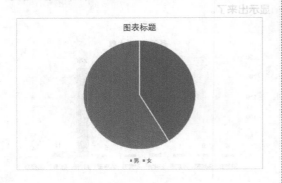

⑩ 饼图的基本结构创建完成后，为了阅读方便，用户可以为其添加百分比数据标签。

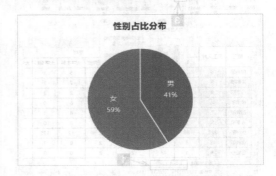

分析在职员工的学历分布和年龄分布同样可以使用饼图，这里不再赘述。

2. 多级联动图表

前面分析的情况都是在职员工人数受单一因素的影响，如果需要分析多因素对在职员工人数的影响，例如分析各部门员工的性别分布情况、学历分布情况、年龄分布情况等，简单图表就无法完成了，这时就需要使用多级联动图表了。制作多级联动图表最常用的方法就是使用数据透视图，具体操作步骤如下。

① 分析各部门员工的性别分布情况。切换到"员工基本信息表"工作表中，选中数据区域的任意一个单元格，切换到【插入】选项卡，在【图表】组中单击【数据透视图】按钮的上半部分。

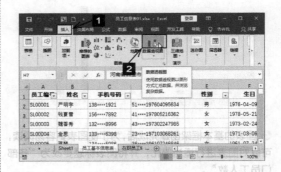

② 弹出【创建数据透视图】对话框，此时 Excel 自动选择了整个数据区域，默认选择放置数据透视表的位置为新工作表。

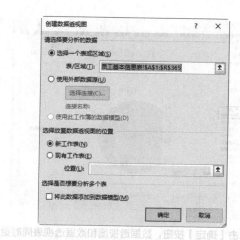

③ 单击【确定】按钮，就会在当前工作簿中自动插入一个新的工作表，并创建一个数据透视表和数据透视图的框架。

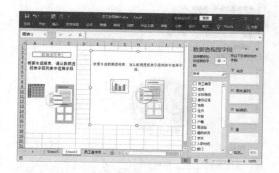

④ 一般情况下，创建数据透视图后，系统会自动打开【数据透视图字段】任务窗格，将【是否在职】拖动到【筛选】列表框中，将【部门】拖动到【图例（系列）】列表框中，将【性别】拖动到【轴（类别）】列表框中，将【员工编号】拖动到【值】列表框中。

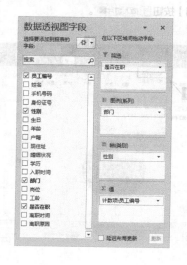

⑤ 统计出各部门员工的性别分布情况。

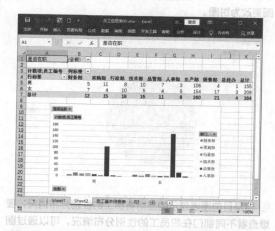

⑥ 默认插入的数据透视图的结构都不能清晰地展示出需要的员工性别分布情况，所以需要对数据透视图进行适当修改。选中数据透视图，切换到【数据透视图工具】栏的【设计】选项卡，在【类型】组中单击【更改图表类型】按钮。

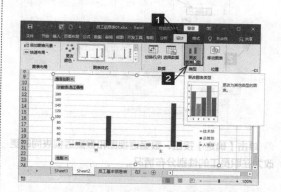

⑦ 弹出【更改图表类型】对话框，在【所有图表】列表框中选择【饼图】选项，然后在【饼图】列表中选中【饼图】选项。

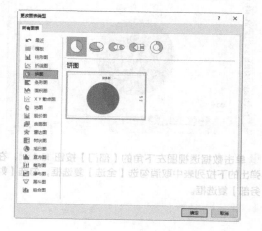

③ 单击【确定】按钮，即可将数据透视图的类型由柱形图更改为饼图。

⑨ 但是目前图表显示的是所有员工的性别分布情况，要想查看不同部门在职员工的性别分布情况，可以通过图表中的筛选项和图例进行筛选。单击图表中的【是否在职】按钮，在弹出的下拉列表中选择【是】选项。

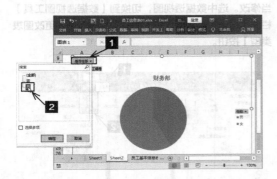

⑩ 单击【确定】按钮，数据透视图和数据透视表同时更改为在职员工的性别分布情况。

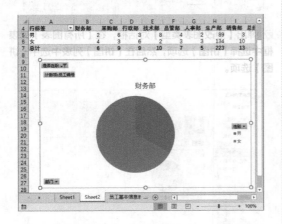

⑪ 单击数据透视图左下角的【部门】按钮 部门▾ ，在弹出的下拉列表中取消勾选【全选】复选框，勾选【财务部】复选框。

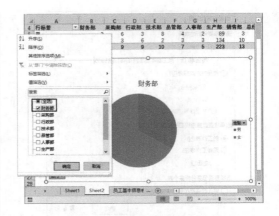

⑫ 单击【确定】按钮，数据透视图和数据透视表同时更改为财务部在职员工的性别分布情况。

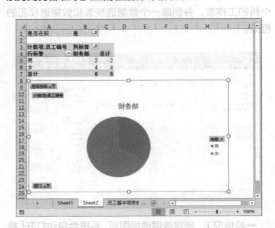

⑬ 如果不习惯使用数据透视图中的【部门】按钮进行选择，则可以为数据透视图添加一个切片器，以便查看不同部门在职员工的性别分布情况。切换到【数据透视图工具】栏的【分析】选项卡，在【筛选】组中单击【插入切片器】按钮 插入切片器 。

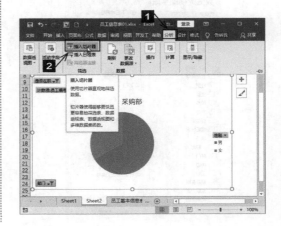

⑭ 弹出【插入切片器】复选框，勾选【部门】复选框。

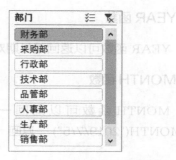

⑯ 可以在切片器中选择不同的部门，数据透视表和数据透视图就会随之显示不同部门在职员工的性别分布情况，例如在切片器中选择【销售部】，即可显示销售部在职员工的性别分布情况。

⑮ 单击【确定】按钮，即可为数据透视表添加一个切片器。

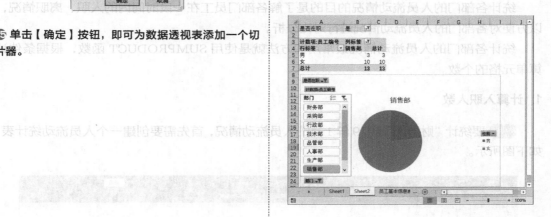

10.2 分析人员流动情况

人员流动是企业发展过程中的一种必然现象。人员流动过缓或过快都会影响企业的健康运营，合理有序的人员流动可以使企业对人力资源与硬件资源进行最优配置，以满足企业的正常发展需求。

10.2.1 知识点

分析人员流动情况通常会涉及 Excel 2019 中的一些重要功能及数据处理的方法，具体知识点如下。

1. SUMPRODUCT 函数

SUMPRODUCT 函数主要用来求几组数据的乘积之和，还可以用于多条件计数或求和。

多条件计数的基本格式是：SUMPRODUCT(条件 1* 条件 2*⋯)

多条件求和的基本格式是：SUMPRODUCT(条件 1* 条件 2*⋯, 求和数据区域)

2. YEAR 函数

YEAR 函数可以返回某日期对应的年份。例如"YEAR("2019/7/5")"返回"2019"。

3. MONTH 函数

MONTH 函数可以返回一个 1 ~ 12 的整数，表示某日期对应的月份。例如"MONTH("2019/7/5")"返回"7"。

10.2.2 实例：统计分析各部门的人员流动情况

扫码看视频

统计各部门的人员流动情况的目的是了解各部门员工在一段时间内的入职、离职情况，以方便对各部门的人员流动情况进行对比分析。

统计各部门的人员流动情况最常用的方法就是使用 SUMPRODUCT 函数，根据条件计算单元格的个数。

1. 计算入职人数

例 要统计"财务部"2019 年 1 月的人员流动情况，首先需要创建一个人员流动统计表，如下图所示。

年份:	1月		2月		3月		4月		5月		6月		合计	
2019	入职	离职	入职	离职	入职	离职	入职	离职	入职	离职	入职	离职	入职	离职
财务部														
采购部														
行政部														
技术部														
品管部														
人事部														
生产部														
销售部														
总经办														
合计														

然后统计 2019 年 1 月财务部的入职人数。这个问题包含了 3 个条件：（1）部门为财务部；（2）年份为 2019；（3）月份为 1。将这 3 个条件转换为函数参数就是：（1）员工基本信息表 !$M$2:$M$365= 人员流动情况 !$A3；（2）YEAR(员工基本信息表 !$L$2:$L$365)=2019；（3）MONTH(员工基本信息表 !$L$2:$L$365)=1。有了这 3 个条件，只需要将这 3 个条件使用"*"连接起来作为 SUMPRODUCT 函数的参数，即可计算出 2019 年 1 月财务部的入职人数。

❶ 打开本实例的原始文件"员工信息表02"，切换到"人员流动情况"工作表，在单元格 B3 中输入公式"=SUMPRODUCT((员工基本信息表 !$M$2:$M$365= 人员流动情况 !$A3)*(YEAR(员工基本信息表 !$L$2:$L$365)=2019)*(MONTH(员工基本信息表 !$L$2:$L$365)=1))"。

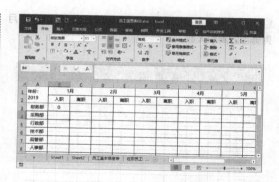

❸ 将单元格 B3 中的公式向下填充到单元格区域 B4:B11 中，即可得到其他部门 2019 年 1 月的入职人数。

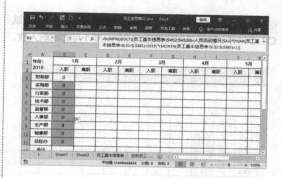

❷ 按【Enter】键完成输入，即可统计出 2019 年 1 月财务部的入职人数。

> **提示**
>
> 在公式输入时，若使用的是相对引用，如输入的是 M2，将光标定位在 M2 中间，按【F4】键，则可在相对引用和绝对引用间切换。

2. 计算离职人数

统计 2019 年 1 月财务部的离职员工人数，这个问题同样包含了 3 个条件：（1）部门为财务部；（2）年份为 2019；（3）月份为 1。将这 3 个条件转换为函数参数就是：（1）员工基本信息表 !$M$2:$M$365= 人员流动情况 !$A3；（2）YEAR(员工基本信息表 !$Q$2:$Q$365)=2019；（3）MONTH(员工基本信息表 !$Q$2:$Q$365)=1。有了这 3 个条件，只需要将这 3 个条件使用 "*" 连接起来作为 SUMPRODUCT 函数的参数，即可计算出 2019 年 1 月财务部的离职人数。

❶ 切换到"人员流动情况"工作表，在单元格 C3 中输入公式：=SUMPRODUCT((员工基本信息表 !$M$2:$M$365= 人员流动情况 !$A3)*(YEAR(员工基本信息表 !$Q$2:$Q$365)=2019)*(MONTH(员工基本信息表 !$Q$2:$Q$365)=1))。

❷ 按【Enter】键完成输入，即可统计出 2019 年 1 月财务部的离职人数。

❸ 将单元格 C3 中的公式向下填充到单元格区域 C4:C11 中，即可得到其他部门 2019 年 1 月的离职人数。

❹ 可以按照相同的方法统计 2019 年 2 月 ~6 月各部门的入职和离职人数。

❺ 统计出各部门不同月份的入职和离职人数后，可以根据统计出的这些数据计算出各部门这段时间内总的入职和离职人数，也可以计算出各月份公司总的入职和离职人数。选中单元格 B12，切换到【公式】选项卡，在【函数库】组中单击【自动求和】按钮 Σ 自动求和 · 的左半部分。

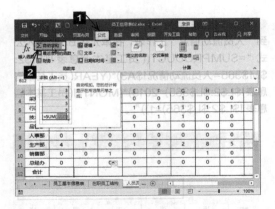

❻ 在单元格 B12 中自动输入求和公式"=SUM(B3:B11)"。

❼ 按【Enter】键完成输入，然后将单元格 B12 中的公式向右填充到单元格区域 C12:M12 中。

❽ 统计各部门这段时间内总的入职和离职人数。在单元格 N3 中输入公式"=B3+D3+F3+H3+J3+L3"。

⑨ 按【Enter】键完成输入，然后将单元格 N3 中的公式向右填充到单元格 O3 中，即可得到财务部这段时间内总的离职人数。

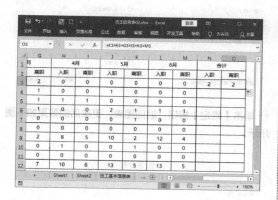

⑩ 选中单元格区域 N3:O3，通过鼠标拖动的方式将公式拖动到单元格区域 N4:O12 中，统计出其他部门这段时间内总的入职和离职人数。

3. 分析人员流动

统计出各部门员工在某一时间段内的入职、离职情况，就可以对各部门的人员流动情况进行对比分析了。

因为员工的入职、离职情况并不是每月都有，所以在对各部门人员流动情况进行分析时，一般是对一段时间内总的入职、离职人数进行分析，例如此处就可以对 1 月 ~6 月总的入职、离职人数进行分析。

具体操作步骤如下。

❶ 选中单元格区域 N3:O11，切换到【插入】选项卡，在【图表】组中单击【插入柱形图或条形图】按钮，在弹出的下拉列表中选择【簇状条形图】选项。

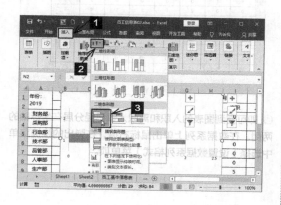

❷ 在工作表中插入一个簇状条形图。

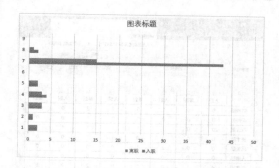

❸ 可以看到系统默认创建的图表的纵坐标轴标签是数字，不便于阅读，因此需要将总坐标轴标签改成具体的部门。切换到【图表工具】栏的【设计】选项卡，在【数据】组中单击【选择数据】按钮。

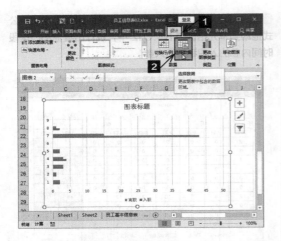

④ 弹出【选择数据源】对话框，在【水平（分类）轴标签】列表框中单击【编辑】按钮 🖉 编辑(T) 。

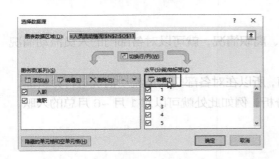

⑤ 弹出【轴标签】对话框，将光标定位到【轴标签区域】文本框中，然后在"人员流动情况"工作表中选中数据区域 A3:A11。

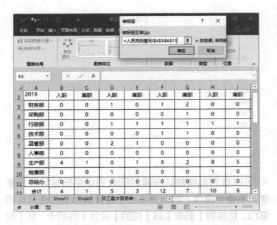

⑥ 单击【确定】按钮，返回【选择数据源】对话框，即可看到【水平（分类）轴标签】列表框中的标签名称已经更改为具体的部门名称。

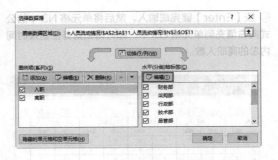

⑦ 单击【确定】按钮，返回图表，更改后的效果如下图所示。

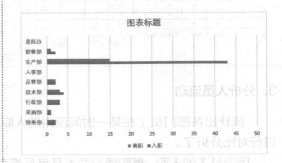

⑧ 制作条形图的目的是对各部门的入职、离职人数进行对比，那么在图表中使各部门的入职、离职人数分居纵坐标轴的两侧，水平方向在同一直线上会更利于读者阅读。这就需要将离职人数更改为负数，如下图所示。

入职	离职	入职	离职	入职	离职	入职	离职
0	0	0	0	0	0	2	-2
0	0	1	0	0	0	1	-1
1	1	0	0	0	0	3	-3
0	0	2	1	1	1	4	-3
0	0	1	0	0	0	2	-2
0	0	0	0	0	0	0	0
8	5	10	2	12	4	43	-15
0	0	1	0	0	0	2	-1
0	0	0	0	0	0	0	0
10	6	13	5	13	5	57	27

⑨ 即可看到图表的入职和离职人数已经分居在坐标轴的两侧。在数据系列上单击鼠标右键，在弹出的快捷菜单中选择【设置数据系列格式】菜单项。

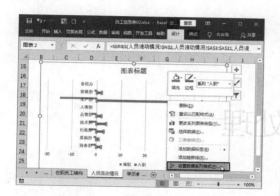

⑩ 弹出【设置数据系列格式】任务窗格，将【系列重叠】和【间隔宽度】值更改为"100%"。

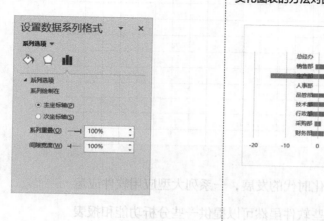

⑪ 设置完毕，图表的效果如下图所示。

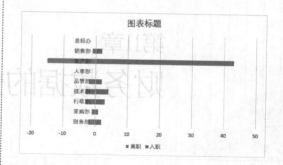

⑫ 至此图表的基本框架就完成了，用户可以按照前面的美化图表的方法对图表进行美化。

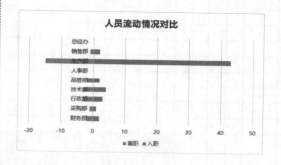

第11章
财务数据的处理

随着数字化时代的发展，一系列大型应用软件应运而生，这些软件虽然可以提供一些分析功能和报表输出功能，但是其所提供的都是通用的一些报表分析，还不能替代Excel。Excel可以根据企业不同的需求，灵活地对数据进行个性化分析。

要 点 导 航

- 财务比率分析

- 财务比较分析

- 财务趋势分析

- 杜邦分析

11.1 财务比率分析

财务比率分析是对财务报表中的有关项目进行对比而得出的一系列的财务比率，以便从中发现和据以评价企业的财务现状和经营中存在的问题。

11.1.1 知识点

财务比率分析表主要包括变现能力比率、资产管理比率、负债比率和盈利能力比率等 4 种指标项目。

1. 变现能力比率

变现能力比率又称短期偿债能力比率，是企业产生现金的能力，它取决于在近期可以转变为现金的流动资产的多少。反映变现能力的比率指标主要包括流动比率和速动比率两种。

● **流动比率**

流动比率是流动资产与流动负债的比值，它是衡量企业短期偿债能力的一个重要指标。其计算公式如下。

流动比率＝流动资产 ÷ 流动负债

一般来说，流动比率为 2（即 2 ：1）比较合理。比率过低表明该企业可能要出现债务问题；比率过高则表明该企业的资金未得到有效利用。

● **速动比率**

速动比率是扣除存货后的流动资产与流动负债的比值，它比流动比率更能表明企业的偿债能力。其计算公式如下。

速动比率＝（流动资产—存货）÷ 流动负债

一般来说，速动比率为 1（即 1 ：1）比较合理。比率过低表明该企业的偿债能力偏低；比率过高则表明该企业的资金未得到有效利用。

2. 资产管理比率

资产管理比率是用于衡量企业资产管理效率的指标，主要指标有总资产周转率、流动资产周转率、存货周转率和应收账款周转率等。

● **存货周转率**

存货周转率又称存货周转次数，是衡量和评价企业购入存货、投入生产以及销售收回货款等各个环节管理状况的综合性指标，它可以反映企业的销售效率和存货使用效率。其计算公式如下。

存货周转率＝销售成本 ÷ 平均存货

平均存货＝（期初存货余额＋期末存货余额）÷2

一般情况下，企业存货周转率越高说明存货周转的速度越快，企业的销售能力越强。

● **存货周转天数**

存货周转天数是用时间表示的存货周转率，它表示存货周转一次所需要的时间。其计算公式如下。

存货周转天数＝360÷存货周转率＝360×平均存货÷销售成本

存货周转天数越短，说明存货周转的速度越快。

● **应收账款周转率**

应收账款周转率是指年度内应收账款转变为现金的平均次数，它可以反映企业应收账款的变现速度和管理的效率。其计算公式如下。

应收账款周转率＝销售收入÷平均应收账款

平均应收账款＝（期初应收账款净额＋期末应收账款净额）÷2

一般情况下，应收账款周转率越高，说明企业催收应收账款的速度越快；如果应收账款周转率过低，则说明企业催收应收账款的效率太低，这样会影响企业资金的利用率和现金的正常周转。

● **应收账款周转天数**

应收账款周转天数又称平均收现期，是用时间表示的应收账款周转率，它表示应收账款周转一次所需要的天数。其计算公式如下。

应收账款周转天数＝360÷应收账款周转率＝360×平均应收账款÷销售收入

应收账款周转天数越短，说明应收账款周转的速度越快。

● **营业周期**

营业周期是指从取得存货开始到销售存货并收回现金为止的这段时间，其长短取决于存货周转天数和应收账款周转天数。其计算公式如下。

营业周期＝存货周转天数＋应收账款周转天数

一般情况下，营业周期短说明资金周转的速度快，营业周期长说明资金周转的速度慢。

● **流动资产周转率**

流动资产周转率是企业销售收入与流动资产平均余额的比值，它反映了企业在一个会计年度内流动资产周转的速度。其计算公式如下。

流动资产周转率＝销售收入÷平均流动资产

平均流动资产＝（流动资产期初余额＋流动资产期末余额）÷2

流动资产周转率越高，说明企业流动资产的利用率越高。

● **固定资产周转率**

固定资产周转率是企业销售收入与固定资产平均净值的比值，它主要用于分析厂房、设备等固定资产的利用效率。其计算公式如下。

固定资产周转率＝销售收入÷固定资产平均净值

固定资产平均净值＝（固定资产期初净值＋固定资产期末净值）÷2

固定资产周转率越高，说明固定资产的利用率越高，企业的管理水平越高。

● 总资产周转率

总资产周转率是企业销售收入与平均资产总额的比值，它用来分析企业全部资产的使用效率。

其计算公式如下。

总资产周转率＝销售收入 ÷ 平均资产总额

平均资产总额＝（期初资产总额＋期末资产总额）÷2

如果总资产周转率较低，说明企业利用其资产进行经营的效率较差，这样会降低企业的获利能力。

3. 负债比率

负债比率又称长期偿债能力比率，是指债务和资产、净资产的关系，可以反映企业偿付到期长期债务的能力。负债比率指标主要包括资产负债率、产权比率、有形净值债务率和获取利息倍数等。

● 资产负债率

资产负债率是企业负债总额与资产总额的比率，它可以反映企业偿还债务的综合能力。其计算公式如下。

资产负债率＝负债总额 ÷ 资产总额

资产负债率越高，表明企业的偿还能力越差，反之则表明偿还能力越强。

● 产权比率

产权比率又称负债权益比率，是企业负债总额与股东权益总额的比率，它可以反映出债权人提供资金与股东所提供资金的对比关系。其计算公式如下。

产权比率＝负债总额 ÷ 股东权益总额

产权比率越低，说明企业的长期财务状况越好，债权人贷款的安全越有保障，企业的财务风险越小。

● 有形净值债务率

有形净值债务率实际上是产权比率的延伸概念，是企业负债总额与有形净值的百分比。有形净值是股东权益减去无形资产后的净值，即股东具有所有权的有形资产的净值。其计算公式如下。

有形净值债务率＝负债总额 ÷（股东权益－无形资产净值）

有形净值债务率越低，说明企业的财务风险越小。

- 获取利息倍数

获取利息倍数又称利息保障倍数，是指企业经营业务收益与利息费用的比例，用以衡量企业偿付借款利息的能力。其计算公式如下。

获取利息倍数＝息税前利润 ÷ 利息费用

一般来说，企业的获取利息倍数至少要大于1，否则将难以偿还债务及利息。

4．盈利能力比率

盈利能力比率是指企业赚取利润的能力。盈利能力比率指标主要包括销售毛利率、销售净利率、资产报酬率和股东权益报酬率等。

- 销售毛利率

销售毛利率又称毛利率，是企业的销售毛利与销售收入净额的比率。其计算公式如下。

销售毛利率＝销售毛利 ÷ 销售收入净额

销售毛利＝销售收入－销售成本

销售毛利率越大，说明销售收入净额中销售成本所占的比重越小，企业通过销售获取利润的能力越强。

- 销售净利率

销售净利率是企业的净利润与销售收入净额的比率，它可以反映企业赚取利润的能力。其计算公式如下。

销售净利率＝净利润 ÷ 销售收入净额

销售净利率越大，企业通过扩大销售获取收益的能力越强。

- 资产报酬率

资产报酬率又称投资报酬率，是企业在一定时期内的净利润与平均资产总额的比率，它可以反映企业资产的利用效率。其计算公式如下。

资产报酬率＝净利润 ÷ 平均资产总额

资产报酬率越大，说明企业的获利能力越强。

- 股东权益报酬率

股东权益报酬率又被称为净资产收益率，是一定时期内企业的净利润与股东权益平均总额的比率，它可以反映出企业股东获取投资报酬的高低。其计算公式如下。

股东权益报酬率＝净利润 ÷ 股东权益平均总额

股东权益平均总额＝（期初股东权益＋期末股东权益）÷2

股东权益报酬率越大，说明企业的获利能力越强。

11.1.2　实例：计算变现能力比率

扫码看视频

计算变现能力比率指标的具体步骤如下。

❶ 打开本实例的原始文件"财务分析"，根据公式"流动比率＝流动资产／流动负债"计算流动比率。选中"财务比率分析"工作表中的单元格 B2，输入"＝"，然后用鼠标单击"资产负债表"工作表中的 D9 单元格，再输入"/"，用鼠标单击"资产负债表"工作表中的 H9 单元格，即可看到编辑栏中的公式"＝资产负债表 !D9/资产负债表 !H9"。

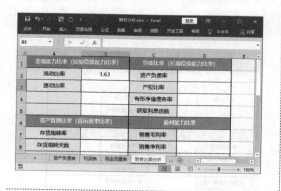

❷ 按【Enter】键完成输入，随即返回计算结果。

❸ 计算速动比率。根据公式"速动比率＝（流动资产 − 存 货）÷ 流动负债"，在单元格 B3 中输入公式"＝(资产负债表 !D9− 资产负债表 !D7)/ 资产负债表 !H9"。

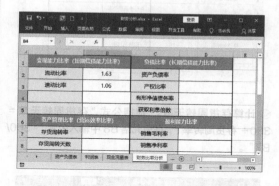

❹ 按【Enter】键完成输入，即可计算出速动比率。

11.1.3　实例：计算资产管理比率指标

扫码看视频

计算资产管理比率指标的具体步骤如下。

❶ 打开本实例的原始文件"财务分析 01"，根据公式"存货周转率＝销售成本÷[（期初存货余额＋期末存货余额）÷2]"计算存货周转率。选中单元格 B7，输入公式"=利润表 !C3/((资产负债表 !C7+ 资产负债表 !D7)/2)"。

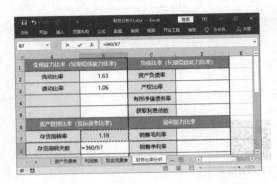

❷ 按【Enter】键完成输入，随即返回计算结果。

❸ 计算存货周转天数。根据公式"存货周转天数＝360÷存货周转率"，在单元格 B8 中输入公式"=360/B7"。

❹ 按【Enter】键完成输入，即可计算出存货周转天数。

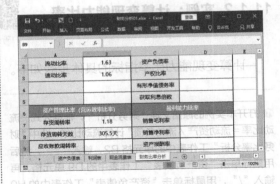

❺ 计算应收账款周转率。根据公式"应收账款周转率＝销售收入÷[（期初应收账款净额＋期末应收账款净额）÷2]"，在单元格 B9 中输入以下公式"=利润表 !C2/((资产负债表 !C6+ 资产负债表 !D6)/2)"。

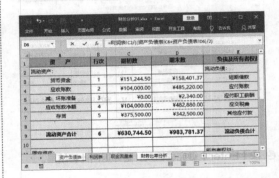

❻ 按【Enter】键完成输入，计算出应收账款周转率。

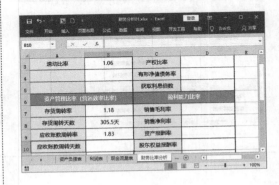

⑦ 计算应收账款周转天数。根据公式"应收账款周转天数＝360÷应收账款周转率",在单元格 B10 中输入公式"=360/B9"。

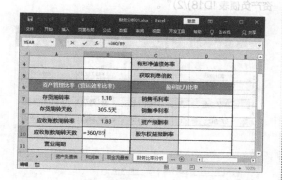

⑧ 按【Enter】键完成输入,即可计算出应收账款周转天数。

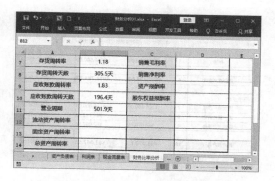

⑨ 计算营业周期。根据公式"营业周期＝存货周转天数＋应收账款周转天数",在单元格 B11 中输入公式"=B8+B10"。

⑩ 按【Enter】键完成输入,即可计算出营业周期。

⑪ 计算流动资产周转率。根据公式"流动资产周转率＝销售收入 ÷[（流动资产期初余额＋流动资产期末余额）÷2]",在单元格 B12 中输入公式"= 利润表 !C2/((资产负债表 !C9+ 资产负债表 !D9)/2)"。

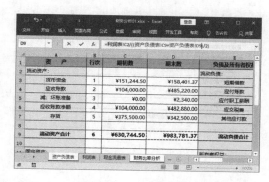

⑫ 按【Enter】键完成输入,计算出流动资产周转率。

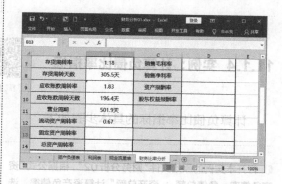

⑬ 计算固定资产周转率。根据公式"固定资产周转率＝销售收入 ÷[（固定资产期初净值＋固定资产期末净值）÷2]",在单元格 B13 中输入公式"= 利润表 !C2/((资产负债表 !C14+ 资产负债表 !D14)/2)"。

Excel 高效办公
数据处理与分析（第3版）

⑭ 按【Enter】键完成输入，计算出固定资产周转率。

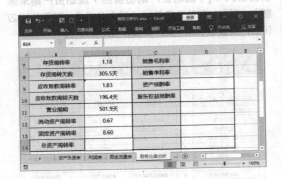

⑮ 计算总资产周转率。 根据公式"总资产周转率＝销售收入÷[（期初资产总额＋期末资产总额）÷2]"，在单元格 B14 中输入公式"＝利润表 !C2/((资产负债表 !C18+资产负债表 !D18)/2)"。

⑯ 按【Enter】键完成输入，即可计算出总资产周转率。

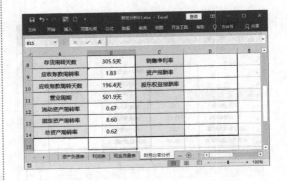

11.1.4 实例：计算负债比率指标

扫码看视频

计算负债比率指标的具体步骤如下。

❶ 打开本实例的原始文件"财务分析 02"， 根据公式"资产负债率＝负债总额÷资产总额"计算资产负债率。选中单元格 D2，输入公式"＝资产负债表 !H9/ 资产负债表 !D18"。

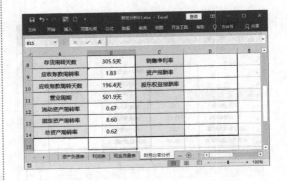

346

② 按【Enter】键完成输入，随即返回计算结果。

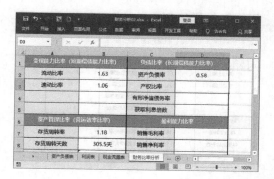

③ 计算产权比率。根据公式"产权比率=负债总额÷股东权益总额"，在单元格 D3 中输入以下公式"=资产负债表 !H9/资产负债表 !H16"。

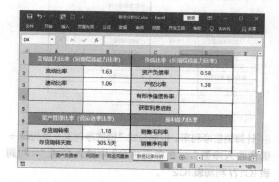

④ 按【Enter】键完成输入，即可计算出产权比率。

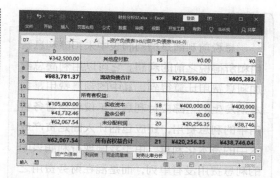

⑤ 计算有形净值债务率。根据公式"有形净值债务率=负债总额÷（股东权益－无形资产净值）"，在单元格 D4 中输入公式"=资产负债表 !H9/(资产负债表 !H16-0)"。

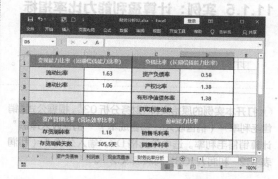

提示

由于资产负债表中未涉及无形资产的发生额，所以在公式中无形资产净值为 0。

⑥ 按【Enter】键完成输入，计算出有形净值债务率。

⑦ 计算获取利息倍数。根据公式"获取利息倍数=息税前利润÷利息费用"，在单元格 D5 中输入公式"=(利润表 !D15+ 利润表 !D9)/ 利润表 !D9"。

提示

息税前利润是指利润表中未扣除利息费用和所得税之前的利润。它可以用利润总额加利息费用计算得到，其中的利息费用是指本期发生的全部应付利息，不仅包括财务费用中的利息费用，还应包括计入固定资产成本中的资本化利息。由于我国现行利润表中的利息费用没有单列，而是混在财务费用之中，外部报表使用人员只好用利润总额加财务费用来估算。

11.1.5 实例：计算盈利能力比率指标

扫码看视频

计算盈利能力比率指标的具体步骤如下。

❶ 打开本实例的原始文件"财务分析03"，根据公式"销售毛利率＝（销售收入－销售成本）÷ 销售收入净额"计算销售毛利率。选中单元格 D7，输入公式"=(利润表 !C2- 利润表 !C3)/ 利润表 !C2"。

提示

通常，分析者应主要考察企业主营业务的销售毛利率。在财务报表中，主营业务销售毛利率 =(主营业务收入－主营业务成本)÷ 主营业务收入。

❸ 按【Enter】键完成输入，计算出获取利息倍数。

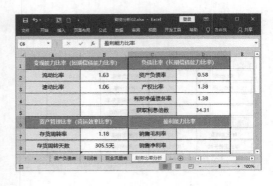

❷ 按【Enter】键完成输入，随即返回计算结果。

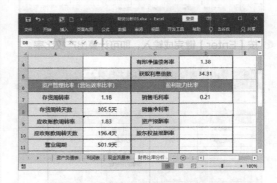

❸ 计算销售净利率。根据公式"销售净利率＝净利润 ÷ 销售收入净额"，在单元格 D8 中输入公式"= 利润表 !C17/ 利润表 !C2"。

④ 按【Enter】键完成输入，即可计算出销售净利率。

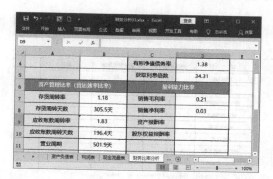

⑤ 计算资产报酬率。根据公式"资产报酬率 = 净利润 ÷ 平均资产总额"，在单元格 D9 中输入公式"= 利润表 !C17/((资产负债表 !C18+ 资产负债表 !D18)/2)"。

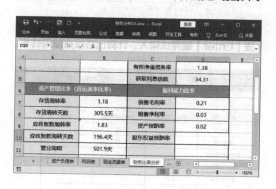

⑥ 按【Enter】键完成输入，即可计算出资产报酬率。

⑦ 计算股东权益报酬率。根据公式"股东权益报酬率 = 净利润 ÷[（期初股东权益 + 期末股东权益）÷2]"，在单元格 D10 中输入公式"= 利润表 !C17/((资产负债表 !G16+ 资产负债表 !H16)/2)"。

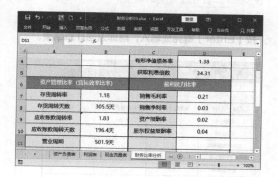

⑧ 按【Enter】键完成输入，计算出股东权益报酬率。

11.2 财务比较分析

扫码看视频

　　财务比较分析法又称对比分析法，是将相同的财务指标的本期实际数与本期计划数及基期实际数等进行对比，找出差异，对指标完成情况做出一般评价的分析方法。其是财务分析中常用的技术方法之一。

进行财务比较分析的具体步骤如下。

❶ 打开本实例的原始文件"财务分析 04"，切换到"财务比较分析"工作表，根据公式"流动比率＝流动资产÷流动负债"计算流动比率。选中单元格 C2，输入公式"＝资产负债表 !D9/ 资产负债表 !H9"。

❷ 按【Enter】键完成输入，随即返回计算结果。

❸ 计算速动比率。根据公式"速动比率＝（流动资产－存货）÷流动负债"，在单元格 C3 中输入公式"＝(资产负债表 !D9－ 资产负债表 !D7)/ 资产负债表 !H9"。

❹ 按【Enter】键完成输入，即可计算出速动比率。

❺ 计算应收账款周转率。根据公式"应收账款周转率＝销售收入 ÷[（期初应收账款净额＋期末应收账款净额）÷2]"，在单元格 C4 中输入公式"＝ 利润表 !C2/((资产负债表 !C6+ 资产负债表 !D6)/2)"。

❻ 按【Enter】键完成输入，计算出应收账款周转率。

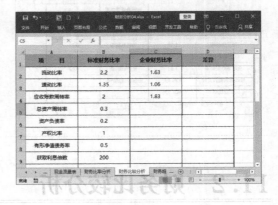

❼ 计算总资产周转率。根据公式"总资产周转率＝销售收入÷[（期初资产总额＋期末资产总额）÷2]"，在单元格 C5 中输入公式"= 利润表 !C2/((资产负债表 !C18+资产负债表 !D18)/2)。

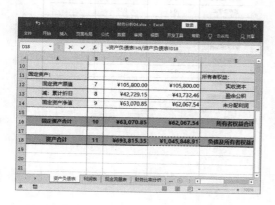

❽ 按【Enter】键完成输入，计算出总资产周转率。

❾ 计算资产负债率。根据公式"资产负债率＝负债总额÷资产总额"，在单元格 C6 中输入公式"= 资产负债表 !H9/ 资产负债表 !D18"。

❿ 按【Enter】键完成输入，计算出计算资产负债率。

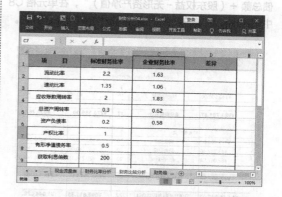

⓫ 计算产权比率。根据公式"产权比率＝负债总额÷股东权益总额"，在单元格 C7 中输入公式"= 资产负债表 !H9/ 资产负债表 !H16"。

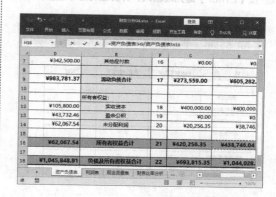

⓬ 按【Enter】键完成输入，即可计算出产权比率。

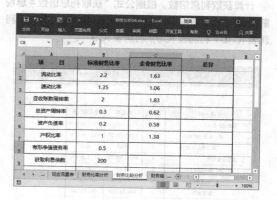

⑬ 计算有形净值债务率。根据公式"有形净值债务率＝负债总额÷（股东权益－无形资产净值）"，在单元格 C8 中输入公式"＝资产负债表 !H9/(资产负债表 !H16-0)"。

⑭ 按【Enter】键完成输入，计算出有形净值债务率。

⑮ 计算获取利息倍数。根据公式"获取利息倍数＝息税前利润÷利息费用"，在单元格 C9 中输入公式"＝(利润表 !C15+ 利润表 !C9)/ 利润表 !C9"。

⑯ 按【Enter】键完成输入，计算出获取利息倍数。

⑰ 计算销售毛利率。根据公式"销售毛利率＝（销售收入－销售成本）÷ 销售收入净额"，在单元格 C10 中输入公式"＝(利润表 !C2- 利润表 !C3)/ 利润表 !C2"。

⑱ 按【Enter】键完成输入，即可计算出销售毛利率。

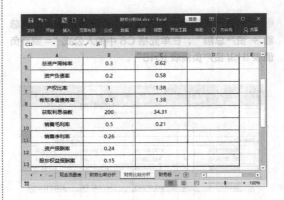

⑲ 计算销售净利率。根据公式"销售净利率＝净利润 ÷ 销售收入净额"，在单元格 C11 中输入公式"＝利润表 !C17/ 利润表 !C2"。

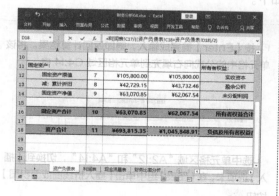

⑳ 按【Enter】键完成输入，即可计算出销售净利率。

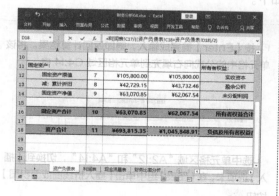

㉑ 计算资产报酬率。根据公式"资产报酬率＝净利润 ÷ 平均资产总额"，在单元格 C12 中输入公式"＝利润表 !C17/((资产负债表 !C18+ 资产负债表 !D18)/2)"。

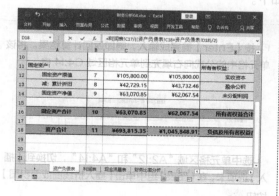

㉒ 按【Enter】键完成输入，计算出计算资产报酬率。

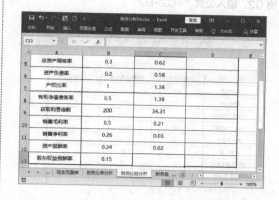

㉓ 计算股东权益报酬率。根据公式"股东权益报酬率＝净利润 ÷[(期初股东权益＋期末股东权益）／ 2]"，在单元格 C13 中输入公式"＝利润表 !C17/((资产负债表 !G16+ 资产负债表 !H16)/2)"。

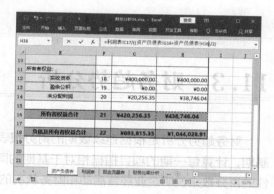

㉔ 按【Enter】键完成输入，即可计算出计算股东权益报酬率。

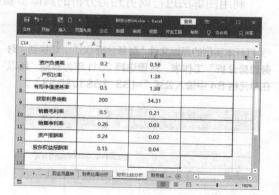

㉕ 计算企业财务比率与标准财务比率的差异。选中单元格 D2，输入公式"=C2-B2"。

㉖ 按【Enter】键完成输入，随即返回计算结果，然后将该公式填充到单元格区域 D3:D13 中。

从计算结果中，可以将企业财务比率与标准财务比率的差异数字化，可以根据这些差异判断企业的现状，进而确定下一步的发展计划。

11.3 财务趋势分析

扫码看视频

财务趋势分析是根据连续数期的财务报表进行相关指标的比较，以第一期或者某一期为基期，计算每一期的项目指标相对于基期的同一项目指标的趋势比，以形成一系列具有可比性的百分数来说明企业经营活动和财务状况的变化过程及发展趋势。

进行财务趋势分析可以使用文字表述法、图解法、表格法或者比较报告表述法等，其中最常用的是图解法。

利用图解法进行财务趋势分析的具体步骤如下。

❶ 打开本实例的原始文件"财务分析 05"，切换到"财务趋势分析"工作表，这里选择 2011 年为基期，所以在单元格 B4 中输入公式"=(B3-$B$3)/$B$3"。

❷ 按【Enter】键完成输入，随即返回计算结果。将该单元格中的公式向右填充到单元格区域 C4:I4 中。

❸ 选中单元格区域"A2:I2"和"A4:I4"，切换到【插入】选项卡，在【图表】组中单击【插入折线图或面积图】按钮 ⚡ 。

④ 在弹出的下拉列表中选择【带数据标记的折线图】选项。

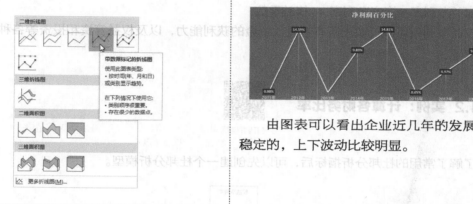

⑤ 在工作表中插入一个带数据标记的折线图。

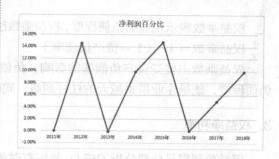

⑥ 对折线图进行适当美化以便于阅读。

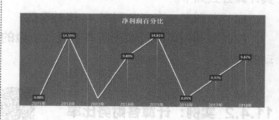

由图表可以看出企业近几年的发展是不稳定的，上下波动比较明显。

11.4　杜邦分析

杜邦分析实际上是一种分解财务比率的方法，它是将有关的分析指标按照内在的联系排列起来，有效地反映影响企业获利能力的各项指标之间的相互联系，从而解释指标变动的原因及变动趋势，合理地分析企业的财务状况和经营成果，从而为采取改进措施指明方向。

11.4.1　知识点

杜邦分析是对企业的财务状况进行的综合分析，它通过几种主要的财务指标之间的关系反映企业的财务状况。

1．资产净利率

资产净利率是销售净利率与总资产周转率的乘积。其计算公式如下。

资产净利率＝销售净利率 × 总资产周转率

2. 权益乘数

权益乘数表示企业的负债程度，权益乘数越大，企业的负债程度就越高。其计算公式如下。

权益乘数＝1÷（1－资产负债率）

权益乘数主要受资产负债率的影响，负债比率越大，权益乘数越高，说明企业有越高的负债程度，能给企业带来越大的杠杆利益，同时也会给企业带来越大的风险。

3. 权益净利率

权益净利率是杜邦分析的核心，是所有财务比率中综合性最强、最具有代表性的一个指标。其计算公式如下。

权益净利率＝资产净利率 × 权益乘数

权益净利率可以反映出所有者投入资金的获利能力，以及权益筹资和投资等各种经营活动的效率。

11.4.2 实例：计算各财务比率

扫码看视频

了解了常用的杜邦分析指标后，可以先创建一个杜邦分析模型。

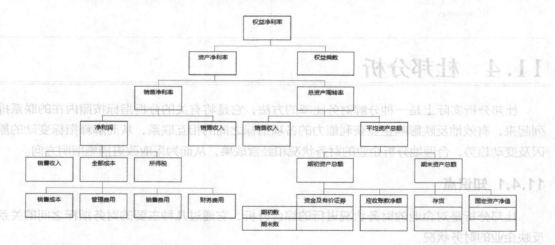

模型创建完成后，接下来就可以对其进行编辑，计算各财务比率，从而合理地分析企业的财务状况和经营成果。

具体操作步骤如下。

❶ 打开本实例的原始文件"财务分析05"，切换到"杜邦分析"工作表，杜邦分析模型中的部分数据是可以直接从"利润表"和"资产负债表"中得到的，例如所得税、销售收入、销售成本、管理费用、销售费用、财务费用、资金及有价证券的期初（末）数、应收账款净额的期初（末）数、存货的期初（末）数和固定资产净值的期初（末）数，可以直接通过单元格引用的方式将这些数据引用到杜邦分析模型中。

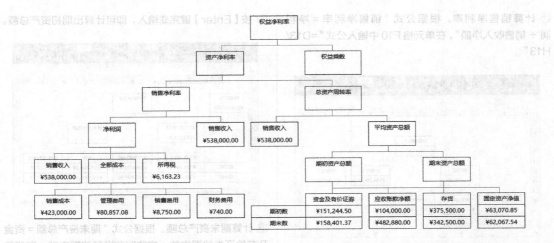

② 在计算杜邦分析模型中的各财务比率时，应该遵循从下往上的原则进行计算。计算全部成本。根据公式"全部成本＝销售成本＋管理费用＋销售费用＋财务费用"，在单元格 D16 中输入公式"=B19+D19+F19+H19"。

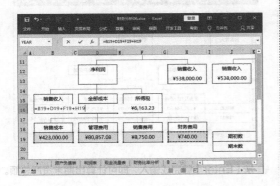

③ 按【Enter】键完成输入，即可计算出全部成本。

④ 计算净利润。根据公式"净利润＝销售收入－全部成本－所得税"，在单元格 D13 中输入公式"=B16-D16-F16"。

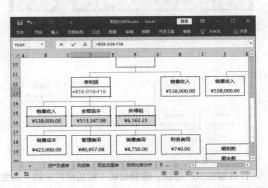

⑤ 按【Enter】键完成输入，即可计算出净利润。

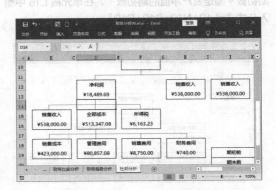

⑥ 计算销售净利率。根据公式"销售净利率 = 净利润 ÷ 销售收入净额"，在单元格 F10 中输入公式"=D13/H13"。

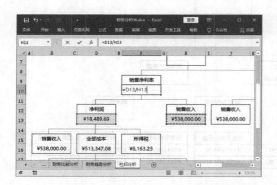

⑦ 按【Enter】键完成输入，即可计算出销售净利率。

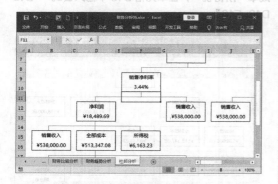

⑧ 计算期初资产总额。根据公式"期初资产总额 = 资金及有价证券的期初数 + 应收账款净额的期初数 + 存货的期初数 + 固定资产净值的期初数"，在单元格 L16 中输入公式"=L19+N19+P19+R19"。

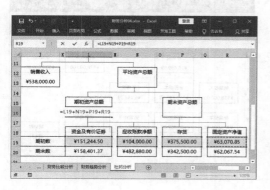

⑨ 按【Enter】键完成输入，即可计算出期初资产总额。

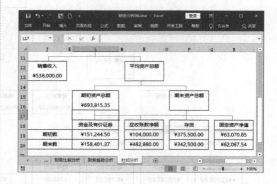

⑩ 计算期末资产总额。根据公式"期末资产总额 = 资金及有价证券的期末数 + 应收账款净额的期末数 + 存货的期末数 + 固定资产净值的期末数"，在单元格 P16 中输入公式"=L20+N20+P20+R20"。

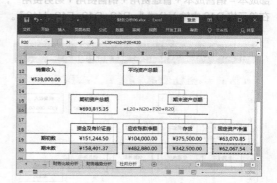

⑪ 按【Enter】键完成输入，即可计算出期末资产总额。

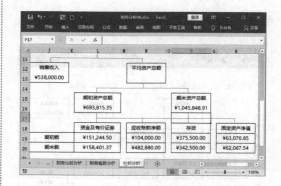

⑫ 计算平均资产总额。根据公式"平均资产总额 =（期初资产总额 + 期末资产总额）÷2"，在单元格 N13 中输入公式"=(L16+P16)/2"。

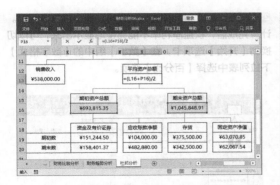

⑬ 按【Enter】键完成输入，计算出平均资产总额。

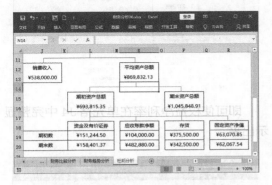

⑭ 计算总资产周转率。根据公式"总资产周转率＝销售收入÷平均资产总额"，在单元格 L10 中输入公式"=J13/N13"。

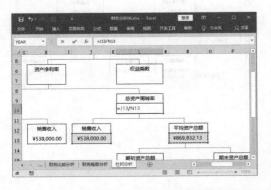

⑮ 按【Enter】键完成输入，即可计算出总资产周转率。

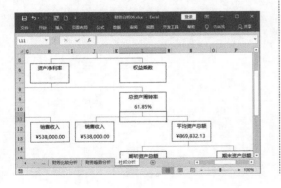

⑯ 计算资产净利率。根据公式"资产净利率＝销售净利率×总资产周转率"，在单元格 H7 中输入公式"=F10*L10"。

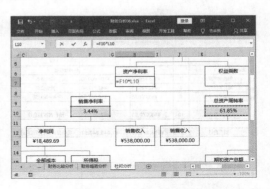

⑰ 按【Enter】键完成输入，即可计算出资产净利率。计算完成后，资产净利率不能完整地显示出来，可以切换到【开始】选项卡，在【数字】组中的【数字格式】下拉列表中选择【百分比】选项。

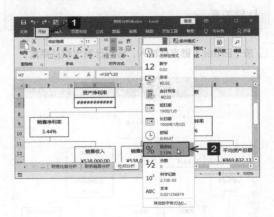

即可使资产净利率在单元格 H7 中完整显示出来。

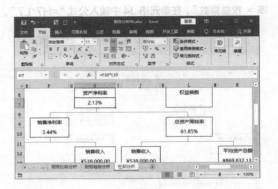

⑱ 计算权益乘数。根据公式"权益乘数 = 1÷（1－资产负债率）"，在单元格 L7 中输入公式"=1/(1－资产负债表 !H9/ 资产负债表 !D18)"。

> **提示**
>
> 资产负债率是期末负债总额除以资产总额的百分比，也就是负债总额与资产总额的比例关系。

⑲ 按【Enter】键完成输入，即可计算出权益乘数。

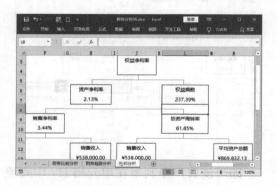

⑳ 计算权益净利率。根据公式"权益净利率＝资产净利率 × 权益乘数"，在单元格 J4 中输入公式"=H7*L7"。

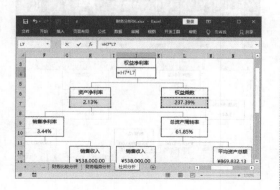

㉑ 按【Enter】键完成输入，即可计算出权益净利率。计算完成后，权益净利率不能完整地显示出来，可以切换到【开始】选项卡，在【数字】组中的【数字格式】下拉列表中选择【百分比】选项。

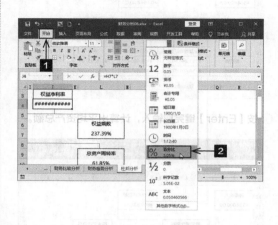

即可使权益净利率在单元格 J4 中完整显示出来。

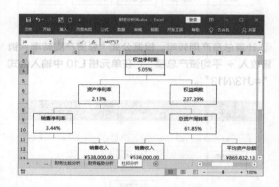